博士后文库

中国博士后科学基金资助出版

再生混凝土框架结构抗震性能

王长青 肖建庄 著

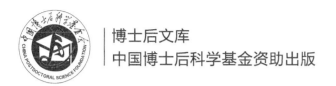

科学出版社

北 京

内 容 简 介

本书介绍了作者针对再生混凝土动态力学性能和再生混凝土框架结构抗震性能研究的部分成果。基于理论分析、基础试验和数值模拟方法,探索和研究了再生混凝土技术中存在的一些关键科学问题。主要内容包括:再生混凝土结构性能研究进展,再生混凝土材料动态力学性能,再生混凝土框架结构振动台试验,再生混凝土框架结构地震反应非线性分析,再生混凝土和普通混凝土框架结构抗震性能比较,以及再生混凝土框架结构损伤评估。

本书可供土木工程专业的科学技术研究人员、设计人员和研究生,以及高等院校相关专业的师生参考。

图书在版编目(CIP)数据

再生混凝土框架结构抗震性能/王长青,肖建庄著 . —北京:科学出版社,2016

(博士后文库)

ISBN 978-7-03-050319-0

Ⅰ.①再… Ⅱ.①王… ②肖… Ⅲ.①再生混凝土-混凝土框架-框架结构-抗震性能 Ⅳ.①TU528.59

中国版本图书馆 CIP 数据核字(2016)第 258090 号

责任编辑:姚庆爽 / 责任校对:郭瑞芝
责任印制:张 伟 / 封面设计:陈 敬

科学出版社 出版

北京东黄城根北街 16 号
邮政编码:100717
http://www.sciencep.com

北京教图印刷有限公司印刷
科学出版社发行 各地新华书店经销

*

2016 年 10 月第 一 版 开本:720×1000 B5
2016 年 10 月第一次印刷 印张:20 1/2
字数:407 000

定价:110.00 元
(如有印装质量问题,我社负责调换)

《博士后文库》序言

　　博士后制度已有一百多年的历史。世界上普遍认为,博士后研究经历不仅是博士们在取得博士学位后找到理想工作前的过渡阶段,而且也被看成是未来科学家职业生涯中必要的准备阶段。中国的博士后制度虽然起步晚,但已形成独具特色和相对独立、完善的人才培养和使用机制,成为造就高水平人才的重要途径,它已经并将继续为推进中国的科技教育事业和经济发展发挥越来越重要的作用。

　　中国博士后制度实施之初,国家就设立了博士后科学基金,专门资助博士后研究人员开展创新探索。与其他基金主要资助"项目"不同,博士后科学基金的资助目标是"人",也就是通过评价博士后研究人员的创新能力给予基金资助。博士后科学基金针对博士后研究人员处于科研创新"黄金时期"的成长特点,通过竞争申请、独立使用基金,使博士后研究人员树立科研自信心,塑造独立科研人格。经过 30 年的发展,截至2015 年底,博士后科学基金资助总额约 26.5 亿元人民币,资助博士后研究人员 5 万 3 千余人,约占博士后招收人数的 1/3。截至 2014 年底,在我国具有博士后经历的院士中,博士后科学基金资助获得者占 72.5%。博士后科学基金已成为激发博士后研究人员成才的一颗"金种子"。

　　在博士后科学基金的资助下,博士后研究人员取得了众多前沿的科研成果。将这些科研成果出版成书,既是对博士后研究人员创新能力的肯定,也可以激发在站博士后研究人员开展创新研究的热情,同时也可以使博士后科研成果在更广范围内传播,更好地为社会所利用,进一步提高博士后科学基金的资助效益。

　　中国博士后科学基金会从 2013 年起实施博士后优秀学术专著出版资助工作。经专家评审,评选出博士后优秀学术著作,中国博士后科学基金会资助出版费用。专著由科学出版社出版,统一命名为《博士后文库》。

　　资助出版工作是中国博士后科学基金会"十二五"期间进行基金资助改革的一项重要举措,虽然刚刚起步,但是我们对它寄予厚望。希望通过这项工作，使博士后研究人员的创新成果能够更好地服务于国家创新驱动发展战略，服务于创新型国家的建设，也希望更多的博士后研究人员借助这颗"金种子"迅速成长为国家需要的创新型、复合型、战略型人才。

中国博士后科学基金会理事长

前　　言

再生混凝土具有很好的推广和应用价值,历史上每次大的地震灾害,都会因为房屋严重破坏或倒塌,造成巨大的经济损失和人员伤亡,同时也产生了大量的建筑废物,再生混凝土结构可以用于地震灾后重建中。当前,国内外对再生混凝土结构性能的研究相对较少,再生混凝土结构主要是参照现代国家标准《混凝土结构设计规范》GB50010 的条文规定进行设计的,而《建筑抗震设计规范》GB50011 也没有专门针对再生混凝土结构抗震设计的相应条文,这对再生混凝土结构在具有抗震设防要求区域的应用造成了一定困难,急需填补这一研究领域的空白。因此研究再生混凝土结构在不同地震水准下的破坏特征、抗震性能以及损伤评估是十分必要的,能为再生混凝土结构抗震优化设计提供重要的试验和理论依据。

过去的几十年里,国内外学者针对再生骨料基本性能、再生混凝土材料静态力学性能以及再生混凝土构件静态力学性能开展了大量的试验和理论研究。发现,由于再生骨料和天然骨料品质的不同,再生混凝土和普通混凝土在材料性能和结构行为方面存在差异,但经过合理配合比设计后,再生混凝土的性能能够达到国家现行相关标准的规定,再生混凝土制品可以在土木工程中广泛推广和应用。再生混凝土是典型的率敏感性材料,而当前有关再生混凝土在动态荷载下裂缝、强度、变形性能以及结构行为的研究还非常少。

对此,作者就动态荷载下再生混凝土强度和变形受应变率影响的变化规律、不同地震动下再生混凝土结构的动力特性、地震反应和抗震能力等方面进行了较为系统的试验研究和数值分析。通过动态试验,提出了再生混凝土力学性能参数率相关性模型,建议了再生混凝土率型本构关系模型;通过振动台试验,描述了再生混凝土框架结构梁、柱的裂缝发展情况;分析了结构在不同地震水准下的破坏特征和机理;通过白噪声试验得到了模型的自振频率、阻尼比、结构振型等动力特性参数,并分析了它们随着结构裂缝和非弹性变形发展的变化规律;通过结构反应随地面加速度峰值变化的分布规律,建立了剪重比、楼层剪力和基底倾覆力矩模型,为再生混凝土框架结构抗震设计提供基础;提出了再生混凝土框架结构恢复力模型,并给出了恢复力模型的滞回规则;采用有限元数值模拟方法,完成了再生混凝土结构动力非线性分析,通过变参数分析,比较了再生混凝土和普通混凝土框架结构的抗震性能;在试验研究和理论分析基础上,开展再生混凝土框架结构在不同地震动下的损伤评估,取得了一些初步的研究成果。建议了再生混凝土框架结构地震破坏等级划分标准,明确了基于破坏极限状态的再生混凝土框架结构抗震性能水平划分依据;给出了结构地震破坏等级与量化指标之间的对应关系。

本书得到了中国博士后科学基金会等部门的大力支持,涉及作者研究工作的相关资助项目包括:中国博士后科学基金特别资助项目"箍筋约束再生混凝土动态损伤本构(2015T80449)";中国博士后科学基金面上资助项目(一等资助)"再生混凝土动态损伤本构(2014M550247)";国家自然科学基金"高应变率反复荷载下约束再生混凝土大尺度试件损伤力学行为研究(51608383)""十一五"国家科技支撑计划"灾区重建用再生砌块砌体与再生混凝土结构体系房屋示范(2008BAK48B03)";河南省重点科技攻关项目"城市建筑废弃物再生利用技术研究(152102310027)"。另外,同济大学孙振平教授对本书提出了宝贵的意见。作者在此表示衷心的感谢!

限于作者水平,书中难免存在不妥之处,恳请读者批评指正。

王长青　肖建庄

2016 年 7 月

目　　录

第1章 绪 论

1.1 选 题 背 景

几个世纪以来,随着现代新科技的广泛普及和应用,世界范围内的工业化发展不断加速,资源化消耗和环境破坏也日益严重。建筑业作为国民经济的支柱之一,在近百年里迅猛发展,世界上每年超过 30 亿 t 的原料被用来制造建筑材料及建筑产品,占了全球经济总流量的 40%～50%[1,2]。由此不可避免地在建(构)筑物的建造、使用、维护和拆迁过程中产生大量的建筑废物。数量庞大的建筑废物如何被适当地回收、处理和再利用已经成为世界各国共同关注的焦点问题。根据 1996 年在英国召开的混凝土会议资料,全世界从 1991～2000 年的 10 年间,废混凝土(其中包括钢筋混凝土工厂不合格的产品)总量将超过 10 亿 t。美国每年产生的建筑废物大约 1.36 亿 t,欧盟国家每年产生的建筑废物大约 1.8 亿 t,其中由建造、装修和拆迁产生的废弃物分别占建筑总废物的 8%、44%和 38%[3],人均每年产生的建筑废物量大约 480kg[4]。第二次世界大战结束后,德国城镇重建时期产生的建筑废物达 4 亿～6 亿 m³[5]。德国联邦统计局 20 世纪 90 年代中前期的大量统计数据表明,德国每年产生的废弃物总量近 3 亿 t,其中建筑废料占总重量的 75%[6],而这个数字还在不断增加。日本每年产生的废混凝土为 3200 万 t[7],许多西欧国家每年产生的废混凝土为人均 1t[6]。在保加利亚,从 20 世纪 90 年代以来,基于现代化发展的需要,建设了很多公共设施(道路、桥梁、市政和工业建筑),大量的建筑废物随之产生,但政府仅拿出建筑总支出的 0.5%用于建筑废物的管理[4,7]。根据统计,在澳大利亚,建筑废物超过了城市废物总量的 44%;在丹麦,建筑废物占城市废物总量的 25%～50%;在日本,建筑废物占城市废物总量的 36%;在意大利,建筑废物占城市废物总量的 30%;在西班牙,建筑废物占城市废物总量的 70%;在中国香港,建筑废物占城市废物的 38%[3,8]。

中国香港 2001 年产生的建筑废物达 1400 万 t,每日产生的拆建废物达 659.5 万 t[4,9-11]。我国台湾省每年建筑拆除废料约 726 万 m³,与此同时,台湾省每年平均开采砂石约 8400 万 m³,其中河川砂石占 80%[6]。

我国建筑废物的总量占城市废弃物总量的 30%～40%[12]。不同时代的建筑物,在材料组成上具有很大的差异,我国 20 世纪 50 年代以前的建筑物,主要以砖、石、木材为结构材料,石灰砂浆砌筑与抹面;60 年代～80 年代,主要以混凝土、砖瓦为主要材料,这部分建筑是现在拆除建筑物的主体;90 年代以后,由于新型建筑材料的大量应用,建筑物的组成材料趋向多元化,尤以化学建材的广泛应用为标志[13]。调查结果表明,对我国旧建筑拆除产生的建筑废物的组成成分较为复杂,不同结构形式的建筑物所产生的废物类型有所区别,但其基本组成是一致的,主要由渣土、散落的砂浆和混凝土、剔锉产生的砖石和混凝土碎块、打桩截下的钢筋混凝土桩头、金属、沥青、竹木材、装饰装修产生的废料、各种包装材料和其他废物等组成。其中,混凝土占建筑废物总量的 41% 左右;砖石、渣土占建筑废物总量的 40% 左右;沥青占建筑废物总量的 12% 左右;其他废物占总量的 7% 左右[12]。

现阶段,我国处于经济建设大发展时期,城市化进程速度很快。2009 年统计资料表明,我国每年新建建筑面积超过 20 亿 m^2 的工程建设将持续 10～15 年,每年拆除旧建筑面积达 2 亿 m^2[14,15]。有关数据显示,在 10000m^2 建筑的施工中,会产生 500～600t 建筑废物。据估计,每拆除 1m^2 的建筑,就会产生 1～1.5t 的建筑废物[16,17]。2014 年统计数据表明,我国每年产生的建筑废物量已超过 15 亿 t。在北京、上海等大城市,建筑废物的年排放量均在 3000 万 t 以上[18]。我国现有 400 亿 m^2 的建筑,未来大部分将转化为建筑废物。

自然灾害(地震、飓风)和人为灾害(战争)也会产生大量的建筑废物。根据 Reinhart 和 McCreanor 的统计[19,20]发现,在美国近年来的自然灾害中,由一次自然灾害所产生的建筑废物是受影响地区年平均建筑废物量的 5～15 倍[21]。通过对 2004 年印度洋海啸中产生的建筑废物量统计后,得到了与 Reinhart 和 McCreanor 类似的结论。在四川汶川地震中,倒塌房屋 680 万间(约 1.3 亿 m^2),受损房屋 2300 余万间(其中 50% 需要拆除)[16,22]。倒塌房屋和危房拆除两项合计将产生建筑废物量 5 亿 t 左右,所产生的建筑废物量是上海和北京等大城市年建筑废物量的 16 倍左右。

1999 年以后,我国混凝土用量居全球之冠。由此导致的资源、能源、环境以及相关的社会问题十分突出。混凝土是用量最大的建筑材料,要节约资源、能源和保护环境,就必须对这一领域予以特别的重视。混凝土工业在实施"可持续发展"战略中,可以发挥其不可替代的重大作用。

混凝土的再生利用具有极其重要的现实意义。人类必须开发资源节省型的混凝土材料,并且实现资源的可循环利用。对大量废混凝土进行循环再生利用即再生混凝土技术,通常被认为是解决废混凝土问题最有效的措施。再生混凝土技术的开发与应用,一方面可解决大量废混凝土处理困难以及由此造成的生态环境日益恶化等问题,另一方面,用建筑废物循环再生骨料替代天然骨料,可以减少建筑业对天然骨料的消耗,从而减少对天然砂石的开采,缓解天然骨料成本上升的压力,并降低开采砂石对生态环境的破坏,保护人类赖以生存的环境,符合人类社会可持续发展的要求。正是因为再生混凝土可以实现对废混凝土的回收,使其恢复部分原有性能,形成新的建材产品,从而不但使有限的资源得以再生利用,而且解决了部分环保问题,因此它完全满足世界环境组织提出的"绿色"的三大含义:①节约资源、能源;②不破坏环境,更应有利于环境;③可持续发展,既满足当代人的需求,又不危害后代人满足其需要的能力。再生混凝土技术已被认为是发展生态绿色混凝土、实现建筑资源环境可持续发展的主要措施之一。

1.2　国外再生混凝土技术发展现状

再生混凝土技术的应用开始于第二次世界大战之后,战争使世界上许多国家尤其是欧洲国家几乎是一片废墟,面临着重建的问题,大量的废弃混凝土的处理成为一个很大的难题。因此,苏联、德国、日本等国就开始对废混凝土进行开发和再生利用的研究[23,24]。世界上第一次有文献记录用破碎的废砖作为再生粗骨料制成再生骨料混凝土制品的国家是德国,时间为 1960 年[5,25]。

到目前为止,国际材料与结构研究实验联合会(RILEM)已召开了 5 次有关废混凝土再利用的专题国际会议,提出混凝土必须绿色化。1976 年,国际材料与结构研究实验联合会设立了"混凝土的拆除与再利用技术委员会"(37-DRC)[25],着手研究废混凝土的处理与再生利用技术。1988 年 11 月,由日本建设省建筑研究所主办,在东京召开了"混凝土的拆除与再利用第二届 RILEM 国际会议",会上发表了混凝土再利用的论文 29 篇。接着在加拿大渥太华举行的"水泥和混凝土工业可持续发展国际交流会"将"利用回收的混凝土作为骨料或其他再生结构材料"作为主要议题进行技术交流。1998 年,RILEM 在英国召开了"可持续建筑—再生混凝土骨料的应用"会议。2004 年,RILEM 又在西班牙召开了"再生骨料在建筑和结构中的应用"会议。1992 年,联合国在巴西召开的环境开发会议(UNCEN)将地球环境问题置于相当的高度。1994 年,联合国又增设了"可持续产品开发"工作组,其专门的机构——国际标准化机构讨论制定了环境协调和制品的标准。再生混凝土技术已成为世界各国共同关心的课题,也是国内外工程界和学术界关注的热点和前沿问题之一[26-30]。有些国家甚至还采用立法的形式来保证该项技术研究的开展[31]。

早在 1946 年苏联学者 Gluzhge 就研究了将废混凝土制作骨料的可能性[32]。德国是世界上最早推行环境标志制度的国家。德国的每个地区都有大型的建筑废物再加工综合厂,仅在柏林就有 20 多个,并研制出可使垃圾中各种再生材料干净地分离出来的工艺。目前再生混凝土主要用于公路路面。德国钢筋委员会 1998 年 8 月提出了"在混凝土中采用再生骨料的应用指南",要求采用再生骨料配制的混凝土必须完全符合普通混凝土的国家标准。为了鼓励私人投资垃圾回收利用行业,德国采取了一些政策性资助,例如,对居民每年征收 80 欧元的垃圾处理费,其中 60%用于扶持垃圾处理企业;德国政府垃圾法增补草案中,将各种建筑垃圾组分的利用率比例作了规定,即废砖瓦为 60%、道路开掘废料为 90%,并对未处理利用的建筑垃圾征收每吨 500 欧元的处理费用[14]。

日本由于国土面积小,资源相对匮乏,因而将建筑废物视为"建筑副产品",十分重视废混凝土的再生资源化与重新开发利用。早在 1977 年,日本政府就制定了《再生骨料和再生混凝土使用规范》,并相继在各地建立了以处理废混凝土为主的再生加工厂,生产再生水泥和再生骨料,生产规模最大的再生加工厂每小时可加工生产 100t 再生材料。1991 年,日本政府又制定了《资源重新利用促进法》,规定建筑施工过程中产生的渣土、混凝土块、沥青混凝土块、木材、金属等建筑废物,必须通过"再资源化设施"进行处理。日本建设省在 1992 年提出了"控制建筑副产品排放和再利用技术开发"的五年规划,并于 1996 年 10 月制定了旨在推动建筑副产品再利用的《再生资源法》,为废旧混凝土等建筑副产品的再生利用提供法律和制度保障。在东京、千叶、名古屋、大阪、京都等地均有再生骨料厂。据报道,东京在 1988 年建筑废物的重新利用率已达到 56%。1995 年,日本全国建筑废物资源利用率达到 58%,其中,废混凝土的利用率为 65%,污泥的利用率为 14%。目前很多地区建筑废物利用率已达 100%,而且实现了永久循环、优先使用的目标。日本科学家已发明了一种将破碎机和搅拌机连为一体的装置,能够把拆除建筑物所产生的废混凝土当场回收利用并生产出再生混凝土。

美国是较早提出环境标志的国家,美国建筑废物综合利用可分为三个级别:一是低端利用,如现场分拣利用、一般回填等;二是中级利用,如用作建筑物或道路的基础材料,经处理厂加工成骨料,再制成混凝土、建筑用砖、砌块等;三是高级利用,如将建筑废物还原成水泥、沥青等再利用。据美国联邦公路局统计,美国现在已有超过 20 个州在公路建设中采用再生骨料,26 个州允许将再生骨料作为基层材料,4 个州允许将再生骨料作为底基层材料,将再生骨料应用于基层和底基层的 28 个州级机构中,有 15 个州制定了关于再生骨料的规程。美国政府制定的《超级基金法》给再生混凝土的发展提供了法律保障。其中规定:"任何生产有工业废物的企业,必须自行处理,不得擅自倾卸"。20 世纪 80 年代中期,堪萨斯州交通厅把回收的旧混凝土作为骨料用于新建水泥路面,通过多年观察表明,废混凝土用于路面面层在技术上是可行的。

新加坡 1996~1998 年统计资料显示,每年排放约 33 万 t 建筑废料,其中约 63% 回收利用,其余 37% 则填埋掉。此外,拆除建筑物中,数量最大的为废混凝土块和砖等坚硬块体,此类废物的处理方式为无偿或低价处理给建筑承包商,用于施工建筑临时道路、施工便道或基坑回填等[6]。其余付费委托给建筑废物处理公司对建筑废物实行二次分类再生利用。新加坡 2006 年建筑废物总量约 60 万 t,98% 得到了处理,50%~60% 实现了循环利用[33]。

韩国 2003 年 12 月颁布了《建设废弃物再生促进法》,2005 年、2006 年经历了两次修订,2007 年开始每五年建立再生计划,确定了提高再生骨料建设现场实际利用率、建设废物产生减量化、建设废物妥善处理三大推进政策。当年建筑废物再生率达 90.7%[14]。

荷兰于 1997 年 4 月颁布了"禁止倾倒可回收再利用的废弃物"的规定,使得超过 90% 的废混凝土块被回收利用。荷兰 2010 年建筑废物的排放数量约为 2380 万 t,其中 94% 被回收利用。废混凝土占建筑废物总排放量的 40%,几乎 100% 回收利用。

总的来说,从 20 世纪 70 年代末开始,德国、日本、韩国、荷兰和美国等发达国家在再生混凝土开发应用方面的发展速度很快,取得了一系列的成果,并积极将其推广应用于实际工程中。综合起来,国外的研究主要集中在废混凝土作为再生骨料的技术,解决循环利用的技术难题,努力扩大再生骨料的应用范围;再生骨料和再生混凝土的分类和基本性能研究、原始混凝土对再生混凝土性能的影响、制定再生骨料和再生混凝土的技术规范,为其应用提供技术依据;研究制定相配套的法律法规,鼓励再生骨料和再生混凝土的应用。

1.3　国内再生混凝土技术发展现状

我国国土面积大,资源丰富,在一定时期内混凝土的原材料危机还不会十分突出,因而对再生混凝土的开发研究要晚于工业发达国家。然而随着人们环保意识的增强,建筑废物引起的生态环境问题日益受到人们的重视。

我国政府制定的中长期科教兴国和社会可持续发展战略,鼓励开展废物再利用的研究和应用,并将资源与环境问题提到了一定的高度,把如何实现建筑废物资源化这个综合性问题作为一个重点议题。在建筑废物资源化相关政策法规方面,我国已经颁发了相关的政策法规:1992 年颁布了《城市市容和环境卫生管理条例》;1995 年 10 月 30 日通过了《中华人民共和国固体废物污染环境防治法》[34];1995 年 11 月通过了《城市固体垃圾处理法》,要求产生垃圾的部门必须缴纳垃圾处理费[13];2005 年颁布了《城市建筑垃圾管理规定》;2006 年颁布了《中华人民共和国国民经济和社会发展第十一个五年规划纲要》。除此之外,国内各主要城市,如北京、上海、广州、西安等也针对建筑废物处理处置的相关环节制定了相应的地方性政策法规[18]。

近年来,我国在建筑废物综合利用方面也积极开展了研究。1997 年,建设部将"建筑废渣综合利用"列入了科技成果重点推广项目;2002 年,上海市科委设立重点项目,对废混凝土的再生与高效利用关键技术展开了较为系统的研究;2002 年,科技部将"固体废弃物在水泥混凝土工业的资源化利用研究"列入社会公益基金项目;2004 年,交通部启动了"水泥混凝土路面再生利用关键技术研究";2007

年,科技部将"建筑垃圾再生产品的研究开发"列入国家科技支撑计划。

2008 年 7 月 18 日,由同济大学和中国土木工程学会共同组织的"首届全国再生混凝土研究与应用学术交流会"在同济大学召开;2010 年 10 月 13 日,由同济大学、中国土木工程学会、加拿大土木工程学会、香港工程师学会联合主办的主题为"建筑废弃物再生利用与可持续发展"的"第二届工程废弃物资源化与应用研究国际会议(ICWEM)暨第二届中国再生混凝土研究与应用学术交流会"在同济大学召开。

目前,国内再生骨料和再生混凝土的应用正由试验性阶段向使用、推广阶段发展,并取得了阶段性成果,相关的再生骨料、再生混凝土技术规程、技术标准已经颁布并实施。由同济大学主编的上海市工程建设规范《再生混凝土应用技术规程》(DG/T J08—2018—2007)在 2007 年 7 月颁布并实施;由中国建筑科学研究院、青岛理工大学和同济大学主编的国家标准《混凝土用再生粗骨料》(GB/T 25177—2010)在 2010 年 9 月发布,并于 2011 年 8 月开始实施;由中国建筑科学研究院、青岛理工大学和中国建筑材料科学研究总院主编的国家标准《混凝土和砂浆用再生细骨料》(GB/T 25176—2010)在 2010 年 9 月发布,并于 2011 年 8 月开始实施;由中国建筑科学研究院、青建集团股份公司主编的行业标准《再生骨料应用技术规程》(JGJ/T 240—2011)在 2011 年 4 月发布,并于 2011 年 12 月开始实施;国家标准《工程施工废弃物再生利用技术规范》(GB/T 50743—2012)在 2012 年 5 月发布,并于 2012 年 12 月开始实施,该规范历经三年的编制时间,作者作为主编完成了标准的编制工作。规范内容主要包括废混凝土的再生利用、废模板的再生利用、再生骨料砂浆和废砖瓦的再生利用以及其他工程施工废弃物的再生利用。

我国在建筑废物再生利用方面的技术规程、技术标准正在逐步完善,建筑废弃物再生利用标准化体系的形成具有很重要的意义,会很大程度上推动再生骨料混凝土制品的推广和应用、提高建筑废弃物的利用率,为建筑废弃物资源化利用提供系统完善的技术支持。

大力推行建筑废物资源化是可持续发展战略的必然要求和主流趋势,是解决建筑废物问题最为有效可行的途径,是和目前提倡建设可持续发展的能源节约型社会这一宗旨相符的。充分结合实际国情,从政策法规和工艺技术等相关方面形成并不断完善配套体系,在不断实践与改进的过程中推动我国建筑废物资源化的进程。

近年来,国内外一些专家学者在建筑废物再生利用方面进行了一些基础性的研究,并取得了一定的研究成果。上海、北京等地区的一些建筑公司对建筑废物的回收利用也作了一些有益的尝试[35]。一些高校、科研院所的研究工作得到了相关部门的资助。

我国对再生混凝土的研究正在蓬勃兴起,再生混凝土技术已成为混凝土学术界和工程界关注的热点和重要课题之一[36,37]，但国内外学者对再生混凝土结构性能的研究相对较少，尤其缺乏对再生混凝土空间结构抗震性能的研究。这为再生混凝土结构在具有抗震设防要求区域的应用造成了一定困难，急需填补这一研究领域的空白。书中针对率敏感性和损伤演化等基础问题，基于理论分析、基础试验和数值模拟方法，对再生混凝土的动态力学性能、再生混凝土空间框架结构的抗震性能和损伤评估进行了较为深入的研究，以期能够为再生混凝土结构的抗震优化设计，以及再生混凝土制品的推广和应用提供技术支持和理论依据。

参 考 文 献

[1] Saghafi M D,Teshnizi Z A H. Building deconstruction and material recovery in Iran:An analysis of major determinants[C]. 2011 International Conference on Green Buildings and Sustainable Cities. Bologna,Procedia Engineering,2011:853-863.

[2] Calkins M. Materials for Sustainable Sites:A Complete Guide to the Evaluation,Selection, and Use of Sustainable Construction Materials[M]. New Jersey:John Wiley & Sons,2009.

[3] Altuncu D,Kasapseçkina M A. Management and recycling of constructional solid waste in Turkey[C]. 2011 International Conference on Green Buildings and Sustainable Cities. Bologna,Procedia Engineering,2011:1072-1077.

[4] Rao A,Jha K N,Misra S. Use of aggregates from recycled construction and demolition waste in concrete[J]. Resources Conservation and Recycling,2006,50(1):71-81.

[5] Khalaf F M,Devenny A S. Recycling of demolished Masonry rubble as coarse aggregate in concrete:Review[J]. ASCE Journal of Materials in Civil Engineering,2004,16(4):331-340.

[6] 孙跃东. 再生混凝土框架抗震性能试验研究[D]. 上海:同济大学,2006.

[7] Zaharieva H R,Dimitrovab E,Francois B B. Building waste management in Bulgaria:Challenges and opportunities[J]. Waste Management,2003,23:749-761.

[8] Tam V W Y,Tam C M. Reuse of Construction and Demolition Waste in Housing Developments[M]. New York:Nova Science Publications,2008.

[9] Fong W F K,Jaime Y S K,Poon C S. Hong Kong experience of using recycled aggregates from construction and demolition materials in ready mix concrete[R]. International Workshop on Sustainable Development and Concrete Technology,2002:267-275.

[10] Tapco I B. Physical and mechanical properties of concrete produced with waste concrete [J]. Cement and Concrete Research,1997,27(12):1817-1823.

[11] 沈得县,张静忠,杜嘉崇,等. 台湾工业生态调查与研究(子计划二:废弃混凝土之流向调查与研究)[R]. 台湾科技大学营建工程系,2002:2-3.

[12] 肖建庄. 再生混凝土[M]. 北京:中国建筑工业出版社,2008.

[13] 石峰,宁利中,刘晓峰,等. 建筑固体废物资源化综合利用[J]. 水资源与水工程学报, 2007,18(5):39-42,46.

[14] 周文娟,陈家珑,路宏波. 我国建筑垃圾资源化现状及对策[J]. 建筑技术,2009,(8):

741-744.

[15] 李刚. 城市建筑垃圾资源化研究[D]. 西安:长安大学,2009.

[16] 肖建庄,雷斌,王长青. 汶川地震灾区建筑垃圾的资源化利用[C]. 首届全国再生混凝土研究与应用学术交流会,上海,2008:63-66.

[17] 唐沛,杨平. 中国建筑垃圾处理产业化分析[J]. 江苏建筑,2007,(3):57-60.

[18] 冷发光,何更新,张仁瑜,等. 国内外建筑垃圾资源化现状及发展趋势[J]. 商品混凝土,2009,(3):20-23.

[19] Reinhart D R,McCreanor P T. Disaster debris management-planning tools[R]. US Environmental Protection Agency Region IV,1999.

[20] Brown C, Milke M, Seville E. Disaster waste management:A review article[J]. Waste Management,2011,31(6):1085-1098.

[21] Basnayake B F A,Chiemchaisri C,Visvanathan C. Wastelands:Clearing up after the tsunami in Sri Lanka and Thailand[J]. Waste Management World,2006:31-38.

[22] 左传长. 四川汶川地震灾区建筑垃圾资源化利用设想[J]. 再生资源与循环经济,2008,1(9):27-30.

[23] Nixon P J. Recycled concrete as an aggregate for concrete—A review[J]. Materials and Structures,1978,11(6):371-378.

[24] Topcu B L,Guncan F N. Using waste concrete as aggregate[J]. Cement and Concrete Research,1995,25(7):1385-1390.

[25] Hansen T C. Recycling of Demolished Concrete and Masonry[M]. London:E & FN SPON,1992.

[26] Sayan A. Validity of accelerated mortar bar test methods for slowly reactive aggregate-comparison of test results with field evidence[J]. Concrete in Australia,2001:24-26.

[27] Xu A,Shayan A,Baburamani P. Test methods for sulfate resistance of concrete and mechanisms of sulfate attack[R]. Review Report 5,ARRB Transport Research,1998,38-39.

[28] Niro D G,Dolara E,Cairns R. Properties of hardened recycled aggregate concrete for structural purposes[C]. Proceedings of International Symposium on Sustainable Construction:Use of Recycled Concrete Aggregate,University of Dundee,Scotland,1998:177-187.

[29] Shayan A,Morris H. A Comparison of RTA T363 and ASTM C1260 accelerated mortar bar test for detecting reactive aggregates[J]. Cement and Concrete Research,2001,31:655-633.

[30] Dolara E,Niro D G,Cairns R. Recycled aggregate concrete prestressed beams[C]. Proceedings of International Symposium on Sustainable Construction:Use of Recycled Concrete Aggregate,University of Dundee,Scotland,1998:255-260.

[31] 杜婷,李惠强,吴贤国. 再生混凝土技术的研究现状和存在的问题[J]. 建筑技术,2003,34(2):133-134.

[32] Gluzhge P J. The work of scientific research institute[J]. Gidrotekhnicheskoye Stroitel'stvo,1946,(54):27-28(In Russian).

［33］石文铮,于冉冉,邹南昌．建筑垃圾资源化综合利用的建议[J]．天津建材科技,2010,(5)：27-28.

［34］侯星宇．再生混凝土研究综述[J]．混凝土,2011,(7)：97-98,103.

［35］颜克明．拓展工业废弃物在混凝土工程中的应用[J]．建筑施工,1999,21(2)：56-57.

［36］Xiao J Z,Li J B,Zhang C. On relationships between the mechanical properties of recycled aggregate concrete:An overview[J]. Materials and Structures,2006,39(6):655-664.

［37］肖建庄,兰阳,李佳彬,等．再生混凝土长期性能研究进展与评述[J]．结构工程师,2005,21(3)：73-76,72.

第2章 再生混凝土结构性能研究进展

近年来,国内外学者对再生混凝土材料的力学性能已经开展了大量的研究工作[1-5],对再生混凝土构件行为的研究,在相关文献里也已经涉及[6-11]。肖建庄等在再生混凝土的力学性能、耐久性能、疲劳性能和抗震性能等方面做了大量的试验研究[12-27];在再生混凝土制品应用方面,2004年在上海市成功设计建造了2层再生混凝土空心砌块砌体试点房屋,2009年在四川都江堰市成功设计并建造了包括3栋建筑的示范性工程,分别为2层的再生混凝土框架结构研究中心办公楼、2层的再生混凝土空心砌块砌体结构信息中心办公楼和1层的再生混凝土空心砌块砌体结构实验室。

通过对大量国内外文献的分析与研究,本章对再生骨料混凝土结构性能研究的最新进展进行了回顾与对比分析。本章内容是本书的研究基础,为再生混凝土框架结构抗震性能的研究做了重要铺垫。

2.1 再生混凝土梁

目前,各国学者已经对再生混凝土梁的基本性能进行了较为广泛的研究。下面在总结国内外已有研究成果以及完成的验证性试验的基础上,介绍与分析再生混凝土梁的受力破坏过程。

2.1.1 梁受弯性能

Choi等[28]结合试验研究了再生混凝土梁受弯性能,发现再生混凝土梁的承载力与普通混凝土差别不大,再生混凝土构件的受弯承载能力能满足结构设计要求。Yagishita等[29]的试验结果表明,Ⅱ级再生粗骨料制作的再生混凝土梁的初始开裂弯矩最大,并超过了普通混凝土梁,其他2根再生混凝土梁都不同程度地低于普通混凝土梁;Ⅱ级再生粗骨料制作的再生混凝土梁的极限弯矩也最大,其他3根梁(包括普通混凝土梁)基本相同;4根梁的荷载-变形关系曲线基本一致。Mukai和Kikuchi[30]完成了6根再生混凝土梁受弯性能试验,考虑了再生粗骨料取代率(0%、15%、30%)和纵向钢筋配筋率(1.4%和3.3%)的影响。试验结果表明,纵筋配筋率为1.4%时,极限状态下普通混凝土梁(再生粗骨料取代率为0%)的挠度最小,而再生粗骨料取代率为15%、30%的再生混凝土梁的挠度分别为普通混凝土梁的1.5倍、1.8倍;在纵筋配筋率为3.3%时,以上3种混凝土梁的极限挠度差异不大。

Andrzej 和 Kliszczewicz[31]完成了 4 组共计 12 根再生混凝土梁的受弯试验，其中再生混凝土强度等级分为低（30～40MPa）、中（50～60MPa）、高（80～90MPa）3 个等级。试验结果表明，同一组梁试件的性能差异较小；低、中强度再生混凝土梁的抗弯承载力变异性比高强度再生混凝土梁大；再生混凝土梁的挠度明显比普通混凝土挠度大，正常使用状态下大 10%～25%，极限状态下大 30%～50%。Maruyama 等[32]完成了 12 根再生混凝土梁的抗弯性能试验，考虑了水灰比、骨料组成、膨胀剂等因素的影响。研究结果表明，再生混凝土梁的裂缝宽度比普通混凝土梁大，而裂缝间距比普通混凝土梁小；膨胀剂的使用减小了裂缝宽度，裂缝宽度实测值比理论值降低了 20%～30%；再生混凝土梁的挠度比普通混凝土梁大；实测极限弯矩值大于理论值。

黄清[33]完成了 5 种不同配筋率共计 15 根再生混凝土梁的受弯性能试验，结果表明，再生混凝土梁的受弯正截面服从平截面假定；再生混凝土梁抗弯较之普通混凝土梁没有明显降低，而刚度有所下降。文献[34]～[36]通过对再生混凝土梁的受弯性能试验研究，发现再生粗骨料混凝土梁的正截面应变服从平截面假定，在相同的条件下，再生混凝土梁的破坏形态、开裂弯矩和极限承载力与普通混凝土梁基本相同，而再生骨料混凝土梁的变形比普通混凝土梁大。试件梁未开裂时，再生骨料混凝土梁的挠度随再生骨料掺量的增大而增大。

丁帅等[37]对再生粗骨料取代率分别为 0%、25%、50%和 75%的 4 组再生混凝土梁进行了抗弯性能试验研究，试验分析结果表明，与普通混凝土梁一样，再生混凝土梁在受弯过程中同样要经历弹性、带裂缝工作、钢筋屈服和构件破坏四个阶段。再生混凝土梁的屈服荷载、极限荷载与普通混凝土梁非常接近。再生粗骨料掺入百分比对再生混凝土梁的短期刚度影响不大，再生混凝土梁的短期刚度和跨中挠度与普通混凝土梁相近，并无太大差别。杨桂新等[38]对 27 根再生混凝土梁和 3 根普通混凝土梁进行正截面弯曲性能试验，试验结果表明，相同条件下再生混凝土梁跨中挠度比普通混凝土梁跨中挠度大 11%左右。周静海等[39]对 12 根再生混凝土简支梁和 3 根普通混凝土简支梁进行静力加载试验，研究再生混凝土梁正截面受力变形性能及破坏特征与普通混凝土梁的差别。研究结果表明，再生混凝土梁在受力过程中经过了明显的弹性、开裂、屈服、极限 4 个阶段，再生混凝土梁的极限弯矩小于普通混凝土梁。再生粗骨料取代率分别为 50%、60%、70%和 80%的梁，相应的最大承载力比普通混凝土梁分别下降了 11%、12%、15%和 16%。

Fathifazl 等[40]对再生混凝土梁受弯性能的研究结果表明，再生混凝土梁在正常使用极限状态和承载能力极限状态的受弯性能与普通混凝土梁基本相同。再生混凝土梁与普通混凝土梁的受弯机理基本相同，按照普通混凝土梁的受弯分析理论对再生混凝土梁进行受弯分析是可行的。采用现行标准计算普通混凝土梁抗弯承载力的公式同样适用于再生混凝土梁。Sato 等[41]的试验结果表明,再生混凝土梁在钢筋受拉屈服后就发生受弯破坏或弯剪破坏,所以再生粗骨料对梁极限弯矩退化以及梁延性的影响很难观测到,因此,可以采用传统的计算方法来求得再生混凝土梁的极限弯矩。

肖建庄在总结国内外已有的研究成果后,完成了再生混凝土梁受弯性能的验证性试验[42]。试验共制作了 3 根梁,其中 1 根为对比用普通混凝土梁,编号为 BF0,另外 2 根再生混凝土梁的再生粗骨料取代率分别为 50% 和 100%,编号分别为 BF50 和 BF100。为集中研究再生粗骨料对再生混凝土梁正截面受力和变形性能的影响,所有试件梁采用相同配筋,受拉钢筋的配筋率为 0.77%,剪弯区配箍率为 0.67%。图 2.1 表示再生混凝土梁的受弯试验照片。

图 2.1　再生混凝土梁的受弯试验照片

通过支座处位移的修正,得到试验梁跨中挠度随荷载的变化规律,如图 2.2 所示。由图 2.2 可以看出,与普通混凝土梁相同,再生混凝土梁在受力过程中,也具有明显的弹性阶段、带裂缝工作阶段和破坏阶段。在弹性阶段,荷载挠度关系呈直线变化;开裂后至纵向钢筋屈服前,荷载挠度关系呈非线性变化;纵向钢筋屈服后,荷载挠度呈水平关系。对比 3 根梁的荷载-跨中挠度曲线可以看出,试验梁未开裂时,在相同荷载作用下,梁 BF100 挠度稍大,BF50 次之,BF0 最小;纵向钢筋屈服后,3 根梁均表现出较好的延性,且再生混凝土梁的延性稍高。

3 根试验梁的受弯破坏过程基本相同,都具有明显的弹性、开裂、屈服和极限 4 个受力阶段。均属于适筋梁破坏,即正截面先是受拉纵筋屈服,后是受压区混凝土压碎。掺入再生粗骨料后,再生混凝土梁的开裂荷载、屈服荷载和极限荷载均有降低趋势。

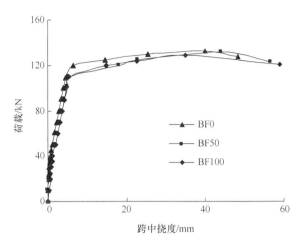

图 2.2　梁变弯时荷载-跨中挠度图

2.1.2　梁受剪性能

Han 等[43]完成了 12 根再生混凝土梁的受剪性能试验。研究表明,按普通混凝土梁设计方法设计的再生混凝土梁偏于不安全。Belén 和 Fernando[44]完成了 16 根再生混凝土梁的受剪性能试验,考虑了混凝土的类型(未添加硅粉的再生混凝土、添加硅粉的再生混凝土、未添加硅粉的普通混凝土和添加硅粉的普通混凝土)的影响。研究表明,4 种混凝土制作的梁受剪性能都很接近,极限受剪承载力也很接近。

Sogo 等[45]完成了 20 根再生混凝土梁的受剪性能试验。考虑了粗骨料类型(粗骨料全部为天然粗骨料、粗骨料全部为再生粗骨料、包括细骨料在内的骨料全部为再生骨料)、水灰比(0.30、0.45、0.60)和配箍筋情况(有箍筋和无箍筋)的影响。试验结果表明,再生混凝土梁具有与普通混凝土梁一样的开裂特征及破坏模式;与普通混凝土无箍筋梁(即粗骨料全部为天然粗骨料)相比,粗骨料全部为再生粗骨料的无箍筋再生混凝土梁的受剪承载力降低了 10%～20%,包括细骨料在内的骨料全部为再生骨料的无箍筋再生混凝土梁降低了 10%～30%;水灰比由 0.6 降低至 0.45 时,无箍筋再生混凝土梁的受剪承载力增加了 10%,由 0.6 降低至 0.3 时,其受剪承载力增加了 25%,而使用膨胀剂后无箍筋再生混凝土梁的受剪承载能力提高 10%;配有箍筋的再生混凝土梁受剪承载力几乎与普通混凝土梁相等。

Etxeberria 等[46]完成了 12 根再生混凝土梁的受剪性能试验,考虑了再生粗骨料取代率(0%、25%、50%和 100%)、配箍率的影响。研究表明,无箍筋时,再生粗骨料取代率为 25%时,开裂荷载有所减小,受剪极限承载力等同于无箍筋的普通混凝土,再生粗骨料取代率为 50%、100%时,开裂荷载及受剪极限承载力均比普通混凝土降低了 10%~20%;配有箍筋的梁,当再生粗骨料取代率为 25%时,其受剪极限承载力比配箍筋的普通混凝土略有减小,力学性能接近普通混凝土。

Li 等[47]等对无腹筋的再生混凝土梁进行了静力受剪试验,试验分析结果表明,普通混凝土梁的抗剪计算公式不适用于再生混凝土梁,尤其是再生粗骨料取代率较大的再生混凝土梁。倪天宇等[48]通过对不同再生粗骨料取代率的再生混凝土简支梁的抗剪试验,研究了再生混凝土无腹筋梁斜截面的受力全过程和抗剪性能。试验结果表明,再生混凝土无腹筋梁的破坏形式和受力机理与普通混凝土无腹筋梁相似,再生混凝土无腹筋梁的破坏荷载略低于普通混凝土无腹筋梁。张雷顺等[49]通过 13 根再生混凝土梁和普通混凝土梁的对比试验,研究了再生骨料取代率等因素对再生混凝土梁斜截面受力性能的影响。试验结果表明,再生混凝土梁比普通混凝土梁的变形和斜裂缝宽度都大。再生混凝土梁随着再生粗骨料取代率的增加,抗剪承载力有下降的趋势。

周彬彬等[50]完成了 10 根再生混凝土有腹筋梁的抗剪承载力试验,试验结果表明,再生混凝土梁的破坏形式和受力机理与普通混凝土梁相似,再生混凝土梁的破坏荷载略低于普通混凝土梁。周静海和姜虹[51]对 5 组截面尺寸及配筋率相同,再生粗骨料取代率分别为 0%、10%、20%、30%、40%的混凝土梁进行了抗剪试验。试验结果表明,再生混凝土梁与普通混凝土梁的变形和斜裂缝开展情况基本相同,同样具有弹性、开裂、屈服和极限 4 个阶段。但再生混凝土简支梁的抗剪承载力比普通混凝土简支梁的抗剪承载力稍小,且随着再生粗骨料取代率的增加而减小,抗剪承载力与再生粗骨料取代率近似呈线性关系。

文献[52]、[53]的试验结果表明,再生混凝土梁在正常使用极限状态和承载能力极限状态的受剪性能与普通混凝土梁基本相同。

为了验证再生混凝土梁的受剪性能,肖建庄等完成了再生混凝土梁受剪性能的验证性试验[42]。试验共制作了 3 根梁,其中 1 根为天然粗骨料对比梁,编号为 BS0;另外 2 根梁的再生粗骨料取代率分别为 50%和 100%,编号分别为 BS50 和 BS100。梁的截面采用矩形截面,为集中研究再生粗骨料取代率对再生混凝土梁斜截面受力变形性能的影响,所有试件采用相同配筋,受拉纵筋配筋率为 1.9%,箍筋配箍率为 0.25%,图 2.3 表示再生混凝土梁的受剪试验照片。

从试验梁荷载-跨中挠度曲线(图 2.4)可以看出,3 根试验梁均经历了弹性阶段和非弹性阶段,且在非弹性阶段,荷载-跨中挠度曲线有上升的趋势。试验梁未开裂前,BS100 抗弯刚度最低,BS50 次之,BS0 抗弯刚度最高。试验梁开裂后,随着荷载的增加,3 根试验梁的挠度也随之增大,但 BS100 的挠度增长速度较慢,而逐渐与 BS0 的挠度接近,BS50 的挠度却较 BS100 和 BS0 有较大增长。

图 2.3　再生混凝土梁的受剪试验照片

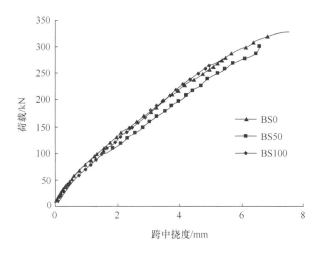

图 2.4　梁受剪时荷载-跨中挠度图

　　由图 2.5 荷载-斜裂缝平均宽度关系曲线可以看出,在荷载较小时,斜裂缝平均宽度与荷载基本上呈线性关系,随着荷载增大,斜裂缝平均宽度变大,但 3 根试验梁破坏时,斜裂缝平均宽度均未超过 1.5mm。对比 3 条荷载-斜裂缝平均宽度曲线可以看出,荷载不大时,BS100 斜裂缝平均宽度最大,BS50 次之,BS0 最小;随着荷载的增加,3 根试验梁斜裂缝平均宽度也随之增大,但 BS100 斜裂缝平均宽度增长速度较慢,BS50 的斜裂缝平均宽度增长较快。

　　3 根试验梁的试验过程基本相同,均属于剪压破坏。随着再生粗骨料取代率的增大,再生混凝土梁的受剪开裂荷载和极限荷载均呈下降趋势,其中极限荷载下降 9.5%～16.9%,且破坏时斜裂缝平均宽度也有减小趋势。

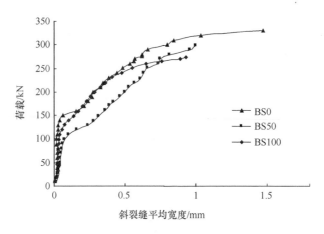

图 2.5　梁受剪荷载-斜裂缝平均宽度关系曲线

2.2　再生混凝土板

周静海等[54]完成了 4 组截面尺寸及配筋率相同,再生粗骨料取代率分别为 0%、5%、10%、15% 的混凝土板的受弯性能试验。试验结果表明,随着再生粗骨料取代率的增加,混凝土板的开裂荷载、极限荷载随之降低,且极限荷载的降低幅度大于开裂荷载。图 2.6 给出了再生混凝土板的特征荷载-再生粗骨料取代率关系曲线。

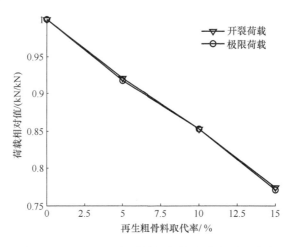

图 2.6　再生混凝土板的特征荷载-取代率关系曲线

为了研究将再生混凝土应用到压型钢板-混凝土组合板中的可能性,肖建庄等完成了 3 组再生粗骨料取代率分别为 0%、30% 和 100% 的压型钢板-再生混凝土组合楼板的静力试验[55]。图 2.7 为由试验结果得到的组合板的特征荷载-再生粗骨料取代率关系曲线,由图中的曲线可以看出,再生粗骨料取代率对压型钢板-混凝土组合板的承载能力有一定的影响,当再生粗骨料取代率小于 30% 时,特征荷载随取代率的增大而增加;当再生粗骨料取代率大于 30% 时,特征荷载随取代率的增大而减小。关于压型钢板-再生混凝土组合板的特征荷载随取代率的增大呈现出先增加后减小的现象,有待于做进一步的试验和理论研究。

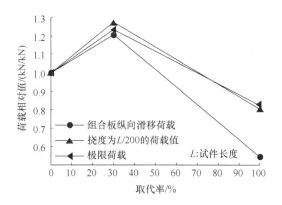

图 2.7　组合板的特征荷载-取代率关系曲线

2.3　再生混凝土柱

目前,国内外关于再生混凝土柱的试验研究较少。Liu 等[56]完成了 3 组再生混凝土柱的轴压和偏心受压力学性能试验。每组由再生粗骨料取代率分别为 0% 和 100% 的 2 根柱子组成。试验结果表明,再生混凝土柱的破坏形态以及破坏机理与普通混凝土相似。但在试验过程中,再生混凝土柱裂缝出现的时间要比普通混凝土早,且无明显征兆。普通混凝土柱的承载能力要高于再生混凝土柱。

周静海等[57]完成了 9 根再生混凝土柱和 3 根普通混凝土柱的轴心受压试验。研究结果表明,再生混凝土柱与普通混凝土柱具有相似的破坏机理;图 2.8 表示再生混凝土柱的特征荷载-再生粗骨料取代率关系曲线,由图中的曲线不难看出,再生混凝土柱的承载力随着再生粗骨料取代率的增大而逐渐降低,但降低幅度不大,当再生粗骨料取代率为 15% 时,再生混凝土柱的极限承载力约能达到普通混凝土柱承载力的 94%。

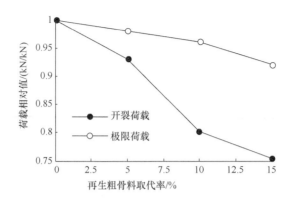

图 2.8　再生混凝土柱的特征荷载-取代率关系曲线

　　周静海等[58]制作了长细比为 9,再生粗骨料取代率分别为 0%、10%、20%、30%和40%的共 5 组 15 个试件,完成了再生混凝土长柱的偏心受压力学性能试验。试验结果表明,再生混凝土柱的破坏机理与普通混凝土柱子基本一致,但变形能力比普通混凝土大,随着再生粗骨料取代率的增大,承载力无规律地下降,当再生粗骨料取代率为 40% 时,承载力降低了 7.29%。

　　Kliszczewicz 和 Andrzej[59]的研究结果表明,再生混凝土柱和普通混凝土柱的承载能力相近,但前者的变形要明显大于后者。在实际工程应用中,再生混凝土柱与普通混凝土柱承载力之间的差异可以忽略不计,但两者变形之间的差异不能忽略。

　　肖建庄完成了 12 根再生混凝土短柱的受力性能试验[42],主要以再生粗骨料取代率 r 和偏心距 e 为研究参数,试件的截面尺寸、配筋和柱高均相同。根据试验结果,可以得出在不同的再生粗骨料取代率、不同偏心距下的实测 N(轴力)值和 M(弯矩)值,从而可以画出其 N-M 相关曲线如图 2.9 所示。从图中的曲线可以看出,不论再生粗骨料取代率值为多少,在小偏心破坏时,随着轴向荷载的增大,试件的抗弯能力减小;而大偏心破坏时,轴向荷载的增大反而提高了试件的抗弯承载力;界限破坏时,试件的抗弯承载力达到最大值。这 3 条形状大致相似的曲线可以说明,再生混凝土柱的 N-M 相关曲线与普通混凝土柱相似。从图 2.9 中还可以看出,当大偏压下相同 N 时,随着再生粗骨料取代率的增大,承担的 M 降低。而对小偏压规律不明显,有待于进一步研究。

　　从受力过程、裂缝发展和破坏形态来看,随着竖向荷载偏心距的增大,再生混凝土柱出现了轴压破坏、小偏心受压破坏、界限破坏和大偏心受压破坏,没有随着再生粗骨料取代率的提高而发生显著变化。

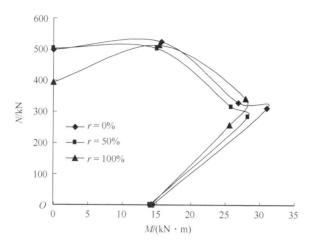

图 2.9　不同再生粗骨料取代率下的 N-M 相关曲线

2.4　再生混凝土墙体

我国的墙体材料中黏土砖长期以来一直占据主导地位,20 世纪末我国也开始发展具有轻质、高强、节能、节土利废、保温、隔音等优良性能的墙体材料,这些墙体材料被称为新型墙体材料。除了各种各样的实心砖,空心砖由于有着良好的保温、隔音、自重小的优点而迅猛发展。由于再生骨料容重比天然骨料小,隔热、隔音性能比较好,所以用于生产墙体材料是比较合理的。

2.4.1　再生混凝土剪力墙

曹万林等[60,61]完成了再生混凝土高剪力墙和再生混凝土低矮剪力墙的低周反复水平加载试验。试验结果表明,对于剪跨比为 2.0 的再生混凝土高剪力墙,与普通混凝土高剪力墙相比,其抗震性能略差;随着再生粗骨料取代率的增大,再生混凝土高剪力墙的抗震性能呈下降趋势;带暗支撑再生混凝土高剪力墙的承载力、延性和耗能能力较普通再生混凝土剪力墙明显提高。对于剪跨比为 1.0 的再生混凝土低矮剪力墙,与普通混凝土低矮剪力墙相比,其抗震性能相差不多;再生粗骨料取代率的变化对剪力墙的抗震性能影响不大;加配暗支撑钢筋的再生混凝土剪力墙的抗震性能明显提高。

余晓峰等[62]完成了 3 榀 1/2 缩尺的再生粗骨料取代率分别为 100%、50% 和 0% 的密肋复合墙体的低周反复水平加载试验。试验结果表明,对于不同再生粗骨料取代率的再生混凝土密肋复合墙体,在低周反复水平荷载作用下,其受力性能、破坏形态及破坏机制与普通混凝土墙体没有明显的区别;随着取代率的增大,墙体的延性随之提高;取代率为 50% 的墙体和取代率为 100% 的墙体相比,两者的弹性刚度基本一致,后者屈服后的刚度衰减较快。图 2.10 为墙体的特征荷载-再生粗骨料取代率关系曲线,由图中的曲线可以看出,取代率为 50% 的墙体的承载力和普通混凝土近似,而取代率为 100% 的墙体的承载力比取代率为 50% 的墙体降低了 18% 左右。

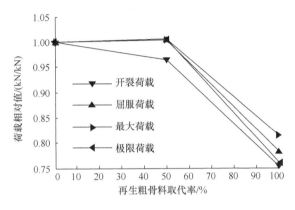

图 2.10　特征荷载-取代率关系曲线

张亚齐等[63]完成了 3 个 1/4 缩尺的 4 层双肢剪力墙模型的低周反复水平加载试验。试验结果表明,与普通混凝土双肢剪力墙相比,全再生混凝土双肢剪力墙的抗震性能略差,底部 2 层普通混凝土、上部 2 层再生混凝土的双肢剪力墙与普通混凝土双肢剪力墙抗震性能接近。

基于以上关于不同类型的再生混凝土剪力墙的抗震性能试验研究结果,不难看出,总体上,再生混凝土剪力墙的抗震性能要略低于普通混凝土,随再生粗骨料取代率的增大,再生剪力墙的抗震性能随之下降。

2.4.2　再生混凝土砌块墙体

倪天宇等[64]通过对 3 片不同竖向荷载作用下的再生混凝土空心砌块墙体进行低周反复水平加载试验,研究了砌块墙体的抗震性能。分析结果表明,再生混凝土空心砌块墙体在无竖向荷载的情况下,破坏时的裂缝数量较少,主裂缝明显;在施加竖向荷载的情况下,破坏时无明显主裂缝,结构受力均匀。墙体的滞回曲线较饱满,延性较好,耗能能力较强,抗震性能良好。再生混凝土空心砌块墙体的刚度退化趋势大致相同,墙体的初始刚度均较大,墙体开裂后刚度退化迅速。

为研究再生混凝土砌块墙体的抗震性能,肖建庄等对 4 榀构造柱-圈梁体系约束的再生混凝土小型空心砌块墙体试件进行了低周反复水平加载试验[65]。试验墙体高 2.2m,宽 3.2m,主要参数见表 2.1,截面尺寸与配筋构造如图 2.11 所示。图 2.12 表示砌块墙体的加载装置照片。

表 2.1　试件参数

试件编号	构造柱配筋	竖向压应力/MPa
TJ-W-1	4Φ12	0.3
TJ-W-2	4Φ16	0.3
TJ-W-3	4Φ16	0.3
TJ-W-4	4Φ12	0.6

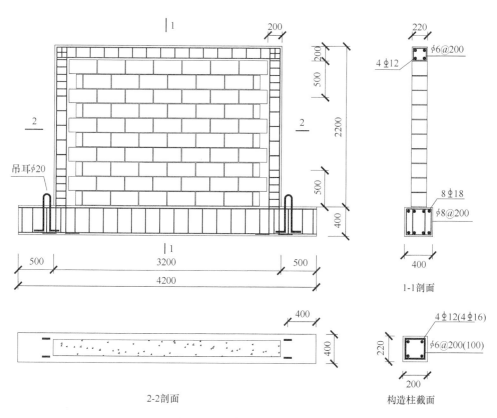

图 2.11　试件截面尺寸及配筋

　　图 2.13 为墙体试件的最终破坏形态,4 榀试件的破坏过程类似,可分为以下 3 个阶段:第 1 阶段,从开始加载到墙体初裂。该阶段试件基本处于弹性工作状态,墙片整体受力较为均匀,构造柱混凝土全截面工作,试件的荷载-位移曲线近似呈线性关系。第 2 阶段,从墙体初裂到试件达到最大荷载。此期间裂缝逐渐增多,构造柱由下向上陆续出现水平裂缝,砌块砌体沿对角方向出现数条阶梯形裂缝,并在构造柱端部形成剪切斜裂缝。若干斜裂缝最终形成一条主裂缝,沿对角方向贯通整个墙体,即达到试件的最大荷载。第 3 阶段,试件达到最大荷载后直至试件破

图 2.12　砌块墙体加载装置照片

坏。试件荷载开始下降,墙体变形显著增加。随着主裂缝将构造柱根部或顶部剪断,墙体局部破碎严重,试件破坏。

 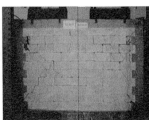 

(a) TJ-W-1墙体试件　　　　　　　(b) TJ-W-3墙体试件　　　　　　　(c) TJ-W-4墙体试件

图 2.13　墙体破坏形态

　　各试件的实测荷载-位移(P-Δ)滞回曲线如图 2.14 所示,由图中的曲线可以看出:开裂前,荷载-位移曲线基本呈线性关系,滞回环狭长,滞回环面积很小,试件处于弹性工作状态;开裂后,随着位移的增大,试件裂缝出现,并开始扩展,滞回曲线开始出现明显的弯曲,滞回环面积显著增大,试件处于弹塑性工作状态;试件达到最大荷载后,荷载开始出现下降,试件形成 X 形交叉斜裂缝,构造柱端部被剪断,墙体产生一定的滑移,使得滞回环的形状由梭形向弓形转变,具有明显的"捏缩"效应,部分试件的滞回环最终呈现反 S 形,此时试件仍能承受较大的位移,具有良好变形能力。

　　研究结果表明,符合构造要求的再生混凝土砌块墙体具有良好耗能能力;提高构造柱的纵筋配筋率,并不能有效改善再生混凝土砌块墙体的抗震性能;按现行规范公式计算再生混凝土砌块墙体的受剪承载力是可行的,按照普通混凝土砌块承重结构的抗震设计要求,可以实现再生混凝土砌块承重结构与普通混凝土砌块墙体相同的抗震性能。

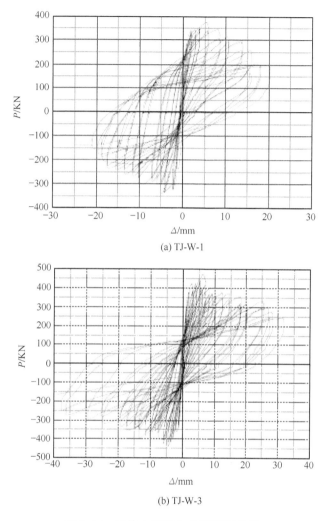

(a) TJ-W-1

(b) TJ-W-3

图 2.14　墙体水平荷载-位移滞回曲线

2.5　再生混凝土框架

　　钢筋混凝土框架结构是目前大量使用的结构型式之一,在历次地震中,框架结构都有不同程度的破坏。因此,钢筋混凝土框架结构抗震性能和设计方法的研究一直受到各国研究人员的重视。在抗震性能研究方面,人们通过各种静力试验、伪静力试验、拟动力试验和振动台试验,来研究框架结构在地震作用下的破坏机理、耗能情况和变形形式,并寻求合理的力学模型和计算方法来反映结构的受力状态[66],早在 20 世纪 50 年代,日本和美国就开展了结构恢复力特性的试验研究,从而为 60 年代结构地震反应非线性研究创造了条件。恢复力特性是结构抗震性能试验的一个重要方面。它提供了构件的强度、刚度、变形能力、滞回环形状和耗能能力,通过恢复力特性试验还可以获得构件的破坏机理。在大量试验的过程中不断发现过去规范中抗震条文的不足,因此,为改进规范条文而进行的试验日益增多。特别在钢筋混凝土结构或构件方面,如梁(受弯、受剪或受弯剪)、柱(受压、受剪压,单向或双向)、框架、节点核心区的构造、对柱子箍筋的设置、钢筋搭接的要求等,都要通过结构抗震试验,为制定规范条文提供科学数据。1979 年,在意大利由几个国际学会召开的"在地震作用下的结构混凝土"专题讨论会上,日本青山博之作了混凝土恢复力曲线模型化的报告,希腊 Tassios 作了钢筋和混凝土之间黏结力恢复力曲线模型化的报告。除了材料恢复力曲线模型化,直接用于地震反应非线性的构件恢复力模型化问题也一直受到重视。除了通常使用的双线性、多线性(考虑退化)、NCL 等曲线,1980 年,在第七届世界地震工程会议上,不少学者又发表了更为复杂的恢复力曲线。在国内,自 1976 年唐山地震以后,在全国范围内开展了地震工程的研究,结构抗震试验的数量和质量也不断提高。有关恢复力曲线的计算,自 1979 年后有不少论文发表,朱伯龙提出的关于考虑裂面效应的混凝土等效应力-应变试验,已收入欧洲混凝土协会第 161 号文件[67,68]。

本节介绍了国内外学者关于再生混凝土梁柱节点以及再生混凝土平面框架结构性能的研究进展情况,对再生混凝土框架与普通混凝土框架的抗震性能进行了分析比较,为再生混凝土框架结构的设计和应用提供试验和理论依据。

2.5.1 再生混凝土梁-柱节点

关于再生混凝土梁-柱节点力学性能的研究目前进行得较少,国外的 Corinaldesi 等[69,70]完成了再生混凝土梁-柱节点的初步研究,在文献[69]中,Corinaldesi 进行了 100%再生粗骨料取代率再生混凝土节点与普通混凝土节点的对比试验,并研究了在再生混凝土中掺加粉煤灰对节点性能的影响。试验用再生混凝土的强度、弹性模量均低于普通混凝土,但对于钢筋与混凝土的黏结强度,则再生混凝土略高于普通混凝土。试验的塑性铰出现在梁端,试验的滞回曲线基本呈梭形,无大的捏缩。试验结果表明,100%再生粗骨料取代率再生混凝土节点的耗能能力比普通混凝土节点略有降低,但降低幅度很小。在再生混凝土中掺加粉煤灰不仅能提高再生混凝土材料的强度、弹性模量、与钢筋的黏结强度,而且能提高节点的延性、增大节点的耗能能力。在文献[70]中,Corinaldesi 等进行了 30%再生粗骨料取代率再生混凝土节点与普通混凝土节点的对比试验。研究结果表明,当再生粗骨料取代率为 30%时,再生混凝土的抗压强度与普通混凝基本相同,而抗拉强度、抗弯强度和弹性模量要比普通混凝土低 10%左右。对于钢筋与混凝土间的黏结强度,再生混凝土与普通混凝土基本相同。再生混凝土节点的耗能能力比普通混凝土节点略有降低,再生混凝土节点显示了很好的结构行为。

肖建庄等[71,72]和 Bai 等[73]对再生混凝土节点的抗震性能进行了初步研究。Bai 等[71]的试验结果表明,再生混凝土框架节点的破坏机理和普通混凝土类似,而延性和能量耗散能力要略低于普通混凝土。在文献[72]中,研究结果表明,预制再生混凝土框架节点的承载能力和预制普通混凝土框架节点相近,再生混凝土可以应用于混凝土框架梁-柱节点。

在文献[71]中,肖建庄等完成了 3 个再生粗骨料取代率分别为 $R=0\%$、$R=50\%$ 和 $R=100\%$ 的 1/2 缩尺的再生混凝土框架节点的低周反复水平加载试验。试件几何尺寸与配筋详图如图 2.15 所示。试验装置如图 2.16 所示。

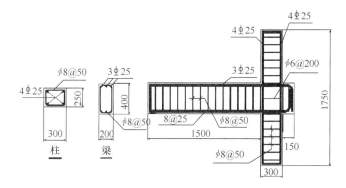

图 2.15　节点试件尺寸与配筋图

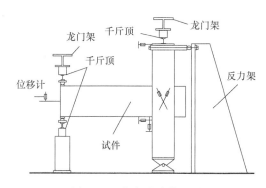

图 2.16　节点试验装置图

再生混凝土节点的破坏过程与普通混凝土节点类似,都经历了初裂—通裂—屈服—极限—破坏五个阶段。0%、100% 再生粗骨料取代率的节点沿核心区对角线方向的交叉斜裂缝较为明显;而 50% 取代率的节点核心区裂缝形状较为散乱,梁上中部出现明显的剪切裂缝。节点屈服时的裂缝形状分布如图 2.17 所示。

图 2.18 表示 3 个试件的骨架曲线,由图中的曲线可以看出,各试件的骨架曲线在试件屈服前基本重合,曲线可以看出明显的弹性段、屈服段、强化段、下降段。

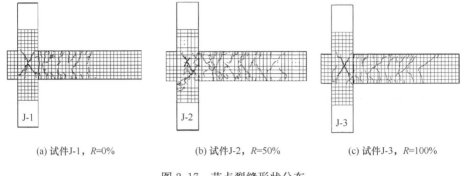

(a) 试件J-1，R=0%　　　　　(b) 试件J-2，R=50%　　　　　(c) 试件J-3，R=100%

图 2.17　节点裂缝形状分布

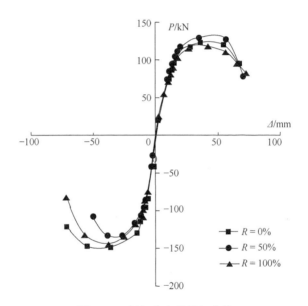

图 2.18　框架节点的骨架曲线

　　文献[71]的研究结果表明，随着再生粗骨料的加入，再生混凝土节点的抗震性能有降低的趋势。再生混凝土节点的抗剪承载能力、延性、耗能均满足抗震基本要求。因此，在有抗震设防要求地区的框架节点中采用再生混凝土是可行的。

2.5.2　再生混凝土平面框架

　　当前，国际上关于再生混凝土空间框架结构性能研究的文献还没有，但国内一些学者已经对再生混凝土平面框架的结构性能进行了深入的研究，并取得一定的研究成果。曹万林等[74]进行了 2 个 1/2.5 缩尺的两层两跨再生混凝土框架的低周反复水平加载试验研究，试件 1 为再生骨料取代率为 100% 的全再生混凝土框架；试件 2 的一层为再生骨料取代率为 0% 的普通混凝土，二层为再生骨料取代率为 100％的全再生混凝土。试验研究表明,两个框架的承载力较为接近,试件 1 的极限荷载比试件 2 降低约 5％；两者的刚度退化规律相同,延性均满足抗震要求；两者破坏机制均为"强柱弱梁"型；再生混凝土框架可用于多层结构或高层结构上部楼层。闵珍等[75]完成了 2 榀再生粗骨料取代率分别为 25％和 50％的再生混凝土框架及 1 榀普通混凝土框架的低周反复水平加载试验。研究结果表明,不同再生骨料取代率的再生混凝土框架和普通混凝土框架,在低周反复荷载作用下的破坏形态和破坏机制基本相同,都属于"强柱弱梁"型破坏。随着再生骨料取代率的增大,再生混凝土框架的延性随之变大。再生混凝土框架在低周反复荷载作用下的强度退化和刚度退化与普通混凝土框架基本相同,刚度衰减比较均匀,没有明显的刚度突变。再生混凝土框架能够满足现行规范对混凝土框架的基本要求,可以应用于实际工程。

肖建庄等等较早完成了不同再生粗骨料取代率的 4 榀 1/2 缩尺的混凝土框架(再生粗骨料取代率分别为 $R＝0％$、$R＝30％$、$R＝50％$和 $R＝100％$)的低周反复水平加载试验[22]。该试验按"强柱弱梁"的原则进行设计,以保证框架破坏的梁铰机制。模型在实验室内支模、绑扎钢筋、浇筑混凝土,混凝土设计强度等级为 C30,并进行人工浇水养护。各试件的尺寸和配筋情况均相同,模型详图如图 2.19 所示。图 2.20 为再生混凝土框架加载试验照片。

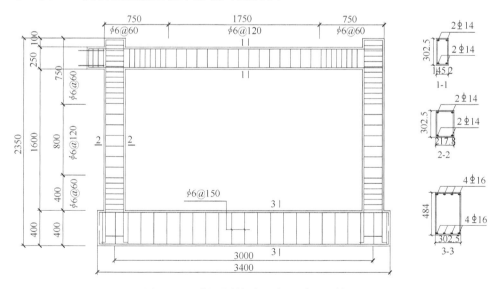

图 2.19　再生混凝框架几何尺寸和配筋图

图 2.21 表示 4 个试件在低周反复水平加载下的力-位移(P-Δ)滞回曲线。分析图中的曲线可以得到,在弹性工作状态,4 榀框架的滞回曲线表现出相同的特性:包围的面积很小,力和位移之间基本呈直线变化,在荷载往复作用过程中,刚度

图 2.20 再生混凝土框架加载试验照片

退化不明显,残余变形和结构耗能都很小。在弹塑性阶段,4 榀框架的滞回曲线形状基本相同,都呈弓形,且曲线均比较饱满,表明这 4 榀框架都具有良好的耗能能力。普通混凝土框架的滞回曲线最为饱满,其他次之,表明再生混凝土框架的耗能能力比普通混凝土框架稍差。

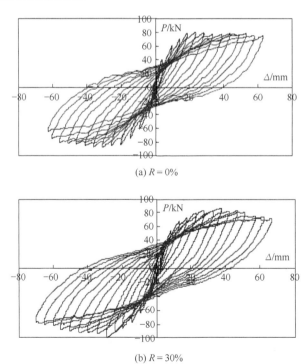

(a) $R = 0\%$

(b) $R = 30\%$

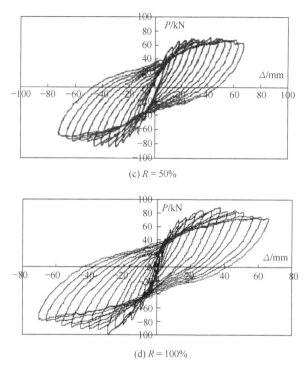

(c) $R = 50\%$

(d) $R = 100\%$

图 2.21　力-位移滞回曲线

试验研究结果[22]表明,不同再生粗骨料取代率的混凝土框架在低周反复荷载作用下,其受力特性、破坏形态和破坏机制没有明显的差别,破坏机制均表现为明显的"强柱弱梁"的破坏类型,即梁端先形成塑性铰,然后柱下端形成塑性铰,框架变成机构而破坏;不同取代率的再生混凝土框架的滞回曲线都较饱满,具有较好的耗能能力;不同取代率的再生混凝土的位移延性系数都比较接近,100％取代率的再生混凝土框架的延性最好;再生混凝土框架有良好的承载能力、变形能力和抵抗地震荷载的能力,用于工程设计是可行的。

2.6　本章小结

本章对再生骨料混凝土结构性能研究的最新进展进行了综述与对比分析。介绍了再生混凝土梁的受弯性能和受剪性能;讨论了再生混凝土板的受弯性能;研究了再生混凝土柱的轴心受压和偏心受压的力学性能;分析了再生混凝土剪力墙和再生混凝土砌块砌体的抗震性能;研究了再生混凝土梁-柱节点的基本力学性能和抗震性能;探讨了再生混凝土平面框架在低周反复水平加载下的承载能力、变形能力以及抗震能力。

　　国内外对再生混凝土构件基本性能的研究表明,合理设计的再生混凝土构件基本上能够达到普通混凝土构件的性能水平,将其应用于土木工程中是可行的。当前再生混凝土技术的研究还主要停留在材料性能和构件行为层面上,有关再生混凝土空间结构行为的研究比较少。为了推广再生混凝土结构在实际工程中的应用,在已有的再生混凝土材料、构件的试验和理论研究基础上,迫切需要对再生混凝土空间结构的性能进行研究。

　　本章的内容对于全面认识和把握再生混凝土结构的基本性能及其与普通混凝土结构的区别有重要的意义,为再生混凝土空间框架结构抗震性能的研究提供了重要依据。

参 考 文 献

[1] Nixon P J. Recycled concrete as an aggregate for concrete—A review[J]. Materials and Structures,1978,11(65):371-378.

[2] Hansen T C. Recycled aggregates and recycled aggregate concrete second state-of-the-art report developments 1945-1985[J]. Materials and Structures,1986,19(5):201-246.

[3] Hansen T C. Recycling of Demolished Concrete and Masonry[M]. London: E & FN SPON, 1992.

[4] ACI Committee 555. Removal and reuse of hardened concrete[J]. ACI Material Journal, 2002,99(3):300-325.

[5] Xiao J,Li J,Zhang C. On relationships between the mechanical properties of recycled aggregate concrete:An overview[J]. Materials and Structures,2006,39:655-664.

[6] Caims R. Recycled aggregate concrete prestressed beams[C]. Proceedings of Conference on Use of Recycled Concrete Aggregate. Thomas Thlford,1998.

[7] Shingo M,Tokio K,Ryoichi S. Fatigue behavior of reinforced concrete beam with recycled coarse aggregate[C]. JCA Proceedings of Cement and Concrete,53:1999(in Japanese).

[8] Sadati S,Arezoumandi M,Khayat K H,et al. Shear performance of reinforced concrete beams incorporating recycled concrete aggregate and high-volume fly ash[J]. Journal of Cleaner Production,2016,115:284-293.

[9] Corinaldesi V. Recycled aggregate concrete under cyclic loading[C]. Proceedings of the International Symposium on Role of Concrete in Sustainable Development Scotland. University of Dundee,2003.

[10] Nishiura N,Kasamatsu T,Mitashita T,et al. Experimental study of recycled aggregate concrete half-precast beams with lap joints[J]. Transactions of the Japan Concrete Istitute, 2001,23:295-302.

[11] Andrzej A B,Kliszczewicz A T. Comparative tests of beams and columns made of recycled aggregate concrete and natural aggregate concrete[J]. Journal of Advanced Concrete Technology,2007,5(2):259-273.

[12] Xiao J Z, Xie H, Yang Z J. Shear transfer across a crack in recycled aggregate concrete[J]. Cement and Concrete Research, 2012, 42(5): 700-709.

[13] Li J B, Xiao J Z. On the performance of RAC beams—An overview[C]. The First National Academic Exchange Conference on the Research and Application of Recycled Concrete. Shanghai, 2008, 448-454.

[14] Liu Q, Xiao J Z, Sun Z H. Experimental study on the failure process of recycled concrete [J]. Cement and Concrete Research, 2011, 41(10): 1050-1057.

[15] Xiao J Z, Falkner H. Bond behaviour between recycled aggregate concrete and steel rebars [J]. Construction and Building Materials, 2007, 21(2): 395-401.

[16] 肖建庄, 雷斌. 再生混凝土碳化模型与结构耐久性设计[J]. 建筑科学与工程学报, 2008, 25(3): 66-72.

[17] 肖建庄, 李宏, 亓萌. 基于静载强度分布的再生混凝土疲劳强度预测[J]. 建筑科学与工程学报, 2010, 27(4): 7-13.

[18] 肖建庄, 杜睿, 王长青, 等. 灾后重建再生混凝土框架结构抗震性能和设计研究[J]. 四川大学学报, 2009, 41(S1): 1-6.

[19] Xiao J Z, Wu Y C, Zhang S D. Fracture analysis for a 2D prototype of recycled aggregate concrete using discrete cracking model[J]. Key Engineering Materials, 2010, 417-418: 681-684.

[20] 朱晓晖, 肖建庄, 张建荣. 不同类型混凝土框架节点抗震性能对比分析[J]. 结构工程师, 2005, 21(1): 52-56.

[21] Xiao J Z, Tawana M M, Zhu X H. Study on recycled aggregate concrete frame joints with method of nonlinear finite element[J]. Key Engineering Materials, 2010, 417-418: 745-748.

[22] Xiao J Z, Sun Y D, Falkner H. Seismic performance of frame structures with recycled aggregate concrete[J]. Engineering Structures, 2006, 28(1): 1-8.

[23] 孙跃东, 周德源, 肖建庄, 等. 不同轴力下再生混凝土框架抗震性能的试验[J]. 同济大学学报: 自然科学版, 2007, 35(8): 1013-1018.

[24] Xiao J Z, Huang Y J, Yang J, et al. Mechanical properties of confined recycled aggregate concrete under axial compression[J]. Construction and Building Materials, 2012, 26: 591-603.

[25] Xiao J Z, Li J, Chen J. Experimental study on the seismic response of braced reinforced concrete frame with irregular columns[J]. Earthquake Engineering and Engineering Vibration, 2011, 10(4): 487-494.

[26] Xiao J Z, Zhang C. Seismic behavior of RC columns with circular, square and diamond sections[J]. Construction and Building Materials, 2008, 22(5): 801-810.

[27] 肖建庄, 王长青, 朱彬荣, 等. 再生混凝土砌块砌体房屋结构振动台模型试验研究[J]. 四川大学学报: 工程科学版, 2010, 42(5): 120-126.

[28] Choi W C, Yun H D, Kim S W. Flexural performance of reinforced recycled aggregate concrete beams[J]. Magazine of Concrete Research, 2012, 64(9): 837-848.

［29］Yagishita F,Sano M,Yamada M. Behaviour of reinforced concrete beams containing recycled aggregate[C]. Demolition and Reuse of Concrete and Masonry Proceedings of the Third International RILEM Symposium,1993,331-343.

［30］Mukai T,Kikuchi M. Properties of reinforced concrete beams containing recycled aggregate [C]. Proceedings,2nd International Symposium RILEM of Demolition and Reuse of Concrete and Masonry,Tokyo,Chapman and Hall,London-New York,1988,2:670-679.

［31］Andrzej A B,Kliszczewicz A T. Behavior of RC beams from recycled aggregate concrete[C]. Proceedings of the American Concrete Institute 2002. International Conference,Cancun,2002,10-13.

［32］Ippei M,Masaru S,Takahisa S,et al. Flexural properties of reinforced recycled concrete beams[C]. Conference on the Use of Recycled Materials in Building and Structures,Barcelona,2004.

［33］黄清. 再生混凝土受弯构件正截面性能试验研究与有限元分析[D]. 哈尔滨:哈尔滨工业大学,2005.

［34］Deng S C,Yu F. Experimental studies of flexural strength and mechanics performance for recycled concrete beam[C]. 2nd International Conference on Waste Engineering and Management,ICWEM 2010 RILEM Proceedings,73:695-716.

［35］白文辉,王柏生. 钢筋再生粗骨料混凝土简支梁的受弯性能试验研究[J]. 工业建筑,2009,39(S1):910-913,934.

［36］刘娟红,颜岳. 再生骨料混凝土简支梁静力荷载下性能研究[J]. 武汉理工大学学报,2008,30(8):113-116.

［37］丁帅,孙伟民,郭樟根,等. 再生混凝土梁的变形性能试验研究[J]. 2009,39(S1):864-867.

［38］杨桂新,吴瑾,叶强. 再生粗骨料钢筋混凝土梁短期刚度研究[J]. 土木工程学报,2010,43(2):55-63.

［39］周静海,郭凯,孟宪宏,等. 高掺入量再生骨料混凝土梁正截面受弯性能试验[J]. 沈阳建筑大学学报,2010,26(5):859-864.

［40］Fathifazl G,Razaqpur A G,Isgor O B,et al. Flexural performance of steel-reinforced recycled concrete beams[J]. ACI Structural Journal,2009,106(6):858-867.

［41］Sato R,Maruyama I,Sogabe T,et al. Flexural behavior of reinforced recycled aggregate concrete beam[J]. Journal of Advanced Concrete Technology,2007,5(1):43-61.

［42］肖建庄. 再生混凝土[M]. 北京:中国建筑工业出版社,2008.

［43］Han B C,Yun H D,Chung S Y. Shear capacity of reinforced concrete beams made with recycled aggregate[J]. ACI Special Publication,2001,200:503-516.

［44］Belén G,Fernando M. Shear strength of concrete with recycled aggregate[C]. Conference on the Use of Recycled Materials in Building and Structures. Barcelona,2004.

［45］Sogo M,Sogabe T,Maruyama I,et al. Shear behavior of reinforced recycled concrete beams [C]. Conference on the Use of Recycled Materials in Building and Structures. Barcelona,2004.

［46］Etxeberria M，Vazquez E，Mari A，et al．The role and influence of recycled aggregate concrete[C]．Conference on the Use of Recycled Materials in Building and Structures．Barcelona，2004．

［47］Li J B，Xiao J Z，Huang J A．Shear capacity of reinforced recycled aggregate concrete beams without web reinforcement[C]．2nd International Conference on Waste Engineering and Management，ICWEM 2010 RILEM Proceedings，73：551-558．

［48］倪天宇，孙伟民，郭樟根，等．再生混凝土无腹筋梁抗剪承载力试验研究[J]．四川建筑科学研究，2010，36(1)：5-7．

［49］张雷顺，张晓磊，闫国新．再生混凝土无腹筋梁斜截面受力性能试验研究[J]．郑州大学学报，2006，27(2)：18-23．

［50］周彬彬，孙伟民，郭樟根，等．再生混凝土梁抗剪承载力试验研究[J]．四川建筑科学研究，2009，35(6)：18-18．

［51］周静海，姜虹．再生粗骨料混凝土梁抗剪性能[J]．沈阳建筑大学学报，2009，25(4)：683-688．

［52］Choi H B，Yi C K，Cho H H，et al．Experimental study on the shear strength of recycled aggregate concrete beams[J]．Magazine of Concrete Research，2010，62(2)：103-114．

［53］Fathifazl G，Razaqpur A G，Burkan I O，et al．Shear strength of reinforced recycled concrete beams with stirrups[J]．Magazine of Concrete Research，2010，62(10)：685-699．

［54］周静海，王新波，于铁汉．再生混凝土四边简支板受力性能试验[J]．沈阳建筑大学学报，2008，24(3)：411-415．

［55］肖建庄，李宏，金少惷，等．压型钢板-再生混凝土组合板纵向抗剪承载力试验[J]．结构工程师，2010，26(4)：91-95．

［56］Liu C，Bai G L，Wang L T，et al．Experimental study on the compression behavior of recycled concrete columns[C]．2nd International Conference on Waste Engineering and Management-ICWEM，2010，RILEM Proceedings，73：614-621．

［57］周静海，杨永生，焦霞．再生混凝土柱轴心受压承载力研究[J]．沈阳建筑大学学报，2008，24(4)：572-576．

［58］周静海，于洪洋，杨永生．再生混凝土大偏压长柱受力性能试验[J]．沈阳建筑大学学报，2010，26(2)：255-260．

［59］Kliszczewicz A T，Andrzej A B．On behaviour of reinforced concrete beams and columns made of recycled aggregate concrete[J]．ACI Material Journal，2006，52(20)：289-304．

［60］曹万林，徐泰光，刘强，等．再生混凝土高剪力墙抗震性能试验研究[J]．世界地震工程，2009，25(2)：18-23．

［61］曹万林，刘强，张建伟，等．再生混凝土低矮剪力墙抗震试验及分析[J]．北京工业大学学报，2011，37(3)：409-417．

［62］余晓峰，姚谦峰，王国亮，等．再生混凝土密肋复合墙体受力性能试验研究[J]．西安建筑科技大学学报，2009，41(6)：827-833．

［63］张亚齐，曹万林，张建伟，等．上部再生混凝土双肢剪力墙抗震性能试验研究[J]．地震工

程与工程振动,2010,30(1):98-103.

[64] 倪天宇,郭樟根,孙伟民,等. 再生混凝土空心砌块墙体的抗震性能[J]. 东南大学学报,2009,39(S1):212-216.

[65] 肖建庄,黄江德,姚燕. 再生混凝土砌块墙体抗震性能试验研究[J]. 建筑结构学报,2012,33(2):100-109.

[66] 吕西林,卢文生 R C. 框架结构的振动台试验和面向设计的时程分析方法[J]. 地震工程与工程振动,1998,18(2):48-58.

[67] 朱伯龙. 结构抗震试验[M]. 北京:地震出版社,1989.

[68] 朱伯龙,董振祥. 钢筋混凝土非线性分析[M]. 上海:同济大学出版社,1985.

[69] Corinaldesi V,Moriconi G. Behavior of beam-column joints made of sustainable concrete under cyclic loading[J]. Journal of Materials in Civil Engineering,2006,(5):650-658.

[70] Corinaldesi V,Letelier V,Moriconi G. Behaviour of beam-column joints made of recycled-aggregate concrete under cyclic loading[J]. Construct Build Mater,2011,25(4):1877-1882.

[71] 肖建庄,朱晓晖. 再生混凝土框架节点抗震性能研究[J]. 同济大学学报,2005,33(4):436-440.

[72] Xiao J Z,Tawana M M,Wang P J. Test on the seismic performance of frame joints with pre-cast recycled concrete beams and columns[C]. 2nd International conference on waste engineering and management,ICWEM 2010 RILEM proceedings,73:773-786.

[73] Bai G L,Liu C,Jia S W,et al. Study on seismic behavior of recycled concrete frame joints under low cyclic load[C]. 2nd International Conference on Waste Engineering and Management,ICWEM 2010 RILEM proceedings,73:638-644.

[74] 曹万林,尹海鹏,张建伟,等. 再生混凝土框架结构抗震性能试验研究[J]. 北京工业大学学报,2011,37(2):191-198.

[75] 闵珍,孙伟民,郭樟根. 再生混凝土框架抗震性能试验研究[J]. 世界地震工程,2011,27(1):22-27.

第 3 章 再生混凝土材料动态力学性能

3.1 概　　述

混凝土材料有一定的率敏感性,在不同应变率下,具有不同的力学性能,包括材料的脆性、强度、弹性模量等性质均随加载速率而变化。在不同性质的动态荷载作用下,混凝土表现出不同的特性,如图 3.1 所示。可以看出在地震作用下,混凝土的应变率一般能达到 $10^{-3} \sim 10^{-2}$/s 量级,最大能达到 10^{-1}/s 左右[1]。

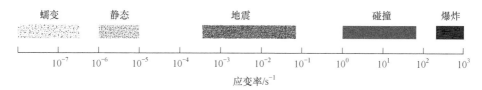

图 3.1 不同性质荷载下混凝土的应变率变化

关于混凝土动态特性的研究最早可上溯至 1917 年 Abrams[2]的工作。随后国内外学者对混凝土的动态受力性能进行了相关研究,如 Jones 和 Richart[3]、Watstein[4]、Norris 等[5]、曾莎洁和李杰[6]、董毓利等[7]、肖诗云和张剑[8]等。比较一致的观点是随着应变率的提高,混凝土的单轴抗压强度、初始弹性模量、峰值应力处的割线模量以及吸能能力随之增大,下降段的坡度趋于陡峭,泊松比无明显变化,应力-应变曲线的形状无明显区别,而峰值应力处的临界应变和极限应变的变化规律无定论。欧洲混凝土协会 CEB[9]在总结多数试验成果的基础上,规定了一个准静态应变率,推荐了不同动态应变率下混凝土材料的抗压强度、峰值应变、弹性模量相对准静态应变率下的动态增大系数。

近年来,再生混凝土技术的研究和开发已得到了很大的发展。国内外学者关于再生骨料的基本性能[10,11]、再生混凝土材料的静态力学性能[12-15]、再生混凝土在静态荷载作用下的本构关系[16,17]开展了试验研究和理论分析。国内外对再生混凝土材料力学性能率敏感性方面的研究工作较少,肖建庄等[18,19]完成了不同应变率下模型再生混凝土的单轴受压试验,研究结果表明,随着加载应变速率的提高,不同模型的应力-应变关系曲线形状相似,峰值应力和弹性模量表现出增大的趋势,峰值应变的变化无明显规律。Lu 等[20]完成了冲击荷载下再生混凝土单轴受压试验,试验结果表明,率敏感性对再生混凝土材料性能有重要影响,随着应变率的提高,再生混凝土的抗压强度和峰值应变呈线性增加。

　　大量的研究表明,再生骨料因废混凝土来源不同而具有较大的随机性和变异性,这也导致了再生混凝土和普通混凝土材料性能的差异性,进而使得再生混凝土和普通混凝土在结构行为方面存在一定的差异。再生混凝土材料的脆性比普通混凝土略高,且随着再生粗骨料取代率的增大而变大[21-23]。与普通混凝土构件相比,在相同条件下,再生混凝土构件的斜截面开裂荷载小于普通混凝土构件,而且随着再生骨料取代率的增大,开裂荷载有下降的趋势;再生混凝土构件的斜裂缝平均宽度略大于普通混凝土构件;再生混凝土构件的受剪极限承载力随着再生粗骨料取代率的增大而减小[24]。针对再生混凝土的受力特点,同时考虑工程建造成本,在进行再生混凝土结构设计时,采用箍筋约束措施,可以很大程度上改善再生混凝土的脆性,提高再生混凝土的抗剪性能、塑性变形能力以及耗能能力。

　　有关约束普通混凝土的研究已有近百年的历史。1928 年,Richart 等[25]首次定量地研究了液体围压对混凝土圆柱体轴压性能的影响,并提出了相应的约束混凝土抗压强度以及峰值应变计算公式。Kent 和 Park[26]提出了一个上升段为二次抛物线、下降段为直线且斜率由体积配箍率、混凝土强度和箍筋间距等因素决定的本构关系模型。Scott 等[27]完成了 25 组混凝土短柱在不同应变率下的轴心或偏心受压试验,在 Kent-Park 模型的基础上,提出了 Kent-Scott-Park 模型。Mander 等[28]通过单轴受压加载试验,提出了约束混凝土单轴受压的本构模型。Saatcioglu 和 Razvi[29]提出了考虑截面形状、配筋布置形式、应变率效应的约束混凝土材料本构模型,通过试验验证,该模型能较好地反映结构的力学性能。林峰等[30]在 Eibl 和 Schmidt-Hurtienne[31]提出的一种可考虑加载历史的混凝土动力模型的基础上,采用四段式约束混凝土单轴受压应力-应变曲线,以确定模型中的静态损伤发展,利用混凝土动力试验结果,并通过数值迭代,给出了约束混凝土动态损伤延迟中参数的确定方法。Fu 等[32]通过对不同高应变率下混凝土本构模型的研究对比分析,得出约束混凝土的抗压强度及对应的峰值应变随应变率的提高而增大结论。

　　当前国内外学者针对约束再生混凝土在静态荷载作用下的力学性能开展了一些研究工作,而关于约束再生混凝土在不同应变率下的动态特性和损伤特性的研究尚属空白。肖建庄等[33,34]完成了钢管约束和玻璃纤维增强塑料管约束再生混凝土的静态受压试验,试验表明,约束效应对再生混凝土的力学性能,尤其延性性能有重要影响,通过试验初步确定了约束再生混凝土的静态本构关系模型。Chen 等[35]完成了圆形钢管再生混凝土短柱的静态试验,并提出了约束再生混凝土单轴受压本构方程。Yang 和 Ma[36]完成了 14 根钢管再生混凝土短柱和 14 根钢管再生混凝土梁的静态单调加载试验,研究结果表明,通过外部钢管约束,再生混凝土梁、柱的力学性能有很大提高,尤其是构件的变形性能。Yang 等[37]分析了三向静态受压状态下再生混凝土的应力-应变曲线特征,结果表明,随着侧向压力的增加,再生混凝土的峰值应力和相应应变均呈线性增长,而脆性随之降低。Zhao 等[38]完成了 18 个 FRP(纤维增强复合材料)约束再生混凝土圆柱体的单轴受压静态试验,比较分析了再生粗骨料取代率和 FRP 约束对再生混凝土力学性能的影响。

再生骨料取代率对再生混凝土的破坏特征、力学和变形性能均有重要的影响,近年来,国内外学者对静态荷载下再生混凝土受取代率的影响进行了大量的研究工作[21,22,39]。当前关于约束再生混凝土在动态荷载下受再生粗骨料取代率影响的研究鲜有文献报道。

作者通过 27 组(81 个)箍筋约束再生混凝土方形截面短柱的动态力学性能试验,获取单调荷载下约束再生混凝土单轴受压动态应力-应变关系全曲线;分析约束再生混凝土在高应变率下的破坏特征;研究应变率、箍筋约束和再生粗骨料取代率对再生混凝土力学性能的影响规律;初步建立再生混凝土力学性能指标动态放大系数(DIF)模型、约束放大系数(CIF)模型和取代率影响因子(RIF)模型。

3.2　试 验 概 况

3.2.1　再生骨料性能

国内标准把再生骨料按质量品质分为 3 个等级[40-43],Ⅰ类再生粗骨料的品质已经基本达到常用天然粗骨料的品质,其应用不受强度等级限制;为充分保证结构安全,Ⅱ类再生粗骨料用于配制再生混凝土时,混凝土强度等级不宜高于 C40;Ⅲ类再生粗骨料由于品质相对较差,可能对结构混凝土或较高强度再生混凝土性能带来不利影响,故只用于配制强度等级不高于 C25 的再生混凝土。同时,由于Ⅲ类再生粗骨料的吸水率等指标相对较高,所以不宜用于有抗冻要求的混凝土。国外相关标准对再生骨料混凝土的强度应用范围也有类似限定,例如,对于近似于我国Ⅱ类再生粗骨料配制的混凝土,比利时限定为不超过 C30,丹麦限定为不超过 40MPa,荷兰限定为不超过 C50,在荷兰,国家标准规定再生骨料取代天然骨料的质量比不能超过 20%。Ⅰ类再生细骨料的主要技术性能已经基本达到常用天然砂的品质,但是由于再生细骨料中往往含有水泥石颗粒或粉末,而且目前采用再生细骨料配制混凝土的应用实践相对较少,所以对再生细骨料在混凝土中的应用比再生粗骨料的限制要严格一些,Ⅰ类再生细骨料宜用于 C40 及以下强度等级的混凝土,Ⅱ类再生细骨料宜用于 C25 及以下强度等级的混凝土,Ⅲ类再生细骨料由于品质较差,不宜用于混凝土。再生粗骨料用于房屋结构工程和道路工程的混凝土时,其取代率要控制在 30%以下;用于空心砌块的再生混凝土时,其取代率不作限制,空心砌块中还可同时使用再生细骨料。

再生骨料对再生混凝土的力学性能有重要的影响,本试验中,在进行配合比之前,首先完成了再生混凝土中天然粗骨料和再生粗骨料性能指标的测试,见表3.1。细骨料选用公称粒径为0.075~5mm的河砂,按细度模数划分为中砂,在使用前通过筛子过滤掉砂中较大的杂质,通过水洗处理掉砂中的泥块等细微颗粒,通过风干除去砂中的水分。粗骨料选用天然和再生粗骨料,公称粒径大小为5~10mm,如图3.2和图3.3所示。由表3.1中的数据可以看出,再生粗骨料的吸水率要远高于天然粗骨料的吸水率。在使用前,同样对天然粗骨料和再生粗骨料进行筛分过滤、水洗和风干处理。

图3.2　天然粗骨料　　　　　　　　　　图3.3　再生粗骨料

表 3.1　粗骨料材料性能指标

粗骨料	含泥量/%	泥块含量/%	吸水率/%	含水率/%	松散堆积密度/(kg/m³)	紧密堆积密度/(kg/m³)	表观密度/(kg/m³)
再生	0.71	0.50	5.40	1.60	1200	1290	2600
天然	0.80	0.90	1.80	0.40	1415	1525	2680

试验测得天然与再生粗骨料的级配曲线如图3.4所示。由图中的曲线可以看出:两种粗骨料的级配曲线类似,均落在《普通混凝土用砂、石质量及检验标准》(JGJ 53—2006)[44]要求的范围之内,表明再生粗骨料的级配满足要求。

如图3.2和图3.3所示,再生粗骨料的外观略为扁平同时带有若干棱角,外形介于碎石与卵石之间。再生粗骨料的这种外形将会降低新拌再生混凝土的工作性能。再生粗骨料的表面较为粗糙,孔隙较多,天然粗骨料的表面则相对光滑。肉眼可以看到,再生粗骨料表面大都附着或多或少的水泥砂浆。

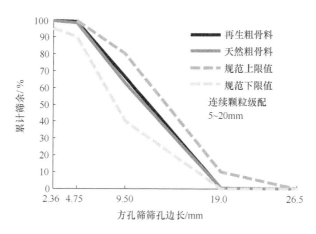

图 3.4　再生与天然粗骨料的级配曲线

　　再生与天然粗骨料的堆积密度和表观密度测试结果见表 3.1。由表的数据可以看出：与天然粗骨料相比，再生粗骨料的堆积密度和表观密度均比普通混凝土低，原因主要是其表面水泥砂浆含量较高。再生粗骨料密度降低将导致利用其拌制的再生混凝土的密度和弹性模量降低。

　　根据国家现行标准《混凝土用再生粗骨料》(GB/T 25177—2010)[43] 的规定，由表 3.1 中的数据可以看出，再生粗骨料的含泥量和泥块含量均达到了 Ⅰ 类再生粗骨料的性能要求。

3.2.2　再生混凝土配合比设计

　　再生混凝土配合比设计的任务就是要确定能获得预期性能而又经济的混凝土各组成材料的用量。它与普通混凝土配合比设计的目的是相同的，即在保证结构安全使用的前提下，力求达到便于施工和经济节约的要求。国内外大量试验已表明：再生粗骨料的基本性能与天然粗骨料有很大差异，如孔隙率大、吸水率大、表观密度低、压碎指标高等。考虑到再生粗骨料本身的特点，进行再生混凝土的配合比设计时应满足以下三个要求：

　　(1)满足结构设计要求的再生混凝土强度等级。

　　再生混凝土的抗压强度一般稍低于或低于相同配合比的普通混凝土，为了达到相同强度等级，其水胶比应较普通混凝土有所降低。

　　(2)满足施工和易性、节约水泥和降低成本的要求。

　　由于再生粗骨料的孔隙率和含泥量较高以及表面的粗糙性，要满足与普通混凝土同等和易性的要求，则单位混凝土的水泥用量往往要比普通混凝土多。因此，进行再生混凝土配合比设计时必须尽可能节约水泥，这对降低成本至关重要。

（3）保证混凝土的变形和耐久性符合使用要求。

再生粗骨料的吸水率较高、弹性模量较低及再生粗骨料中天然骨料与老砂浆之间界面的存在等，给再生混凝土的某些变形性能和耐久性能带来不利影响。所以，在配合比设计时，必须注意充分考虑适用性和耐久性的要求。

本试验中，再生混凝土的强度等级为 C30。由于再生粗骨料有较高的吸水率，配合比设计时应考虑计入再生混凝土粗骨料的附加用水，再生粗骨料附加用水的含量根据其饱和面干时的含水量确定。在本试验中测得的再生粗骨料吸水率为 5.4%，含水率为 1.6%（表 3.1），可以看出，再生混凝土的吸水率要远大于普通混凝土的吸水率，其原因主要是再生粗骨料表面附着部分水泥砂浆，且孔隙率大。再生粗骨料吸水率高，为获得与普通混凝土相同的工作性，需要增加拌合水的用量。再生粗骨料的高吸水率通常被认为是其相对于天然粗骨料最重要的特征。水泥选用强度等级为 42.5R 的普通硅酸盐水泥，水选用自来水，外加剂采用 VIVID-500 (A)聚羧酸超塑化减水剂，固体含量为 40%。混凝土塌落度值控制在 180～200mm。本试验中按再生粗骨料取代率（R）分别为 0%、30% 和 100% 三种配合比进行设计。表 3.2 中给出了不同取代率下混凝土各组分的用量。

表 3.2　再生混凝土配合比

再生粗骨料取代率/%	组分								
	净水灰比	砂率/%	再生粗骨料/(kg/m³)	天然粗骨料/(kg/m³)	砂/(kg/m³)	水泥/(kg/m³)	净水量/(kg/m³)	附加用水量/(kg/m³)	减水剂/(mL/m³)
0	0.45	41	0.0	852.5	592.3	485.5	218.5	0.0	630.2
30	0.45	41	255.4	597.2	592.3	485.5	218.5	9.7	630.2
100	0.45	41	852.5	0.0	592.3	485.5	218.5	32.0	630.2

3.2.3　试件设计和制作

本书中共设计和制作了 81 个再生混凝土方形截面短柱，横截面边长为 150mm，高度为 450mm。非约束再生混凝土试件(URAC)制作 27 个，其中包含再生粗骨料取代率为 0%、30% 和 100% 的试件各 9 个。约束再生混凝土试件中配置 A 和 B 两种形式的箍筋，A 代表方形箍筋，B 代表菱形复合箍筋。A 类箍筋约束试件(A-CRAC)和 B 类箍筋约束试件(B-CRAC)分别制作 27 个，每类约束试件包含再生粗骨料取代率为 0%、30% 和 100% 的试件各 9 个。A-CRAC 试件体积配箍率为 0.675%，B-CRAC 试件体积配箍率为 1.013%。横向箍筋和纵向钢筋均选用镀锌铁丝代替，铁丝直径为 4mm，实测屈服强度为 387.81MPa，箍筋间距为 43mm。试件尺寸和配筋详图如图 3.5 所示，试件设计参数见表 3.3。所有试件的制作均在实验室完成，在自然环境温度条件下分四批进行人工浇筑，机械振捣，采用木模板,24 小时后拆模,并在混凝土标准养护室养护 28 天。每批试件均预留出 3 组棱柱体(100mm×100mm×300mm)试件和 3 组立方体试件(150mm×150mm×150mm)测试再生混凝土的材料性能,钢筋笼制作照片如图 3.6 所示,图 3.7 为现场施工照片。

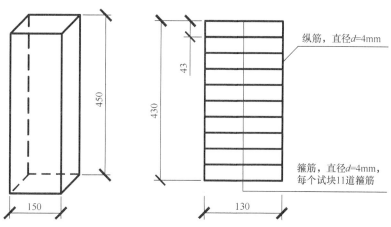

图 3.5 试件尺寸和配筋(单位:mm)

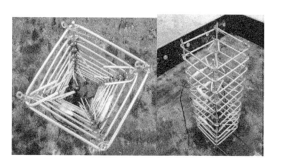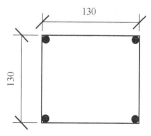

(a) A类钢筋笼(A-CRAC)

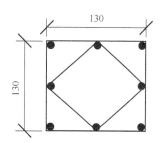

(b) B类钢筋笼(B-CRAC)

图 3.6 钢筋笼制作(单位:mm)

图 3.7　试件制作

表 3.3　测试试件设计参数

试件编号	应变率/(1/s)	速率/(mm/s)	取代率/%	约束形式	体积配箍率/%	采集频率/Hz
RACs-1	10^{-2}	4.5	0	URAC	0	512
RACs-2	10^{-3}	0.45	0	URAC	0	256
RACs-3	10^{-5}	0.0045	0	URAC	0	12.8
RACs-4	10^{-2}	4.5	30	URAC	0	512
RACs-5	10^{-3}	0.45	30	URAC	0	256
RACs-6	10^{-5}	0.0045	30	URAC	0	12.8
RACs-7	10^{-2}	4.5	100	URAC	0	512
RACs-8	10^{-3}	0.45	100	URAC	0	256
RACs-9	10^{-5}	0.0045	100	URAC	0	12.8
RACAs-1	10^{-2}	4.5	0	A-CRAC	0.675	512
RACAs-2	10^{-3}	0.45	0	A-CRAC	0.675	256
RACAs-3	10^{-5}	0.0045	0	A-CRAC	0.675	12.8
RACAs-4	10^{-2}	4.5	30	A-CRAC	0.675	512
RACAs-5	10^{-3}	0.45	30	A-CRAC	0.675	256
RACAs-6	10^{-5}	0.0045	30	A-CRAC	0.675	12.8
RACAs-7	10^{-2}	4.5	100	A-CRAC	0.675	512
RACAs-8	10^{-3}	0.45	100	A-CRAC	0.675	256
RACAs-9	10^{-5}	0.0045	100	A-CRAC	0.675	12.8
RACBs-1	10^{-2}	4.5	0	B-CRAC	1.013	512
RACBs-2	10^{-3}	0.45	0	B-CRAC	1.013	256
RACBs-3	10^{-5}	0.0045	0	B-CRAC	1.013	12.8
RACBs-4	10^{-2}	4.5	30	B-CRAC	1.013	512
RACBs-5	10^{-3}	0.45	30	B-CRAC	1.013	256
RACBs-6	10^{-5}	0.0045	30	B-CRAC	1.013	12.8
RACBs-7	10^{-2}	4.5	100	B-CRAC	1.013	512
RACBs-8	10^{-3}	0.45	100	B-CRAC	1.013	256
RACBs-9	10^{-5}	0.0045	100	B-CRAC	1.013	12.8

3.2.4　试验设备和测点布置

试验在 MTS 815.04 液压伺服试验机上进行。试验机中自带一套数据采集系统、高精度荷载传感器和高精度位移传感器,用于测试压头间试件的整体轴向变形;试验中附加引伸计,用于测试试件中部位置试件的局部轴向变形,测量标距为 100 mm。引伸计与试验机自带的传感器均采用同一套数据采集系统,测量数据均由试验机配套程序自动记录,实现不同通道的数据同步采集。图 3.8 为再生混凝土动态单轴加载试验设备。

为获取箍筋在约束应力下的动态变形,在试验中,选取试件中间区域的 5 道箍筋,每隔 1 道箍筋上布置 2 个测点,采用电阻应变片测量箍筋的应变,每个试件共布置 6 个应变片,测点编号从上至下依次排序。试件测点布置位置如图 3.9 所示。所有数据通过 DH5922 动态信号测试分析系统自动采集,并与 MTS 815.04 试验设备数据采集系统保持同步。

(a) 试验设备

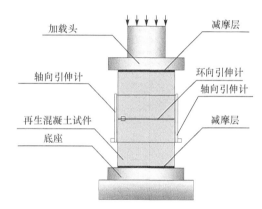

(b) 加载装置示意图

图 3.8　MTS 815.04 液压伺服试验机

(a) DH5922动态信号测试设备

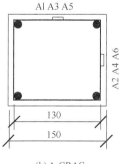

(b) A-CRAC

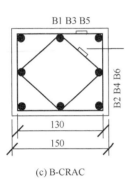

(c) B-CRAC

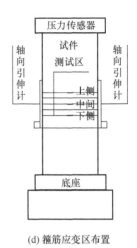

(d) 箍筋应变区布置

图 3.9　箍筋应变片测点布置(单位:mm)

3.2.5　加载制度

　　试验采用的加载方式为单轴动态单调受压加载,加载过程中采用位移进行控制,试验终止位移由再生混凝土极限应变的计算公式获取,取为 5mm。整个试验中采用 3 种加载速度,分别为 0.0045mm/s、0.45mm/s 和 4.5mm/s。相应的应变率分别为 $10^{-5}/s$、$10^{-3}/s$ 和 $10^{-2}/s$,其中把 $10^{-5}/s$ 定义为准静态应变率(基准应变率)。通过变应变率加载试验,主要研究约束再生混凝土的动态力学性能,分析性能参数随应变率的变化规律。加载方式和相应的试件编号详见表 3.3。为消除加载钢板对试件产生的横向约束影响,正式加载前,在试块的底部和顶部分别放置 2 层 0.1mm 厚的聚四氟乙烯薄膜作为减摩层,将试样放置在试验机的底座上,进行几何和物理对中,即将试件的中心与下压板中心对准后进行施压,加载至基准应力为 0.5MPa 的初始荷载值,保持恒载 60s,再连续均匀地加载至承载力估计值的 30%,校正试件和仪器仪表,使其对中后卸载。当对中满足要求后,以与加荷速度相同的速度卸荷至基准应力 0.5MPa,保持恒载 60s,然后用同样的加荷和卸荷速度以及 60s 的保持恒载,进行两次反复预压。

3.3　破　坏　特　征

　　不同应变下再生混凝土在受压荷载下的破坏特征差异性很大。在低应变率下,随着外荷载的增加,再生混凝土试件遭受一定的损伤,表现为再生混凝土试件表面出现细微的竖向和斜向裂缝,随着试件损伤程度的加剧,裂缝进一步延伸和扩大,并伴有新的裂缝出现。整个破坏过程中,裂缝发展速度较平缓,在破坏荷载下,试件上有贯通裂缝形成,如图 3.10(a)所示。在低应变率下,损伤主要发生在粗骨料和砂浆界面,而粗骨料鲜有发生断裂,断裂界面如图 3.10(b)所示。随着应变率的提高,试件损伤速度也随之加快,裂纹在试件表面出现后,会迅速发展,形成一条竖向或斜向劈裂贯通裂缝,或者在没有任何裂缝出现的前兆下,试件局部混凝土会被压溃脱落。在高应变率下,整个破坏过程中,裂缝发展速度较快,试件破坏时会伴随很大的混凝土爆裂声。图 3.11(a)表示应变率为 $10^{-2}/s$ 时的再生混凝土裂缝开展照片。高应变率下,再生混凝土断裂界面比较平整,再生粗骨料在破坏截面发生断裂,图 3.11(b)表示应变率为 $10^{-2}/s$ 时的再生混凝土断裂界面照片。不同取代率下再生混凝土试件的破坏形态与普通混凝土接近,但随着再生粗骨料取代率的增加,试件破坏面与荷载垂线的夹角随之增大。

 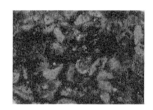

(a) 裂缝开展   (b) 断裂界面

图 3.10   试件破坏描述(应变率 $\dot{\varepsilon}=10^{-5}/s$)

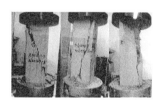 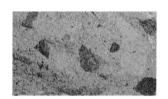

(a) 裂缝开展   (b) 断裂界面

图 3.11   试件破坏描述(应变率 $\dot{\varepsilon}=10^{-2}/s$)

    箍筋约束再生混凝土在动态荷载下的受力破坏过程经历了弹性变形—弹塑性变形—开裂—箍筋屈服—裂缝贯通—保护层剥落等各阶段。对于非约束再生混凝土试件,当轴向应变达到 12×10^{-3} 后,试件遭受严重损伤,产生一条或几条主控贯通裂缝,最终被压溃破坏。对于约束再生混凝土试件,当轴向应变达到 24×10^{-3} 时,试件虽然遭受严重损伤,但仍能靠横向箍筋和纵向钢筋连成一体。

    随着体积配箍率的变化,再生混凝土的破坏形态有所不同。在相同加载速率下,非约束再生混凝土试件首先产生可见裂缝,试件开裂时的纵、横向应变值随体积配箍率的增加而增大;根据混凝土破坏机理[45],混凝土裂缝的发展通常分为劈裂型裂缝和剪切型裂缝,对于非约束再生混凝土,通常产生劈裂型裂缝,应力-应变下降段曲线陡峭。而随着体积配箍率的增加,裂缝开裂形式由拉开型裂缝过渡为横向约束较大的剪切型裂缝,再生混凝土应力-应变曲线的下降段从陡峭向平缓方向发展。

单箍筋与复合箍筋约束再生混凝土试件的破坏过程和形态相似,图 3.12 表示静态荷载下不同体积配箍率再生混凝土试件的破坏图。在加载初期,再生混凝土处于弹性阶段,箍筋的约束作用尚未体现,随着荷载的增加,试件内部遭受了一定的损伤,两个端部开始出现竖向或斜裂缝;在最大荷载下,裂缝开裂明显,同时伴有混凝土的劈裂声;之后,由于保护层的外鼓剥落,试件荷载开始下降,裂缝开展与保护层的剥落速度明显加快,核心混凝土横向应变增加,箍筋开始外鼓,相邻箍筋之间的核心混凝土逐渐压碎破坏,但由于箍筋的约束作用,核心区再生混凝土的载荷下降缓慢。

(a) URAC   (b) A-CRAC   (c) B-CRAC   (d) 钢筋

图 3.12　典型的试件破坏照片

3.4　试验数据处理

在再生混凝土受压试验过程中,试件会产生一定的附加变形,这些附加变形主要由以下几种可能因素引起:为消除加载头对试件侧向约束的影响,试验中在试件上、下两端分别放置了减摩层,由于减摩层自身刚度较小,在加载过程中会产生一定的变形;由于试验机加载压盘由螺栓连接组成,其连接空隙在加载过程中会发生一定程度的变形;在试验前,采用不同细度的砂布对试件端部进行了抛光处理,但由于试件变形精度较高,试件上、下端表面平整度不够会产生一定程度的附加变形;试验设备自身刚度不够,也会使试件产生一定程度的变形。

在处理试验数据时,通过附加的引伸计采集系统,对试验中产生的附加变形统一做了标定。图 3.13 给出了力与附加变形之间的关系,进而确定了力-附加变形数学关系表达式:

$$\Delta_a = 0.1976 P^{0.6146} - 0.0636 \tag{3.1}$$

由附加变形,可以计算出试件的实际变形:

$$\Delta = \Delta_g - \Delta_a \tag{3.2}$$

式中,Δ_a、Δ_g 和 Δ 分别为附加变形、总变形和试件实际变形;P 为外加荷载。

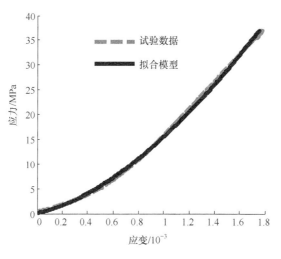

图 3.13　附加变形标定

3.5　试　验　曲　线

应力-应变全曲线能够全面地体现再生混凝土材料在加载过程中的力学性能,基于单轴应力-应变关系曲线可以进行特征点参数分析。将每组试验结果的平均值列于同一坐标系中,得到了不同应变率作用下的再生混凝土单轴应力-应变关系全曲线均值曲线,并确定了应力-应变关系曲线的特征点参数。

图 3.14~图 3.19 中仅给出了典型再生混凝土试件单轴受压动态应力-应变关系全曲线,表 3.4 列出了相应试验曲线的特征点参数,由图中的曲线和表中的数据可以看出以下结论:

(1)动力加载条件下的单轴受压应力-应变关系曲线形状仍然符合经典单轴受压试验的基本特征。

(2)试验数据的均值曲线具有较好的连续性和光滑性,说明试验曲线具有内在的一致性。

(3)动力加载条件对试验结果的影响主要体现在混凝土抗压强度以及变形特性方面。

(4)在应变率 $10^{-5}/s$、$10^{-3}/s$ 和 $10^{-2}/s$ 下,再生混凝土应力-应变关系曲线的上升段基本一致,而下降段差异较为明显,随着应变率的提高,下降段曲线随之变陡。和普通混凝土一样,再生混凝土的性能受应变率的影响非常明显,峰值点应力和相应应变以及极限应变随应变率的提高而增加;初始弹性模量和峰值应力处的割线模量以及吸能能力随应变率的提高而增大;随着加载应变速率的提高,再生混凝土的塑性变形能力和延性性能反而降低。这和其他研究者的结论是一致的[18-20]。

(5)不同体积配箍率下,应力-应变关系曲线的上升段基本一致,而下降段差异较为明显。对于非约束再生混凝土,达到最大荷载后,荷载急速下降,取代率越高,下降段曲线越陡,表现出再生混凝土明显的脆性。而对于箍筋约束再生混凝土,荷载下降速度显著减慢。随着箍筋配箍率的提高,下降段曲线明显趋于平缓。可以看出,箍筋约束在很大程度上可以改善再生混凝土的脆性。约束效应对再生混凝土的影响规律和普通混凝土是相似的[27,46]。

(6)不同再生粗骨料取代率下约束再生混凝土单轴应力-应变关系曲线形状无明显区别,曲线的上升段基本一致,而下降段差异较为明显。随着再生粗骨料取代率的增加,下降段曲线随之变陡。峰值应变随再生粗骨料取代率的提高而增大,而峰值应力变化不明显。通过分析可以看出,取代率对再生混凝土应力-应变曲线的影响规律与前期的研究结论是一致的[21,39]。

表 3.4　试验曲线特征点参数

约束形式	取代率/%	应变率/(1/s)	峰值应力/MPa	峰值应变/10^{-3}	初始弹性模量/GPa
URAC	0	10^{-5}	35.4885	1.9704	36.0216
URAC	0	10^{-3}	37.1832	2.0806	35.7428
URAC	0	10^{-2}	44.6985	2.2600	39.5562
URAC	100	10^{-5}	38.4630	2.03004	37.8938
URAC	100	10^{-3}	40.4830	2.08976	38.7442
URAC	100	10^{-2}	46.9487	2.10944	44.5130
A-CRAC	0	10^{-5}	35.4095	2.0668	34.2650
A-CRAC	0	10^{-3}	39.9973	2.1191	37.7493
A-CRAC	0	10^{-2}	42.8168	2.3878	35.8630
A-CRAC	100	10^{-5}	41.6445	2.08034	40.0362
A-CRAC	100	10^{-3}	47.3863	2.43432	38.9319
A-CRAC	100	10^{-2}	47.9232	2.58997	37.0068
B-CRAC	0	10^{-5}	38.3252	2.3598	32.4817
B-CRAC	0	10^{-3}	39.6298	2.5083	31.5989
B-CRAC	0	10^{-2}	46.5311	2.7119	34.3162
B-CRAC	100	10^{-5}	42.1221	2.53524	33.2293
B-CRAC	100	10^{-3}	46.9609	2.65074	35.4323
B-CRAC	100	10^{-2}	53.7042	2.70074	39.7700

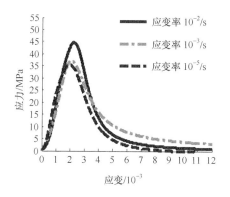

图 3.14　非约束, $R=0\%$

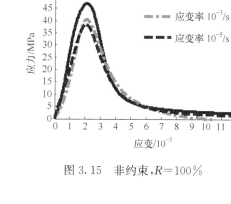

图 3.15　非约束, $R=100\%$

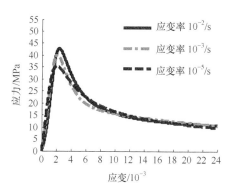

图 3.16　A 类约束, $R=0\%$

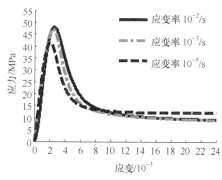

图 3.17　A 类约束, $R=100\%$

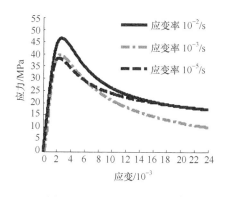

图 3.18　B 类约束, $R=0\%$

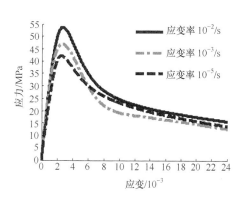

图 3.19　B 类约束, $R=100\%$

通过 DH5922 动态信号采集系统,获取试件内部箍筋测点处的应变数据。图 3.20(a)和图 3.21(a)分别为典型 A、B 类约束再生混凝土试件中箍筋的实测应变时程曲线;图 3.20(b)和图 3.21(b)分别为 A、B 类再生混凝土试件的箍筋应变-试件轴向应变实测曲线,其中,坐标横轴表示约束混凝土轴向压应变,坐标纵轴表示箍筋应变,图中的水平直线表示箍筋的屈服强度水平,竖向直线表示约束再生混凝土的峰值点应变和极限点应变。由图中曲线可知,在外荷载作用下,当箍筋约束再生混凝土试件达到峰值应力时,箍筋应力仍低于屈服强度;当试件轴向应变达到极限应变(下降段 85% 峰值应力处的应变)时,箍筋应力开始进入硬化阶段。因此,再生混凝土通过箍筋约束后,当试件达到最大荷载时,箍筋仍有一定的富余量,可保证约束再生混凝土达到极限破坏状态之前具有良好延性的储备,很大程度上解决了再生混凝土延性比普通混凝土延性低的问题。试验结果发现,不同应变率下,箍筋应变分布曲线形式近似。

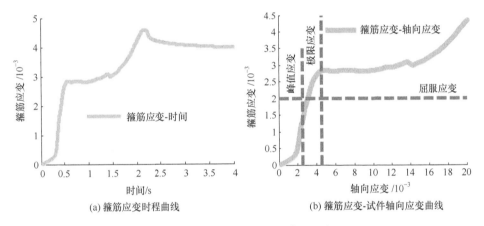

(a) 箍筋应变时程曲线　　　　　　(b) 箍筋应变-试件轴向应变曲线

图 3.20　A 类箍筋约束试件,$\dot{\varepsilon}=10^{-2}/s$

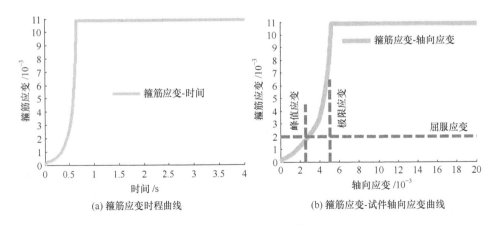

(a) 箍筋应变时程曲线　　　　　　(b) 箍筋应变-试件轴向应变曲线

图 3.21　B 类箍筋约束试件,$\dot{\varepsilon}=10^{-2}/s$

3.6　受压峰值应力

为了便于分析应变率效应对再生混凝土力学性能的影响,这里引入动态放大系数 DIF(dynamic increase factor),即动态荷载下力学性能指标与准静态加载下力学性能指标的比值。

受压峰值应力是描述混凝土力学性能的重要力学参数,取不同应变率下每组试件应力最大值的均值,应变率效应对再生混凝土受压峰值应力的影响非常显著。根据试验数据,获得不同条件下再生混凝土受压峰值应力,计算分析受压峰值应力动态放大系数随应变率的变化规律,并给出了相应的数据拟合曲线,如图 3.22 所示。通过对表 3.5 中的试验数据进行回归分析,初步提出再生混凝土受压峰值应力 DIF 模型,其数学表达式如下:

$$k_{f_c} = \left(\frac{\dot{\varepsilon}_c}{\dot{\varepsilon}_{c0}}\right)^{\alpha_a \left(\frac{1}{\beta_a + \theta_a f_{cm}}\right)}$$

$$(3.3)$$

式中,k_{f_c} 为受压峰值应力动态放大系数;α_a、β_a 和 θ_a 为函数模型参数;f_{cm} 为再生混凝土的名义抗压强度(MPa),取值为 30MPa;$\dot{\varepsilon}_{c0}$ 为准静态应变率;$\dot{\varepsilon}_c$ 为所施加的应变率。

表 3.5　受压峰值应力 DIF 试验值

试件编号	$10^{-5}/s$	$10^{-3}/s$	$10^{-2}/s$
RAC-R0	1.0000	1.0478	1.2595
RACA-R0	1.0000	1.1296	1.2092
RACB-R0	1.0000	1.0340	1.2141
RAC-R30	1.0000	1.0605	1.3195
RACA-R30	1.0000	1.0784	1.1687
RACB-R30	1.0000	1.0883	1.1017
RAC-R100	1.0000	1.0525	1.2206
RACA-R100	1.0000	1.1379	1.1508
RACB-R100	1.0000	1.1149	1.2750

表 3.6 给出了受压峰值应力动态放大系数函数模型参数取值,通过公式(3.3)和表 3.6 中的数据,计算出不同量级应变率下受压峰值应力动态放大系数,见表 3.7,可以看出随着加载应变速率的提高,再生混凝土受压峰值应力随之增大。为了比较,在图 3.22 中同样给出了其他研究者建议的 DIF 模型曲线[9,47-49],可以发现,本书中所建议的 DIF 模型能很好地描述再生混凝土受压峰值应力受应变率影响的变化规律。

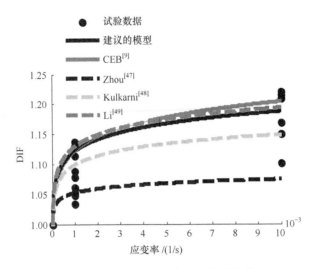

图 3.22 受压峰值应力 DIF 模型曲线

表 3.6 受压峰值应力 DIF 模型参数

参数			
$\dot{\varepsilon}_{c0}$	α_a	β_a	θ_a
$10^{-5}/s$	6.664	6.943	8.656

表 3.7 不同应变率下归一化的再生混凝土受压峰值应力 DIF 值

应变率/(1/s)	10^{-5}	10^{-4}	10^{-3}	10^{-2}	10^{-1}
DIF	1.000	1.059	1.122	1.189	1.259

国内外研究发现,体积配箍率、箍筋屈服强度、箍筋构形、箍筋间距、混凝土抗压强度等因素对约束混凝土的力学和变形性能都有重要的影响[45,46]。

为便于分析,引入约束放大系数(confining increase factor,CIF),即约束条件下的力学性能指标与非约束条件下的相应力学性能指标的比值。通过对约束再生混凝土短柱在不同约束条件下的试验数据进行分析,提出约束再生混凝土受压峰值应力的 CIF 模型,相应的数学表达式如下:

$$c_{f_c} = 1 + \psi \left(1 - \frac{s}{2b_c}\right)\left(1 - \frac{s}{2h_c}\right)\left(1 - \frac{b_i}{3b_c} - \frac{h_i}{3h_c}\right)\frac{\rho_{sv} f_{y0}}{f_{c0}} \qquad (3.4)$$

式中,c_{f_c} 为约束再生混凝土的受压峰值应力约束放大系数;f_{c0} 和 f_{y0} 分别为准静态荷载下非约束再生混凝土的抗压强度和箍筋的屈服强度(MPa),由试验确定;ρ_{sv} 为体积配箍率(%);s 为箍筋间距(mm);b_c 和 h_c 分别为箍筋水平两个方向中心线间的距离[图 3.23(a)];b_i 和 h_i 分别为同方向相邻纵筋之间的距离[图 3.23(b)];通过试验数据回归,确定了 CIF 模型参数 ψ,其值为 3.2604。

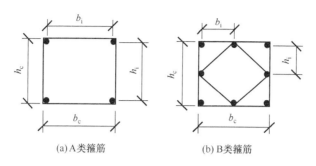

(a) A类箍筋　　　　　　　　　(b) B类箍筋

图 3.23　截面钢筋布置形式

约束效应对再生混凝土的力学和变形性能有重要的影响,在很大程度上改善了再生混凝土的延性。随着配箍率的增加,受压峰值应力随之增大。

3.7　受压峰值应变

受压峰值应变即受压峰值应力对应的应变,对受压试验而言,应变率对峰值应变的影响还没有明确的结论,主要存在以下三种观点:

(1) 随着应变率提高,受压峰值应变随之减小[50];

(2) 随着应变率提高,混凝土受压峰值应变基本保持不变[51];

(3) 随着应变率提高,受压峰值应变随之增加[52]。

对于应变率效应对再生混凝土受压峰值应变的影响,国内外学者研究得还非常少,鲜有文献报道。本节中,基于完成的再生混凝土动态受压试验,调查分析应变率效应对再生混凝土受压峰值应变的影响规律。同样,根据试验数据,获得不同条件下再生混凝土受压峰值应变,分析受压峰值应变动态放大系数随应变率的变化规律,并给出了相应的数据拟合曲线,如图 3.24 所示。通过对表 3.8 中的试验数据进行回归分析,初步提出约束再生混凝土受压峰值应变 DIF 模型,其数学表达式如下:

$$k_{\varepsilon_c} = \left(\frac{\dot{\varepsilon}_c}{\dot{\varepsilon}_{c0}} \right)^{\phi} \tag{3.5}$$

式中,k_{ε_c} 为受压峰值应变动态放大系数;ϕ 为函数模型参数;$\dot{\varepsilon}_{c0}$ 为准静态应变率;$\dot{\varepsilon}_c$ 为所施加的应变率。

表 3.9 给出了受压峰值应变动态放大系数函数模型参数取值,通过式(3.5)和表 3.9 中的数据,计算出不同量级应变率下受压峰值应变动态放大系数,见表 3.10,通过分析可以看出,在本书中应变效应对再生混凝土受压峰值应变的影响明显,随着加载应变速率的提高,约束再生混凝土受压峰值应变动态放大系数随之增大,但其增加幅值低于受压峰值应力动态放大系数的增加幅值。

　　比较图中的曲线可以发现,本书中所建议的 DIF 模型曲线与 CEB 建议的模型曲线[9]很接近。该 DIF 模型曲线很好地描述了再生混凝土受压峰值应变受应变率影响的变化规律。分析表明,应变率对再生混凝土受压峰值应力的影响最为明显,相比较而言,对受压峰值应变的影响较小。

表 3.8　受压峰值应变 DIF 试验值

试件编号	$10^{-5}/s$	$10^{-3}/s$	$10^{-2}/s$
RAC-R0	1.0000	1.0559	1.1470
RACA-R0	1.0000	1.0253	1.1552
RACB-R0	1.0000	1.0629	1.1492
RAC-R30	1.0000	1.0095	1.1097
RACA-R30	1.0000	1.0223	1.1244
RACB-R30	1.0000	1.0474	1.1554
RAC-R100	1.0000	1.0294	1.0391
RACA-R100	1.0000	1.1702	1.2450
RACB-R100	1.0000	1.0456	1.0653

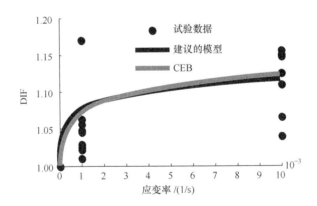

图 3.24　受压峰值应变 DIF 模型曲线

表 3.9　受压峰值应变 DIF 函数模型参数

参数	
$\dot{\varepsilon}_{c0}$	ϕ
$10^{-5}/s$	0.01597

表 3.10　不同应变率下受压峰值应变 DIF 值

应变率/(1/s)	10^{-5}	10^{-4}	10^{-3}	10^{-2}	10^{-1}
DIF	1.000	1.038	1.077	1.117	1.159

试验结果表明,在动态荷载作用下,再生粗骨料取代率对再生混凝土受压峰值应力和受压极限应变的影响规律不明显,而对再生混凝土受压峰值应变的影响显著。随着再生粗骨料取代率的增加,受压峰值应变随之增大。

引入取代率影响因子(replacement influence factor,RIF),即不同取代率的再生混凝土性能指标与取代率为 0% 的再生混凝土性能指标的比值。通过对再生混凝土在不同再生粗骨料取代率下的试验数据进行回归分析,提出再生混凝土受压峰值应变的 RIF 模型。再生混凝土受压峰值应变的 RIF 模型数学关系表达式如下:

$$F_{\varepsilon_c} = \eta R + 1.0 \tag{3.6}$$

式中,F_{ε_c} 为再生粗骨料取代率对受压峰值应变的影响因子;r 为再生粗骨料取代率;η 为模型常数,通过试验分析,取值 0.1965。

图 3.25 给出了不同取代率下再生混凝土受压峰值应变的 RIF 模型曲线,该模型曲线清晰地描述了再生粗骨料取代率对再生混凝土变形性能的影响规律。不难看出,随着取代率的增加,受压峰值应变取代率影响因子随之增大。

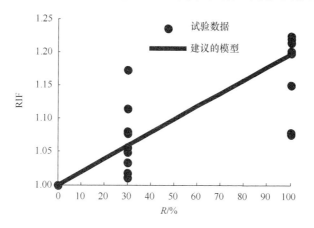

图 3.25　受压峰值应变 RIF 模型曲线

3.8　初始弹性模量

弹性模量是混凝土的变形性能指标,是描述混凝土材料单轴应力-应变关系特征的又一个重要参数。关于弹性模量的取值,可以取应力-应变全曲线上某点的切线模量,也可通过应力-应变曲线上某点的割线模量确定取值。为定义再生混凝土的初始弹性模量,首先通过对再生混凝土单轴应力-应变关系曲线的试验数据进行回归分析,构建曲线函数方程,然后通过对曲线方程求导,来确定初始弹性模量。通过对试验曲线的上升段进行拟合分析,获取相应的拟合曲线,如

图 3.26 所示。根据图 3.26 中的曲线,进而推导出再生混凝土动态初始弹性模量,公式(3.7)给出了其相应的函数方程数学关系表达式。公式中确定了初始弹性模量和应变率的函数关系,方便分析应变率效应对再生混凝土初始弹性模量的影响规律。

$$E_c = \frac{2\left(\dfrac{\dot{\varepsilon}_c}{\dot{\varepsilon}_{c0}}\right)^{\alpha_a\left(\frac{1}{\beta_a + \theta_a f_{cm}}\right)} f_{c0}}{\left(\dfrac{\dot{\varepsilon}_c}{\dot{\varepsilon}_{c0}}\right)^{\phi} \varepsilon_{c0}} \tag{3.7}$$

式中,E_c 为受压初始弹性模量;f_{c0} 为准静态应变率下再生混凝土受压峰值应力均值;ε_{c0} 为准静态应变率下再生混凝土受压峰值应变,根据试验结果,取值为 1.97×10^{-3};其他模型参数取值见表 3.6 和表 3.9。

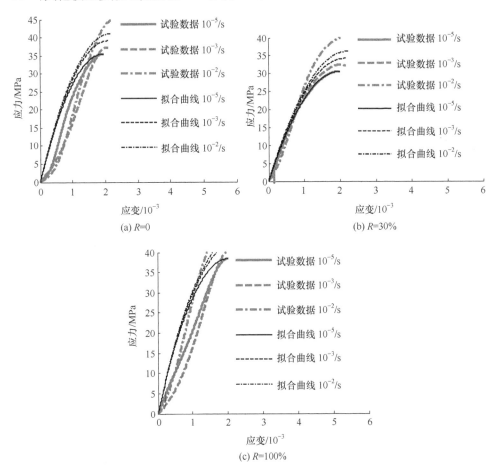

图 3.26   再生混凝土单轴应力-应变关系曲线上升段拟合

3.9　本章小结

通过约束再生混凝土方形截面短柱动态力学性能试验,分析约束再生混凝土在高应变率下的破坏特征;获取动态单调荷载下约束再生混凝土单轴受压应力-应变关系全曲线;研究应变率效应、约束效应和再生粗骨料取代率对约束再生混凝土裂缝、力学和变形性能的影响规律,主要结论如下:

(1) 低应变率下,损伤主要发生在粗骨料和砂浆界面,而粗骨料鲜有发生断裂;高应变率下,再生混凝土断裂界面比较平整,再生粗骨料会在破坏截面发生断裂。对于非约束再生混凝土,通常产生拉开型裂缝,应力-应变下降段曲线陡峭;而随着体积配箍率的增加,裂缝开裂形式由劈裂型裂缝过渡为横向约束较大的剪切型裂缝,再生混凝土应力-应变曲线的下降段从陡峭向平缓方向发展。对于非约束再生混凝土试件,当轴向应变达到 12×10^{-3} 后被压溃破坏。对于约束再生混凝土试件,当轴向应变达到 24×10^{-3} 时,试件虽然遭受严重损伤,但仍能靠横向箍筋和纵向钢筋连成一体。

(2) 动力加载条件下约束再生混凝土单轴受压应力-应变关系曲线形状仍然符合经典单轴受压试验的基本描述。在不同应变率下,约束再生混凝土应力-应变关系曲线的上升段基本一致,而下降段差异较为明显,随着应变率的提高,下降段曲线随之变陡。不同体积配箍率下,约束再生混凝土应力-应变关系曲线的上升段基本一致,而下降段差异较为明显。对于非约束再生混凝土,达到最大荷载后,荷载急速下降,取代率越高,下降段曲线越陡,表现出再生混凝土明显的脆性。而对于箍筋约束再生混凝土,荷载下降速度显著减慢。随着箍筋配箍率的提高,下降段曲线明显趋于平缓。可以看出,箍筋约束可以在很大程度上改善再生混凝土的脆性。

(3) 随着加载应变率的提高,再生混凝土受压峰值应力和受压峰值应变均随之增大,但峰值应变的增大幅度低于受压峰值应力的增大幅度。通过试验数据进行回归分析,提出再生混凝土受压峰值应力和受压峰值应变动态放大系数(DIF)模型。

(4) 随着加载应变速率的提高,再生混凝土初始弹性模量随之增大,但其增长幅度要比受压峰值应力和峰值应变小,分析了应变率效应对再生混凝土初始弹性模量的影响规律,提出初始弹性模量和应变率的函数关系模型。

(5) 随着箍筋约束效应的增加,受压峰值应力和受压峰值应变均随之增大;根据受压峰值应力的变化规律,初步提出约束再生混凝土受压峰值应力约束放大系数(CIF)模型。

(6) 随着再生粗骨料取代率的提高,再生混凝土受压峰值应变随之增大,而再生粗骨料取代率对受压峰值应力的影响规律不明显。初步提出受压峰值应变的再生粗骨料取代率影响因子(RIF)模型。

参 考 文 献

[1] Bischoff H, Perry S H. Compressive behaviour of concrete at high strain rates[J]. Materials and Structures, 1991, 24(6):425-450.

[2] Abrams D A. Effect of rate of application of load on the compressive strength of concrete [J]. Journal of American Society for Testing and Materials, 1917, 17:364-377.

[3] Jones P G, Richart F E. The effect of testing speed on strength and elastic properties of concrete[J]. Journal of American Society for Testing and Materials, 1936, 36:380-392.

[4] Watstein D. Effect of straining rate on the compressive strength and elastic properties of concrete[J]. ACI Journal Proceedings, 1953, 49(4):729-744.

[5] Norris C H, Hansen R J, Holley M J, et al. Structural Design for Dynamic Loads[M]. New York: McGraw-Hill, 1959.

[6] 曾莎洁,李杰. 混凝土单轴受压动力全曲线试验研究[J]. 同济大学学报:自然科学版, 2013, 41(1):7-10.

[7] 董毓利,谢和平,赵鹏. 不同应变率下混凝土受压全过程的实验研究及其本构模型[J]. 水利学报, 1997,(7):72-77.

[8] 肖诗云,张剑. 不同应变率下混凝土受压损伤试验研究[J]. 土木工程学报, 2010, 43(3):40-45.

[9] The Euro-International Committee for Concrete(CEB). CEB-FIP Model Code 1990[S]. Lausanne, Switzerland: Thomas Telford Ltd. 1993.

[10] Hansen T C. Recycled aggregates and recycled aggregate concrete second state-of-the-art report developments 1945-1985[J]. Materials and Structures, 1986, 19(5):201-246.

[11] 李佳彬,肖建庄,孙振平. 再生粗集料特性及其对再生混凝土性能的影响[J]. 建筑材料学报, 2004, 7(4):390-395.

[12] ACI Committee 555. Removal and reuse of hardened concrete[J]. ACI Material Journal, 2002, 99(3):300-325.

[13] Frondistou Y. Waste concrete as aggregate concrete for new concrete[J]. Journal of ACI, 1977:212-219.

[14] Ahmad S H. Properties of concrete made with North Carolina recycled coarse and fine aggregates[D]. North Carolina State University, Department of Civil Engineering, 2004.

[15] Sagoe-Crentsil K K, Brown T T. Performance of concrete made with commercially produced coarse recycled concrete aggregate[J]. Cement and Concrete Research, 2001, 31:707-712.

[16] Topcu I B. Physical and mechanical properties of concrete produced with waste concrete [J]. Cement and Concrete Research, 1997, 27(12):1817-1823.

[17] Xiao J Z, Li J B, Zhang C H. Mechanical properties of recycled aggregate concrete under uniaxial loading[J]. Cement and Concrete Research, 2005, 35:1187-1194

[18] 肖建庄,袁俊强,李龙. 模型再生混凝土单轴受压动态力学特性试验[J]. 建筑结构学报, 2014,35(3):201-207.

[19] Xiao J Z,Li L,Shen L M,et al. Compressive behaviour of recycled aggregate concrete under impact loading[J]. Cement and Concrete Research,2015,71:46-55.

[20] Lu Y B,Chen X,Teng X,et al. Dynamic compressive behavior of recycled aggregate concrete based on split Hopkinson pressure bar tests[J]. Latin American Journal of Solids and Structures,2014,11(1):131-141.

[21] 肖建庄. 再生混凝土[M]. 北京:中国建筑工业出版社,2008.

[22] Xiao J Z,Li J B,Zhang C. Mechanical properties of recycled aggregate concrete under uniaxial loading[J]. Cement and Concrete Research,2005,35:1187-1194.

[23] 李佳彬. 再生混凝土基本力学性能研究[D]. 上海:同济大学,2004.

[24] 肖建庄,孙畅,谢贺. 再生混凝土骨料咬合及剪力传递机理[J]. 同济大学学报:自然科学版,2014,42(1):13-18.

[25] Richart F E,Brandtzæg A,Brown R L. A study of the failure of concrete under combined compressive stress[R]. University of Illinois Bulletin,1928,26(12):1-92.

[26] Kent D C,Park R. Flexural members with confined concrete[J]. Journal of the Structural Divison,1971,97(7):1969-1990.

[27] Scott B D,Park R,Priestley M J N. Stress-strain behavior of concrete confined by overlapping hoops at low and high strain rates[J]. ACI Materials Journal,1982,79(2):13-27.

[28] Mander J B,Priestley M J N,Park R. Theoretical stress-strain model for confined concrete [J]. Journal of Structural Engineering,ASCE,1988,114(8):1804-1826.

[29] Saatcioglu M,Razvi S R. Strength and ductility of confined concrete[J]. Journal of Structural Engineering,1992,118(6):1590-1607.

[30] 林峰,Stangenberg F,顾祥林. 考虑加载历史的约束混凝土动力本构模型[J]. 同济大学学报:自然科学版,2008,36(4):432-437.

[31] Eibl J,Schmidt-Hurtienne B. Strain-rate-sensitive constitutive law for concrete[J]. Journal of Engineering Mechanics,1999,125(12):1411-1420.

[32] Fu H C,Seckin M,Erki M A. Review of effects of loading rate on reinforced concrete[J]. Journal of Structural Engineering,ASCE,1991,117(12):3660-3670.

[33] Xiao J Z,Huang Y J,Yang J,et al. Mechanical properties of confined recycled aggregate concrete under axial compression[J]. Construction and Building Materials,2012,26(1):591-603.

[34] Huang Y J,Xiao J Z,Zhang C. Theoretical study on mechanical behavior of steel confined recycled aggregate concrete[J]. Journal of Constructional Steel Research,2012,76:100-111.

[35] Chen Z P,Xu J J,Xue,J Y,et al. Performance and calculations of recycled aggregate concrete-filled steel tubular(RACFST)short columns under axial compression[J]. International Journal of Steel Structures,2014,14(1):31-42.

［36］Yang Y F,Ma G L. Experimental behaviour of recycled aggregate concrete filled stainless steel tube stub columns and beams［J］. Thin-Walled Structures,2013,66:62-75.

［37］Yang H F,Deng Z H,Huang Y. Analysis of stress -strain curve on recycled aggregate concrete under uniaxial and conventional triaxial compression［J］. Advanced Materials Research,2011,168-170:900-905.

［38］Zhao J L,Yu T,Teng J G. Stress-strain behavior of FRP-confined recycled aggregate concrete［J］. Journal of Composites for Construction,2015,19(3):1-11.

［39］肖建庄. 再生混凝土单轴受压应力-应变全曲线试验研究［J］. 同济大学学报:自然科学版,2007,35(11):1445-1449.

［40］GB/T 50743—2012 工程施工废弃物再生利用技术规范［S］.

［41］DG/T J08—2007 再生混凝土应用技术规程［S］.

［42］GB/T 25176—2011 混凝土和砂浆用再生细骨料［S］.

［43］GB/T 25177—2011 混凝土用再生粗骨料［S］.

［44］JGJ 53—2006 普通混凝土用砂、石质量及检验方法标准［S］.

［45］叶燕华,叶列平. 箍筋约束高强混凝土破坏机理探讨［J］. 江苏建筑,1995,(3):5-9.

［46］石庆轩,王南,田园,等. 高强箍筋约束高强混凝土轴心受压应力-应变全曲线研究［J］. 建筑结构学报,2013,34(4):144-151.

［47］Zhou X Q,Hao H. Modelling of compressive behaviour of concrete-like materials at high strain rate［J］. International Journal of Solids and Structures,2008,45:4648-4661.

［48］Kulkarni S M,Shah S P. Response of reinforced concrete beams at high strain rates［J］. ACI Structural Journal,1998,95(6):705-715.

［49］Li M,Li H N. Effects of strain rate on reinforced concrete structure under seismic loading ［J］. Advances in Structural Engineering,2012,15(3):461-475.

［50］Dilger W H,Koch R,Kowalczyk R. Ductility of plain and confined concrete under different strain rates［J］. ACI Journal,1984,81(1):73-81.

［51］闫东明,林皋. 混凝土单轴动态压缩特性试验研究［J］. 水利学与工程技术,2005,(6):8-10.

［52］Rostasy F S,Hartwich K. Compressive strength and deformation of steel fiber reinforced concrete under high rate of strain［J］. International Journal of Cement Composites and Lightweight Concrete,1985,7(1):21-28.

第4章 再生混凝土框架结构振动台试验

4.1 概　　述

结构模拟地震振动台能够再现各种形式的地震波,可以较为方便地模拟若干次地震现象的初震、主震及余震的全过程。因此,通过结构模拟地震动振动台试验,能够了解试验结构在相应各阶段的地震反应,观测各阶段地震动对结构产生的破坏现象,为建立力学模型提供可靠的依据。20世纪60年代以来,为进行结构的地震模拟试验,国内外先后建立了一些大型的模拟地震振动台,首先是美国加利福尼亚大学伯克利分校建成了6.1m×6.1m的水平和垂直两向振动台[1]。作为美国NEES计划的一部分,加利福尼亚大学圣地亚哥分校(UCSD)于2004年安装了MTS公司制造的北美最大的室外振动台,其平面尺寸为12.2m×7.6m,台面最大承载能力为2000t,水平最大推力为680t,最大加速度为3g,频率为0~20Hz。该振动台可以与其附近的土-基础-结构共同作用,组成一个联合的系统,为足尺模型的抗震实验提供了方便。中国建筑科学研究院于2004年安装了一个台面尺寸为6.1m×6.1m的三向六自由度MTS振动台,其频率为0~50Hz,其台面最大承载力为80t。日本于2005年安装了台面尺寸为20m×15m的三向六自由度振动台,水平最大加速度、速度和位移分别为0.9g、2m/s和±1m;竖向的相应值分别为1.5g、0.7m/s和±0.5m,其台面最大承载能力为1200t[2]。在国内,自唐山地震后,地震模拟振动台的研制和试验得到了国家的重视。进入80年代后,通过从国外引进和自行研制的途径,在一些单位建成了不同规模的振动台。国内最早的振动台是同济大学于1983年从美国MTS公司引进的台面为4m×4m的三向台;此后水科院抗震所于1985年从德国申克公司引进了台面为5m×5m的三向台;国家地震局于1995自行研制出我国第一个大型三向地震模拟振动台,台面为5m×5m[3]。模拟地震振动台与先进的测试仪器及数据采集分析系统的配合,使结构动力试验的水平得到了很大的发展与提高,并极大地促进了结构抗震研究的发展。模拟地震振动台的试验研究成果在结构抗震研究及工程实践中得到了越来越广泛的应用,同时,工程实践中不断出现的新问题也促进了模拟地震振动台的更新和完善。模拟地震振动台已在结构抗震研究中发挥了巨大的作用[4]。

钢筋混凝土框架结构是目前大量使用的结构形式之一,在历次地震中,框架结构都有不同程度的破坏。因此,钢筋混凝土框架结构抗震性能和设计方法的研究一直受到各国研究人员的重视。在抗震性能研究方面,人们通过各种静力试验、伪静力试验、拟动力试验和振动台试验,来研究框架结构在地震作用下的破坏机理、耗能情况和变形特点,并寻求合理的力学模型和计算方法来反映结构的受力状态[5],早在 20 世纪 50 年代日本和美国就开展了结构恢复力特性的试验研究,从而为 60 年代结构地震反应非线性研究创造了条件。在国内,有关恢复力曲线的计算,自 1979 年后有不少论文发表,朱伯龙教授提出的关于考虑裂面效应的混凝土等效应力-应变试验,已收入欧洲混凝土协会第 161 号文件[6,7]。恢复力特性是结构抗震性能试验的一个重要方面,它提供了构件的强度、刚度、变形能力、滞回环形状和耗能能力。通过恢复力特性试验还可以获得构件的破坏机理。在大量试验过程中不断发现过去规范中抗震条文的不足,因此,为改进规范条文而进行的试验日益增多。特别在钢筋混凝土结构或构件方面,如梁(受弯、受剪或受弯剪)、柱(受压、受剪压,单向或双向)、框架、节点核心区的构造、对柱子箍筋的设置、钢筋搭接的要求等,都要通过结构抗震试验为制定规范条文提供科学数据。

近年来,国内外学者对再生混凝土材料的物理和力学性能已经开展了大量的研究工作[8-12],得出的结论是,总体上讲,再生混凝土的材料性能要低于普通混凝土,但仍可适当应用于土木工程领域。再生混凝土构件行为的研究,在相关文献里也已经涉及。例如,文献[13]通过试验探讨了再生混凝土预应力梁的受力性能,文献[14]对再生钢筋混凝土梁的抗剪承载力进行了研究,文献[15]~[17]研究了再生钢筋混凝土梁的受弯特征、疲劳特征和受剪特征。文献[18]和文献[19]对再生混凝土梁柱节点在反复荷载作用下的抗震性能进行了研究。文献[20]通过弯曲、剪切试验研究了叠合半预制再生混凝土梁板的抗震性能,文献[21]通过试验对再生混凝土梁、柱的承载能力和变形能力进行了研究,并与普通混凝土进行了对比。肖建庄等对再生混凝土的力学性能、耐久性能、疲劳性能和抗震性能等方面进行了大量的试验研究[22-37]。当前,国内外对再生混凝土结构性能的研究相对较少,尚未发现针对再生混凝土框架结构模拟地震振动台试验研究的文献报道。再生混凝土结构房屋主要是参照现行国家标准《混凝土结构设计规范》(GB 50010—2010)的条文规定进行设计的,《建筑抗震设计规范》(GB 50011—2010)也没有再生混凝土结构房屋的相应条文。这给再生混凝土结构在抗震区的应用造成了一定困难,因此急需补充这方面的空白。

鉴于上述因素,为了进一步研究再生混凝土结构的抗震能力,在近年来对再生混凝土性能大量试验研究的基础上,作者在同济大学土木工程防灾国家重点试验室进行了再生混凝土结构的振动台试验研究,试验目标在于系统研究再生混凝土框架结构的抗震性能,为我国再生混凝土框架结构体系科学和合理的结构设计提供试验依据,为再生混凝土制品的推广和应用提供技术支撑,同时也为进一步研究再生混凝土在灾后重建中的应用提供试验和理论依据。

本章中以 6 层 1∶4 缩尺的再生混凝土框架结构模型为例,主要研究内容如下：

（1）介绍再生混凝土框架结构振动台试验模型的设计及制作、试验方案设计及试验过程，模型设计过程主要包括相似比设计、再生混凝土和钢筋材性试验、模型设计方案和制作、地震波选取、加载方案和传感器布置。在整个振动台试验过程中，对结构的不同地震破坏状态进行宏观描述，为再生混凝土框架结构地震破坏等级划分和抗震性能水平的确定提供依据。

（2）根据白噪声扫频试验，由传递函数曲线得到模型结构的自振频率、阻尼比、结构振型以及地震反应频谱特性等多项动力特性参数。分析随地震动强度变化，结构自振频率、阻尼比和结构振型的变化规律。

（3）通过加速度传感器、位移传感器和应变传感器对试验数据进行采集，得到模型的加速度反应、位移反应和应变反应。分析结构加速度放大系数、楼层位移、层间位移、楼层地震力、层间剪力沿模型高度方向以及随台面输入地震波加速度幅值变化的分布规律。

（4）研究随地震强度变化，结构的基底剪力和基底倾覆力矩以及基底剪力动力放大系数和基底倾覆力矩动力放大系数的变化规律。分别得到剪重比、基底剪力放大系数和基底倾覆力矩放大系数与地面峰值加速度之间的拟合关系式，为再生混凝土框架结构抗震设计提供参考。

（5）由试验数据，分析随着台面输入地震波加速度幅值的不断增大，再生混凝土框架结构滞回曲线的变化规律，以及模型抗侧移刚度的退化规律。

（6）通过对试验模型结构整体和各层间滞回曲线、骨架曲线及特征参数的计算与分析，得到再生混凝土框架结构整体和层间刚度退化四折线型恢复力模型，给出恢复力模型的滞回规则。得到模型的位移延性系数，并与普通混凝土结构的延性进行比较。通过框架模型的振动台试验分析，对结构整体的抗震能力进行评估。

4.2　再生混凝土框架模型设计

4.2.1　模型相似比

由于振动台条件的限制，在模拟地震振动台模型试验中，试验模型通常采用缩尺模型，包括弹性模型与弹塑性模型或强度模型。模型设计的原则是模型与原型在动力表现和动力性质上完全相同，在量上满足确定的比例关系或数学关系。因此模型与原型要满足几何相似和物理相似。模型相似关系有完全弹性相似关系和一致相似率，一般情况下，结构在线弹性范围内的地震反应可表述为如下的函数关系：

$$\sigma = f(l, E, \rho, t, r, v, a, g, \omega)$$

$$(4.1)$$

式中,σ 为结构反应应力;l 为结构构件尺寸;E 为材料弹性模量;ρ 为结构构件材料密度;t 为时间;r 为结构反应变位;v 为结构反应速度;a 为结构反应加速度;g 为重力加速度;ω 为结构自振圆频率。由 Buckingham π 定理[38],如果选取 l、E 和 ρ 作为独立的基本变量,经过量纲变换,则可得到模型和原型对应物理量的相似比所应满足的条件:

$$s_{\sigma} = s_E, \qquad s_v = \sqrt{\frac{s_E}{s_{\rho}}}$$

$$s_t = s_l \sqrt{\frac{s_{\rho}}{s_E}}, \qquad s_a = \frac{s_E}{(s_l s_{\rho})} = s_g \qquad\qquad (4.2)$$

$$s_r = s_l, \qquad s_{\omega} = \frac{\sqrt{\dfrac{s_E}{s_{\rho}}}}{s_l}$$

式中,s 为模型与原型对应物理量的比。分析以上各相似条件,可以发现,同时满足式(4.2)的全部关系是难以做到的,当 $s_g = 1.0$ 时,由于其他加速度与重力加速度具有相同的量纲,因此有

$$s_a = s_g = \frac{s_E}{s_{\rho} s_l}$$

则 s_E、s_{ρ} 和 s_l 不能独立地任意选择。这就要求模型材料的密度是原型材料密度的几倍甚至几十倍,或者模型材料的弹性模量比原型材料小很多,现有的模型材料难以满足这样的要求。目前,一般采取两种途径来解决这一问题,一种方法是通过设置人工质量,补足重力效应和惯性效应的不足,但并不影响构件的刚度。由

$$s_m = \frac{m_m}{m_p} = s_{\rho} s_l^3 = s_E s_l^2$$

其中,m_p 是原型结构总质量(包括活载和非结构构件转换的结构的质量);模型总质量 m_m 等于模型本身质量 m_s 与附加质量 m_a 之和;满足相似要求需要设置的人工质量为

$$m_a = s_E s_l^2 m_p - m_s \qquad\qquad (4.3)$$

　　这种满足式(4.2)和式(4.3)要求的结构模型为人工质量模型。另一种方法是在模型设计中不考虑重力加速度的模拟,即忽略 $s_g = 1$ 的相似要求,此时 s_l、s_E 和 s_{ρ} 三者可自由独立选取,这种结构模型称为忽略重力模型。人工质量模型和忽略重力模型相比,前者通过设置人工质量适当地模拟了重力和惯性力效应,而后者不设人工质量,忽略了重力与部分质量的动力效应。如果定义一个反映人工质量多少的参数来描述人工质量的影响,可以得到包含人工质量、忽略重力相似率的一致表达式,这种一致表达式将解决介于人工质量模型和忽略重力模型之间的"欠人工质量模型"的设计问题[39,40]。结构模型的等效质量密度为

$$s_\rho = \frac{m_s + m_a}{s_l^3 m_p} \tag{4.4}$$

模型试验是在同济大学土木工程防灾国家重点实验室的 MTS 模拟地震振动台上完成的,在综合考虑了试验的研究目的、振动台的性能参数、施工条件和吊装能力等因素后,再生混凝土框架模型的几何相似关系取 1/4。相似设计中考虑了非结构构件质量、楼面活载、积雪等的影响,由于振动台承载能力的限制,人工质量不能全部加上去,故该模型为欠质量人工质量模型。根据模型相似关系的一致相似率,推导出了模型与原型的主要相似关系,见表 4.1。

表 4.1　模型与原型主要相似比关系

参数	相似关系	相似比值
长度	s_l	1/4
线位移	$s_x = s_l$	1/4
角位移	1	1
应变	1	1
弹性模量	s_E	1
应力	$s_\sigma = s_E$	1
等效密度	$s_\rho = \dfrac{m_m + m_a}{s_l^3 m_p}$	2.164
泊松比	1	1
质量	$s_m = s_\rho s_l^3$	0.034
阻尼	$s_c = \dfrac{s_m}{s_t}$	0.092
时间	$s_t = s_l \sqrt{\dfrac{s_\rho}{s_E}}$	0.368
刚度	$s_k = s_E s_l$	0.25
速度	$s_v = \sqrt{\dfrac{s_E}{s_\rho}}$	0.68
加速度	$s_a = \dfrac{s_E}{(s_\rho s_l)}$	1.848
频率	$s_w = \dfrac{\sqrt{\dfrac{s_E}{s_\rho}}}{s_l}$	2.717

4.2.2　模型材料

1. 再生混凝土

试验采用再生粗骨料取代率为 100% 的细石再生混凝土,强度等级为 C30,所谓再生粗骨料取代率,即在再生混凝土配合比设计中,再生粗骨料的质量占总粗骨料质量的百分比。配合比设计时,水泥选用强度等级为 42.5R 的新鲜普通硅酸盐水泥;水选用自来水;细骨料选用公称粒径为 0~5mm 的河砂,按细度模数划分为中砂;粗骨料选用再生混凝土粗骨料,粒径大小为 5~10mm,经过测试,再生混凝土粗骨料的吸水率为 4.56%。由于再生粗骨料有高的吸水率,配合比设计时应考虑计入再生混凝土粗骨料的附加用水,再生粗骨料附加用水含量根据其饱和面干时的含水量确定[41,42],塌落度值控制在 180~200mm。根据以前的研究成果,作者完成了大量再生混凝土配合比设计试验,在此基础上,确定了本试验中所采用的再生混凝土配合比,见表 4.2。在每层再生混凝土浇筑之前,首先测试细骨料和再生粗骨料的含水率,确定附加用水的使用量。配合比设计所用的减水剂为 V-500 聚羧酸减水剂,固体含量为 40%。为测得再生混凝土立方体和棱柱体的抗压强度,在浇筑框架模型每一层的同时都预留了试件,再生混凝土试件的立方体、轴心抗压强度、弹性模量试验在材料实验室进行,所用仪器包括:①TM-Ⅱ型混凝土弹性模量测定仪;②TSY-2000 型电液压力试验机,最大试验力为 2000kN,精度等级为 7级。千分尺刻度为 0.001mm。试样的力学性能试验如图 4.1 所示。每层混凝土的材性试验结果及各层的试验结果平均值见表 4.3。

表 4.2　再生混凝土配合比

水灰比	砂率/%	砂/ (kg/m³)	水泥/ (kg/m³)	净含水量/ (kg/m³)	附加用水/ (kg/m³)	减水剂/ (ml/m³)
0.45	41	592.1	485.5	218.5	38.8	800

(a) 立方体抗压强度测试　　　　　　　　(b) 棱柱体抗压强度测试

图 4.1　再生混凝土材性试验

表 4.3　各层再生混凝土的强度和弹性模量

性能指标		立方体抗压强度/MPa	轴心抗压强度/MPa	弹性模量/GPa
样本	1F	38.38	35.31	24.38
	2F	44.97	42.36	26.18
	3F	37.77	35.96	24.25
	4F	33.87	31.86	23.24
	5F	33.60	27.89	21.13
	6F	39.14	35.82	23.16
均值		37.95	34.87	23.72
变异系数		0.11	0.14	0.07

2. 钢筋

根据相似律理论,模型中受力钢筋采用 8# 和 10# 的镀锌铁丝进行模拟,箍筋采用 14# 镀锌铁丝进行模拟,铁丝的材性试验结果见表 4.4。

表 4.4　钢筋实测性能参数

型号	直径/mm	屈服强度/MPa	极限强度/MPa	弹性模量/GPa
8#	4.01	274.11	377.81	182.01
10#	3.53	247.00	365.05	148.00
14#	2.21	261.84	368.74	134.01

4.2.3　模型设计与制作

1. 模型设计

试验模型为 2 跨 2 开间 6 层的框架结构,平立面布置规则。结构根据抗震设计规范,按"强柱弱梁"的原则进行设计,抗震等级为二级。模型平面布置尺寸为 2175mm×2550mm,1~6 层层高均为 750mm,柱截面尺寸为 100mm×100mm（KZ1~KZ9）,梁截面尺寸为 62.5mm×125mm（KL1、KL2、KL5、KL6、KL10、KL12）和 50mm×112.5mm（KL3、KL4、KL7、KL8、KL9、KL11）,板厚 30mm。结构平立面布置图、构件截面配筋图及梁柱节点详图如图 4.2 所示。

模型的配筋和构造要求根据现行国家标准《混凝土结构设计规范》（GB 50010—2010）[43] 和《建筑抗震设计规范》（GB 50011—2010）[44],按设防烈度为 8 度、设计地震分组为第 2 组、建筑场地为Ⅱ类场地的地震区进行设计,框架柱的受力钢筋采用 8# 铁丝,箍筋采用 14# 铁丝,柱的加密区箍筋间距为 25mm,非加密区箍筋间距为 50mm。框架梁的受力钢筋采用 8# 和 10# 两种规格的铁丝,箍筋采用 14# 铁丝,梁全长设置箍筋,加密区箍筋间距为 25mm,非加密区箍筋间距为 50mm。板双层双向配筋,分布钢筋采用 14# 铁丝,钢筋间距为 50mm。该试验模型被设计成为"强柱弱梁"型的框架结构,梁柱节点取 $\sum M_c / \sum M_b = (1.38 \sim 2.51)$,$\sum M_c$ 和 $\sum M_b$ 分别为柱端截面和梁端截面的受弯承载力值。

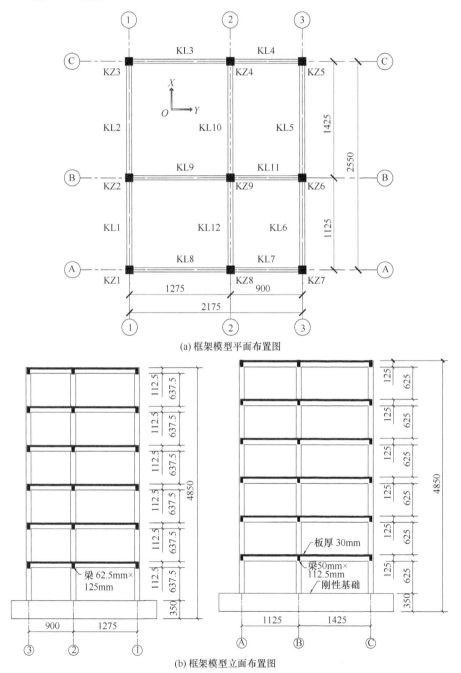

(a) 框架模型平面布置图

(b) 框架模型立面布置图

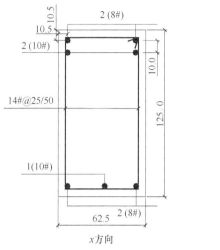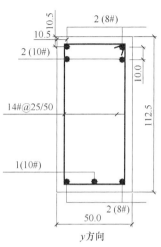

(c) 框架梁截面配筋图

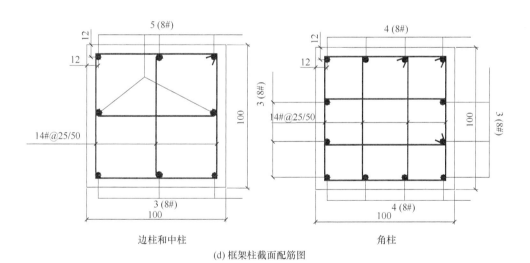

(d) 框架柱截面配筋图

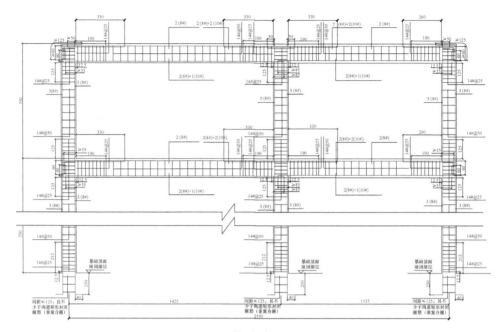

(e) 模型配筋图

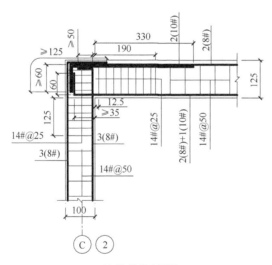

(f) 梁-柱节点详图

图 4.2　再生混凝土框架模型几何尺寸及配筋图(单位:mm)

2. 模型施工

模型在刚度相对较大的钢筋混凝土基础梁上进行,模型建成后被转移到振动台台面上,钢筋笼是预制的,混凝土浇筑类似于真实的工程施工,在外界环境温度条件下,养护 28 天。试验模型建筑过程如下:预制柱钢筋网(焊接箍筋)—绑扎柱钢筋—支柱模板—检查柱的模板是否保持竖直,控制保护层厚度—绑扎梁钢筋(包括纵筋和箍筋)—支梁模板—检查梁的箍筋是否保持竖直,检查梁钢筋锚固情况、保护层厚度是否符合要求—支板底模板,填平板模板缝隙—绑扎板钢筋—检查板的纵筋是否保持顺直,检查板钢筋锚固情况—再次校正梁、板、柱的模板及钢筋—试配混凝土—梁、柱、板模板浇筑混凝土。

施工缝在浇筑时注意的要点如下:

(1) 当已浇筑混凝土的最低强度大于 1.2MPa 时,才能浇筑下一层。

(2) 已硬化混凝土的接缝面处理包括:①将水泥浆膜、松动石子、软弱混凝土层以及钢筋上的浮浆等彻底清除;②用水冲刷干净,但不得积水;③平铺一层水泥浆。

(3) 新浇筑的混凝土处理包括:①不宜在施工缝处首先下料,可由远及近接近施工缝;②细致捣实,使混凝土成为整体;③加强保湿养护。现场施工照片如图 4.3所示。

(a) 梁、柱支模

(b) 楼板支模

(c) 楼板浇筑

(d) 6层混凝土养护照片　　　　　　　(e) 模型制作完成后照片

图 4.3　再生混凝土框架模型施工照片

3. 附加质量

根据国家标准《建筑结构荷载规范》(GB 50009—2012)[45]和结构模型的相似比关系,计算出非结构构件质量、楼面活载、积雪和积灰荷载,用附加质量来模拟。试验中将圆形铁盘和立方体铁块均匀固定在楼板和屋面板上(图 4.4),用来模拟附加质量。1～5 层每层楼板上均匀布置 1528kg 配重,屋面层上均匀布置 1375kg 配重。包括基础梁在内,框架模型的总重约 17000kg,低于振动台台面的承载能力。附加质量布置均匀,不会改变楼板和框架梁的刚度。整个试验过程中附加质量保持不变。模型各楼层质量分布见表 4.5。

(a) 楼面附加质量布置图　　　　　　　(b) 1~6层附加质量布置图

图 4.4　模型附加质量布置图

表 4.5　模型各层质量分布

楼层数	层高/mm	模型自身质量/kg	附加质量/kg	总质量/kg
1	750	828.61	1528	2356.61
2	750	828.61	1528	2356.61
3	750	828.61	1528	2356.61
4	750	828.61	1528	2356.61
5	750	828.61	1528	2356.61
6	750	828.61	1375	2203.61
总计	4500	4971.66	9015	13986.66

4.3　试验方案

模型试验在同济大学土木工程防灾国家重点实验室振动台实验室进行,试验设备为台面尺寸为 4m×4m 的三向六自由度 MTS 振动台,其频率为 0.1~50Hz,台面最大承载力为 25000kg,水平 X 方向的最大加速度、速度和位移分别为 1.2g、1000mm/s 和 ±100mm,水平 Y 方向的相应值分别为 0.8g、600mm/s 和 ±50mm,竖向的相应值分别为 0.7g、600mm/s 和 ±50mm。试验中可以利用的数据采集通道一共有 96 个[46]。试验模型在试验室施工完毕,按照再生混凝土养护条件养护,然后拆除脚手架。基础梁上预留了吊环,吊车通过吊环把模型转移到振动台台面上。基础梁上预留螺栓孔,基础梁与台面之间用螺栓固定。图 4.5(a)和(b)为模型被吊车吊起的图片,图 4.5(c)为模型基础梁与振动台台面之间的锚固图,图 4.5(d)为试验模型在台面上的方位图,试验模型的主方向对应振动台的 X 方向,振动台 X 方向比 Y 方向能够输入更大的地震波峰值。

(a) 挂吊环　　　　　　　(b) 起吊　　　　　　　(c) 锚固

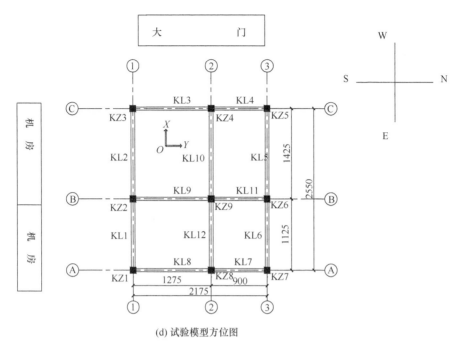

(d) 试验模型方位图

图 4.5　试验模型放置图

4.3.1　波形选择

地震波具有强烈的随机性,每次地震的震级、震源深度、震中距等均不相同,即使在同一场地,地震波也会由于发生时间的不同而不同,结构的弹塑性时程分析表明,地震反应随输入地震波的不同而差距很大,地震波一般可分为三类:拟建场地的实际记录;典型的强震记录;人工模拟地震波。显然,较理想的情况是选择第一种地震波。但鉴于拟建场地常无实际强震记录可供使用,故实践中难以进行。多数采用典型的强震记录或人工模拟地震波。选用地震波时,应同时考虑地震动的三要素,即地震动强度、地震动频谱特性、地震动持续时间。要求所选地震记录的加速度峰值与设防烈度要求的不同水准下加速度峰值相当。频谱特性包括谱形状、峰值、卓越周期等因素。所选地震波的卓越周期应尽可能与拟建场地的特征周期一致,所选地震波的震中距尽可能与拟建场震中距一致。地震动持续时间不同,地震能量损耗不同,结构地震反应也不同,工程实践中确定持续时间的原则如下:

(1) 地震记录最强烈部分应包含在所选持续时间内。

(2) 若仅对结构进行弹性最大地震反应分析,持续时间可取短些;若对结构进行弹塑性最大地震反应分析或耗能过程分析,持续时间可取长些。

（3）一般可考虑取持续时间为结构基本周期的5～10倍。

根据拟建场地条件和试验目的，本试验选定三种地震波作为模拟地震振动台台面的输入波，即汶川塔水台地震波（中国地震局地震信息中心提供）、El Centro波和上海人工波。每种地震波的介绍如下。

1. 汶川地震波（以下简写为 WCW）

WCW 为 2008 年 5 月 12 日四川汶川地震在塔水地震台站记录的加速度时程，持时 218.89s，加速度峰值：南北方向 203.4504cm/s²，东西方向 289.54cm/s²，竖直方向 179.926cm/s²，场地土属于Ⅱ类，震级 8.0(Ms)，震源深度 14km，震中距95.4km，属于浅源震。振动台试验中选用 N-S 分量作为 X 向输入。其时程曲线、傅里叶谱图（FFT）及标准加速度反应谱如图 4.6 所示（图中峰值缩比为 0.1g）。

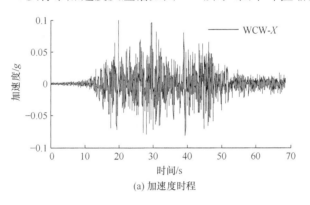

(a) 加速度时程

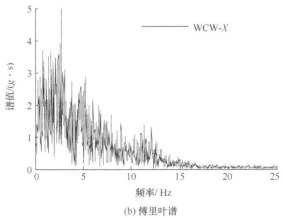

(b) 傅里叶谱

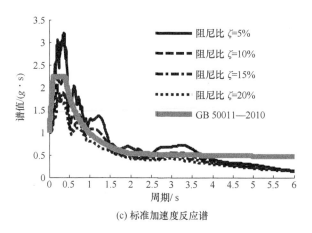

(c) 标准加速度反应谱

图 4.6　汶川地震波加速度时程及其频谱曲线

2. El Centro 地震波(以下简写为 ELW)

El Centro 地震波是 1940 年 5 月 18 日美国 IMPERIAL 山谷地震(M7.1)在 El Centro 台站记录的加速度时程,它是广泛应用于结构试验及地震反应分析的经典地震记录。其主要强震部分持续时间 26s 左右,记录全部波形长为 54s,原始记录离散加速度时间间隔为 0.02s,南北方向 341.7cm/s^2,东西方向 210.1 cm/s^2,竖直方向 206.3 cm/s^2。试验中选用 N-S 分量作为 X 向输入。其时程曲线和频谱图如图 4.7 所示(图中峰值缩比为 0.1g)。

3. 上海人工地震波(以下简写为 SHW)

上海人工波的主要强震部分持续时间为 50s 左右,全部波形长为 78s,加速度波形离散时间间隔为 0.02s。其时程曲线和频谱图如图 4.8 所示(图中峰值缩比为 0.1g)。

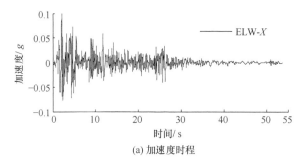

(a) 加速度时程

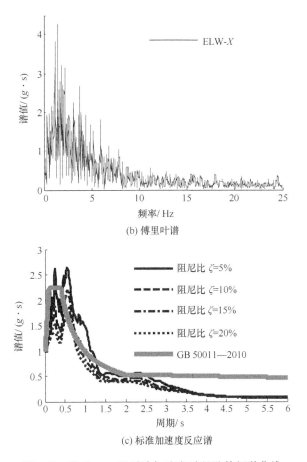

(b) 傅里叶谱

(c) 标准加速度反应谱

图 4.7　El Centro 地震波加速度时程及其频谱曲线

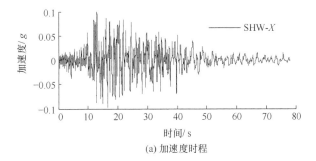

(a) 加速度时程

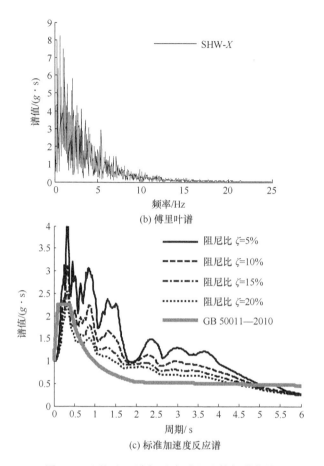

图 4.8　上海人工波加速度时程及其频谱曲线

4.3.2　试验工况

　　根据地震加速度峰值和地震波的不同,本试验共分为 35 个试验工况。表 4.6 按照试验的先后顺序列出了所有试验工况。试验中,按相似关系调整加速度峰值和时间间隔,振动台台面输入的地震波时间间隔为 0.00736s。按照现行行业标准《建筑抗震试验规程》(JGJ 101—2015)[47] 的规定,白噪声加速度峰值取为 0.05g。在进行每个试验阶段的地震试验时,从台面依次输入汶川地震波、El Centro 波和上海人工波。本次试验模型的主震方向为 X 方向,地震波单向输入。各水准地震作用下,台面输入加速度峰值均按《建筑抗震设计规范》(GB 50011—2010)[44] 的规定要求进行了调整,以模拟不同水准的地震作用。试验开始前首先对模型结构进行白噪声激励,测量模型结构的自振频率、振型和阻尼比等动力特征参数。然后依次对模型结构进行 9 个地震水准的测试,分别为 0.066g(7 度多遇)、0.130g(8 度多遇)、0.185g(7度基本)、0.264g(9度多遇)、0.370g(8度基本)、0.415g(7度罕遇)、0.550g(8度罕遇弱)、0.750g(8度罕遇)和1.170g(9度罕遇)。每个水准的地震试验后,再进行一次白噪声激励,测试结构的动力特性变化。实测台面输入加速度峰值与其设计值之间存在一定的变化,最小变化量为0.27%,最大变化量发生在设计加速度峰值为0.130g的ELW,达到了53.85%,但大多数变化值集中在7%左右。台面输入地震波与台面输出地震波在所有工况中都基本保持一致,以图4.9为例说明如下:图4.9为0.370g(8度基本)和0.750g(8度罕遇)地震水准的试验中WCW的台面输入和输出加速度时程,从图4.9中不难看出,同一水准下台面输入和输出地震波的加速度峰值点基本保持一致。

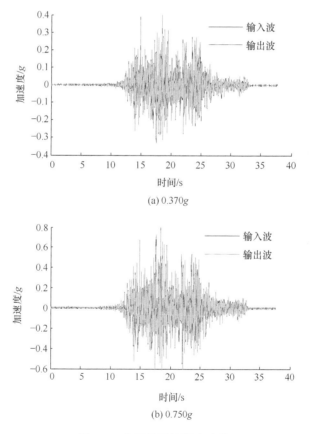

图 4.9　台面地震波振动时程

表 4.6　试验工况

序号	地震水准	地震波	地面峰值加速度/g				
			X 方向			Y 方向	
			设计值	实测值	差值/%	设计值	实测值
1	白噪声		0.050	0.049	—	0.050	0.071
2	7 度多遇	WCW	0.066	0.069	4.550	—	—
3		ELW	0.066	0.062	6.060	—	—
4		SHW	0.066	0.058	12.120	—	—
5	白噪声		0.050	0.050	—	0.050	0.070
6	8 度多遇	WCW	0.130	0.139	6.920	—	—
7		ELW	0.130	0.200	53.850	—	—
8		SHW	0.130	0.141	8.460	—	—
9	白噪声		0.050	0.054	—	0.050	0.086
10	7 度基本	WCW	0.185	0.215	16.220	—	—
11		ELW	0.185	0.202	9.190	—	—
12		SHW	0.185	0.176	4.860	—	—
13	白噪声		0.050	0.053	—	0.050	0.087
14	9 度多遇	WCW	0.264	0.239	9.470	—	—
15		ELW	0.264	0.271	2.650	—	—
16	白噪声		0.050	0.044	—	0.05	0.065
17	8 度基本	WCW	0.370	0.430	16.220	—	—
18		ELW	0.370	0.351	5.140	—	—
19		SHW	0.370	0.369	0.270	—	—
20	白噪声		0.050	0.049	—	0.050	0.055
21	7 度罕遇	WCW	0.415	0.417	0.480	—	—
22		ELW	0.415	0.403	2.890	—	—
23		SHW	0.415	0.395	4.820	—	—
24	白噪声		0.050	0.054	—	0.050	0.041
25	8 度罕遇弱	WCW	0.550	0.493	10.360	—	—
26		ELW	0.550	0.499	9.270	—	—
27		SHW	0.550	0.590	7.270	—	—
28	白噪声		0.050	0.053	—	0.050	0.043

序号	地震水准	地震波	地面峰值加速度/g				
			X 方向			Y 方向	
			设计值	实测值	差值/%	设计值	实测值
29	8 度罕遇	WCW	0.750	0.808	7.730	—	—
30		ELW	0.750	0.675	10.000	—	—
31		SHW	0.750	0.738	1.600	—	—
32	白噪声		0.050	0.057	—	0.050	0.044
33	9 度罕遇	WCW	1.170	0.992	15.210	—	—
34		ELW	1.170	0.823	29.660	—	—
35	白噪声		0.050	0.051	—	0.050	0.047

4.3.3　测点布置

　　为了测试结构的整体动力反应,以及每层构件的裂缝开展、钢筋屈服和塑性铰发育情况等,测试之前,在试验模型上分别布置了加速度传感器、位移传感器以及应变传感器。振动台试验中共布置了 30 个加速度传感器、14 个拉线式位移传感器(LVDT)和 8 个应变传感器 3 种测试仪器,分别测量模型结构的加速度、位移和应变变化。图 4.10 为再生混凝土框架模型试验之前的照片。表 4.7 为试验模型测点的传感器与采集通道之间的编号对应关系表。

图 4.10　试验模型震前照片

表 4.7　测点传感器与采集通道对应表

类型	测点编号	采集通道号	位置	方向	备注
	KZ3-1-T-AX	11	1F角柱顶部	X	
	KZ3-1-T-AY	12	1F角柱顶部	Y	
	KZ7-1-T-AX	1	1F角柱顶部	X	
	KZ7-1-T-AY	2	1F角柱顶部	Y	
	KZ3-2-T-AX	13	2F角柱顶部	X	
	KZ3-2-T-AY	14	2F角柱顶部	Y	
	KZ7-2-T-AX	3	2F角柱顶部	X	
	KZ7-2-T-AY	4	2F角柱顶部	Y	
	KZ3-3-T-AX	15	3F角柱顶部	X	
	KZ3-3-T-AY	16	3F角柱顶部	Y	
	KZ7-3-T-AX	5	3F角柱顶部	X	
	KZ7-3-T-AY	6	3F角柱顶部	Y	
	KZ3-4-T-AX	18	4F角柱顶部	X	
	KZ3-4-T-AY	19	4F角柱顶部	Y	
加速度	KZ7-4-T-AX	7	4F角柱顶部	X	
传感器	KZ7-4-T-AY	8	4F角柱顶部	Y	
	KZ3-5-T-AX	20	5F角柱顶部	X	
	KZ3-5-T-AY	29	5F角柱顶部	Y	
	KZ7-5-T-AX	9	5F角柱顶部	X	
	KZ7-5-T-AY	10	5F角柱顶部	Y	
	KZ3-6-T-AX	25	6F角柱顶部	X	
	KZ3-6-T-AY	26	6F角柱顶部	Y	
	KZ7-6-T-AX	21	6F角柱顶部	X	
	KZ7-6-T-AY	22	6F角柱顶部	Y	
	KZ1-6-T-AY	23	6F角柱顶部	Y	
	KZ2-6-T-AY	24	6F角柱顶部	Y	
	KZ4-6-T-AX	28	6F角柱顶部	X	
	KZ5-6-T-AX	27	6F角柱顶部	X	
	JC-AX	31	基础顶面平面外	X	
	JC-AY	32	基础顶面平面外	Y	

续表

类型	测点编号	采集通道号	位置	方向	备注
位移传感器	KZ3-1-T-DX	77	1F 角柱顶部	X	小量程
	KZ3-1-T-DY	79	1F 角柱顶部	Y	小量程
	KZ3-2-T-DX	76	2F 角柱顶部	X	小量程
	KZ3-2-T-DY	78	2F 角柱顶部	Y	小量程
	KZ3-3-T-DX	80	3F 角柱顶部	X	小量程
	KZ3-3-T-DY	83	3F 角柱顶部	Y	小量程
	KZ3-4-T-DX	86	4F 角柱顶部	X	
	KZ3-4-T-DY	85	4F 角柱顶部	Y	
	KZ3-5-T-DX	87	5F 角柱顶部	X	
	KZ3-5-T-DY	88	5F 角柱顶部	Y	
	KZ3-6-T-DX	89	6F 角柱顶部	X	
	KZ3-6-T-DY	90	6F 角柱顶部	Y	
	KZ7-6-T-DX	82	6F 角柱顶部	X	
	KZ7-6-T-DY	84	6F 角柱顶部	Y	
应变传感器	KZ1-2-B-E	61	2F 角柱底部		东外侧
	KZ3-2-B-E	65	2F 角柱底部		西外侧
	KZ7-2-B-E	63	2F 角柱底部		东外侧
	KZ5-2-B-E	67	2F 角柱底部		西外侧
	KZ1-3-B-E	62	3F 角柱底部		东外侧
	KZ3-3-B-E	66	3F 角柱底部		西外侧
	KZ7-3-B-E	64	3F 角柱底部		东外侧
	KZ5-3-B-E	68	3F 角柱底部		西外侧

1. 加速度传感器

加速度是振动台试验中最主要的测试指标,它能反映结构的多项动力特性。振动台试验采用的是压电式加速度传感器(图 4.11)。加速度通过二次积分可得到结构的位移反应,一些加速度传感器与位移传感器布置在同一测点处,目的是把加速度积分得到的位移与位移传感器测得的位移进行对比。在基础梁的东西方向和南北方向分别布置 1 个加速度传感器,在 1～5 层每层的 X、Y 方向分别布置 2 个加速度传感器。顶层等标高处的 X、Y 方向分别布置 4 个加速度传感器。一共布置 30 个加速度传感器,加速度传感器布置图如图 4.12 所示。字母 A 代表加速度。

图 4.11　加速度传感器

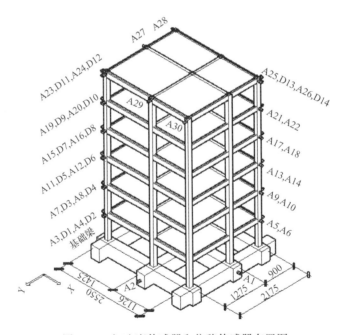

图 4.12　加速度传感器和位移传感器布置图

2. 位移传感器

　　拉线式位移传感器(图 4.13)用于测试模型结构相对于地面的绝对位移,该传感器共布置 14 个,1~5 层每层的 X、Y 方向各布置 1 个位移传感器,在顶层标高处的 X、Y 方向分别布置 2 个位移传感器。位移传感器布置图如图 4.12 所示,字母 D 代表位移。

3. 应变传感器

应变传感器(图 4.14)是用来检测混凝土应变变化的,该应变片共布置 8 个,试验模型 2~3 层每层角柱底部外侧布置 4 个应变片。应变传感器布置图如图 4.15 所示。

图 4.13　位移传感器　　　　　　　　图 4.14　应变传感器

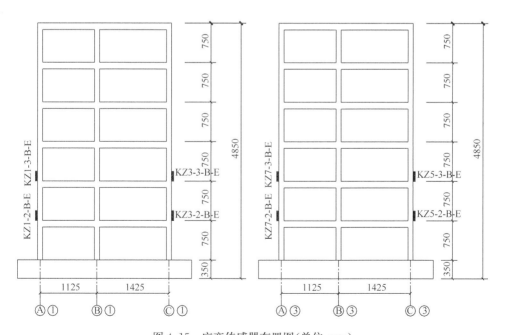

图 4.15　应变传感器布置图(单位:mm)

4.4　破坏现象宏观描述

4.4.1　模型南侧面裂缝描述

在前 4 个工况下(相当于原型结构承受 7 度多遇地震作用),再生混凝土框架模型无任何裂缝出现。在第 8 工况 SHW 后(相当于原型结构承受 8 度多遇地震作用),在第 1 层平行于 X 振动方向,KL2 框架梁右端首先出现自下向上和自上向下发展的细微垂直裂缝,裂缝宽度小于 0.03mm;在第 2 层平行于 X 振动方向,KL1 框架梁左端和 KL2 框架梁右端首先出现自下向上和自上向下发展的细微垂直裂缝,裂缝宽度小于 0.03mm。

第 11 工况 El Centro 波 X 单向激励后(相当于原型结构承受 7 度基本地震作用),在第 2 层平行于 X 振动方向,KL1 框架梁右端首先出现自下向上和自上向下发展的细微垂直裂缝,裂缝宽度小于 0.04mm;在第 1~2 层平行于 X 振动方向,KL2 框架梁右端的垂直裂缝继续发展,裂缝宽度约 0.04mm。

第 12 工况 SHW 后(相当于原型结构承受 7 度基本地震作用),在第 1 层平行于 X 振动方向,KL1 框架梁右端首先出现自下向上和自上向下发展的垂直裂缝,裂缝宽度约 0.05mm;在第 1 层平行于 X 振动方向,KL1 框架梁左端首先出现自下向上和自上向下发展的垂直裂缝,裂缝宽度约 0.04mm;在第 1~2 层平行于 X 振动方向,KL1 框架梁左侧首先出现自下向上和自上向下发展的斜裂缝,裂缝宽度约 0.04mm;在第 1~2 层平行于 X 振动方向,KL2 左端首先出现自下向上和自上向下发展的垂直裂缝,裂缝宽度约 0.05mm;在第 1 层平行于 X 振动方向,KL2 中部首先出现自下向上和自上向下发展的斜裂缝,裂缝宽度约 0.04mm。

第 27 工况 SHW 后,在第 1~2 层平行于 X 振动方向,KL1 框架梁右端垂直裂缝贯通,裂缝宽度约 0.1mm;在平行于 X 振动方向,2 层 KZ1 上端首先出现细微垂直裂缝,裂缝宽度小于 0.02mm;在第 1~2 层平行于 X 振动方向,KL2 框架梁左端垂直裂缝贯通,裂缝宽度约 0.1mm;在平行于 X 振动方向,2 层 KZ2 上、下端及 3 层 KZ2 下端首先出现细微垂直裂缝,裂缝宽度小于 0.02mm。

之后,随着输入激励加大,梁端裂缝增多,开裂的梁的位置向上层发展。经过 35 个工况后,平行于 X 振动方向的框架模型上,1~4 层的梁端均有裂缝,其中 1~4 层框架梁 KL1 右端和 KL2 左端裂缝贯通,1~2 层最严重,梁柱节点裂通甚至压碎,缝宽达 1 mm,形成塑性铰;1 层框架柱 KZ1、KZ2、KZ3 下端均有垂直裂缝,2 层框架柱 KZ1 上端、KZ2 上、下端、KZ3 上端、3 层 KZ2 下端均有垂直裂缝;在最上部 5~6 层,框架模型上基本没有裂缝。裂缝分布图如图 4.16 所示。

(a) 1 层框架梁 KL1 右端

(b) 1 层框架柱 KZ2 上端　　　　　　(c) 1 层框架梁 KL2 左端

(d) 2 层框架梁 KL1 右端

(e) 2 层框架柱 KZ2 上端　　　　　　(f) 2 层框架梁 KL2 左端

(g) 南立面

图 4.16　试验模型南侧面裂缝开展图

4.4.2　模型北侧面裂缝描述

在前 4 个工况下(相当于原型结构承受 7 度多遇地震作用),再生混凝土框架模型无任何裂缝出现。在第 8 工况 SHW 后(相当于原型结构承受 8 度多遇地震作用),在第 1~2 层平行于 X 振动方向,KL5 框架梁右端首先出现自下向上和自上向下发展的细微垂直裂缝,裂缝宽度小于 0.03mm;在第 2 层平行于 X 振动方向,KL6 框架梁左端首先出现自下向上和自上向下发展的细微垂直裂缝,裂缝宽度小于 0.03mm。第 10 工况 WCW X 单向激励后(相当于原型结构承受 7 度基本地震作用),在第 1~2 层平行于 X 振动方向,KL5 框架梁右端垂直裂缝自下向上发展,裂缝宽度约 0.04mm。第 11 工况 ELW X 单向激励后(相当于原型结构承受 7 度基本地震作用),在第 2 层平行于 X 振动方向,KL6 框架梁左端垂直裂缝自下向上发展,裂缝宽度约 0.04mm。第 12 工况 SHW 后(相当于原型结构承受 7 度基本地震作用),在第 1~2 层平行于 X 振动方向,KL5 框架梁右端垂直裂缝自下向上发展,裂缝宽度约 0.05mm;在第 3 层平行于 X 振动方向,KL5 右端首先出现自下向上和自上向下发展的细微垂直裂缝,裂缝宽度小于 0.03mm;在第 1 层平行于 X 振动方向,KL6 框架梁左端首先出现自下向上和自上向下发展的细微垂直裂缝,裂缝宽度小于 0.03mm;在第 2 层平行于 X 振动方向,KL6 框架梁左端垂直裂缝自下向上发展,裂缝宽度约 0.05mm。第 19 工况 SHW 后(相当于原型结构承受 8 度基本地震作用),在第 1~3 层平行于 X 振动方向,KL5 框架梁右端垂直裂缝自下向上发展,裂缝宽度约 0.1mm;在第 1~2 层平行于 X 振动方向,KL6 框架梁左端垂直裂缝自下向上发展,裂缝宽度约 0.1mm;在第 3 层平行于 X 振动方向,KL6 框架梁左端垂直裂缝自下向上发展,裂缝宽度约 0.05mm。第 27 工况 SHW 后,在第 1~3 层平行于 X 振动方向,KL5 框架梁右端垂直裂缝贯通,裂缝宽度约 0.1mm;在第 1~2 层平行于 X 振动方向,KL6 框架梁左端垂直裂缝贯通,裂缝宽度约 0.1mm;在平行于 X 振动方向,2 层 KZ6 上、下端和 3 层 KZ6 下端首先出现细微垂直裂缝,裂缝宽度小于 0.02mm。

之后,随着输入激励加大,梁端裂缝增多,开裂的梁的位置向上层发展。经过 35 个工况后,平行于 X 振动方向的框架模型上,1~4 层的梁端均有裂缝,其中 1~3 层框架梁 KL5 右端和 KL6 左端裂缝贯通,1~2 层最严重,梁柱节点裂通甚至压碎,缝宽达 1 mm,形成塑性铰;1 层框架柱 KZ5、KZ7 下端均有垂直裂缝,1~2 层框架柱 KZ6 上、下端和 3 层框架柱 KZ6 下端均有垂直裂缝;在最上部 5~6 层,框架模型上基本没有裂缝。裂缝分布图如图 4.17 所示。

(a) 1层框架梁KL5右端　　　　(b) 1层框架柱KZ6上端　　　　(c) 1层框架梁KL6左端

(d) 2层框架梁KL5右端　　　　(e) 2层框架柱KZ6上端　　　　(f) 2层框架梁KL6左端

(g) 北立面

图 4.17　试验模型北侧面裂缝开展图

4.4.3 模型东侧面裂缝描述

经过 35 个工况后,在第 1 层平行于模型 Y 方向,框架梁 KL7 右端、KL8 右端均有垂直裂缝,框架梁 KL7 左端、KL8 左端均有斜裂缝;在第 2~3 层平行于模型 Y 振动方向,框架梁 KL7 左、右端和 KL8 左、右端均有垂直裂缝;在第 1 层平行于 Y 振动方向,框架柱 KZ1、KZ8、KZ7 下端和 KZ7 上端均有微裂缝;在第 2 层平行于 Y 振动方向,框架柱 KZ8 上、下端和 KZ7 上、下端均有微裂缝,框架柱 KZ1 上端压碎;在第 3 层平行于 Y 振动方向,框架柱 KZ7 上端、KZ8 上、下端和 KZ1 上端均有微裂缝;在 4~6 层,框架模型上基本没有裂缝。裂缝分布图如图 4.18 所示。

(a) 1 层框架梁 KL7 右端　　(b) 1 层框架柱 KZ8 上端　　(c) 1 层框架梁 KL8 左端

(d) 2 层框架梁 KL7 右端　　(e) 2 层框架柱 KZ8 上端　　(f) 2 层框架梁 KL8 左端

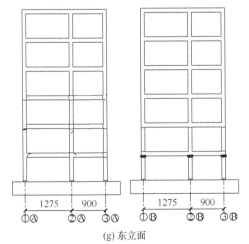

(g) 东立面

图 4.18　试验模型东侧面裂缝开展图

4.4.4　模型西侧面裂缝描述

经过 35 个工况后,在第 1 层平行于 Y 振动方向,框架梁 KL4 左、右端和 KL3 左端均有垂直裂缝,KL3 右端出现斜裂缝;在第 2 层平行于 Y 振动方向,框架梁 KL4 左、右端和 KL3 左端有垂直裂缝,KL3 右端出现斜裂缝;在第 3 层平行于 Y 振动方向,框架梁 KL4 左、右端和 KL3 左、右端均有垂直裂缝;在第 1 层平行于 Y 振动方向,框架柱 KZ3、KZ4、KZ5 下端均有微裂缝;在第 2 层平行于 Y 振动方向,框架柱 KZ3 上端、KZ4 上端、KZ5 上端和 KZ9 上端混凝土压碎;在第 3 层平行于 Y 振动方向,框架柱 KZ3 上端、KZ4 上端和 KZ5 上端均有微裂缝;在 4~6 层,框架模型上基本没有裂缝。裂缝分布图如图 4.19 所示。

(a) 1层框架柱KZ3底部　　　(b) 1层框架柱KZ4底部　　　(c) 1层框架柱KZ9底部　　　(d) 1层框架梁KL3右端

 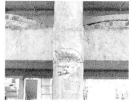 

(e) 2层框架梁KL3右端　　　　(f) 2层框架柱KZ4上端　　　　(g) 2层框架梁KL4左端

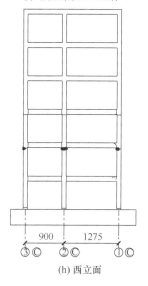

(h) 西立面

图 4.19　试验模型西侧面裂缝开展图

4.5　试验结果分析

4.5.1　结构动力特性

1. 结构动力特性参数计算方法

建筑结构的动力特性参数反映了结构本身所固有的动力性能,其主要包括结构的自振频率、阻尼比和振型等一些基本的参数,也称为模态参数。结构动力特性参数是由结构形式、质量分布、结构刚度、材料特性、构造连接方法等因素决定的,与外荷载无关[48]。振动台试验中采用白噪声激励来测试结构的动力特性。根据白噪声试验中输入的台面激励加速度时程和模型上各测点加速度传感器得到的加速度反应时程,可以得到模型的传递函数曲线。传递函数是一个复数,它的幅值表示结构动力反应与激励在频域内的幅值比,幅角表示动力反应与激励之间的相位差,又称为相位角。借助于传递函数曲线可以得到模型结构的多项动力特性参数。在不同水准地震波输入前后,对试验模型进行白噪声扫频,得到测点对应的传递函数。对传递函数进行分析,得到模型结构的自振频率、振型和阻尼比等动力特性参数。图 4.20 为 $0.370g$(8 度基本)试验阶段后,白噪声扫频得到的框架屋顶测点 Y 方向的传递函数曲线。图中峰值点分别对应结构的 1 阶平动自振频率 $2.654\mathrm{Hz}$,2 阶平动自振频率 $8.625\mathrm{Hz}$。模型结构的阻尼比是与特定模态相对应的,它反映了结构的耗能特性。阻尼比可根据传递函数曲线采用 Clough 的半功率法求得[49]。采用半功率法计算阻尼比时,需要在传递函数曲线上确定与 $1/\sqrt{2}$ 峰值相对应的频率值。如果传递函数曲线不光滑,尤其在频率峰值附近的曲线毛刺较多时,用半功率法计算得到的结构阻尼比会有一定的误差。

2. 结构自振频率

图 4.21 表示框架模型试验前后,白噪声扫频得到的模型顶层相对于基础的 X 方向的传递函数曲线,图中幅值曲线的峰值点分别对应结构的自振频率,通过图 4.21 的传递函数曲线,可以得到各个工况的试验模型的自振频率。同时可以看出:随着输入地震波加速度峰值的增加,模型结构的自振频率随之剧烈下降;模型同一阶振动的振幅随台面激励强度的增大而减小,同一地震水准下,高阶振动的振幅低于低阶振动的振幅。表 4.8 列出了试验模型在不同工况的前 2 阶自振频率值。括号内值为频率下降率。图 4.22 表示在不同试验阶段测得的模型自振频率的变化规律。图中是以模型在振动台试验前测得的自振频率(f_0)作为基准的。表 4.8 和图 4.22 的数值和曲线表明:在输入小峰值的地震波激励时,模型频率基本保持不变,而在输入较大峰值的地震波激励后,模型频率不断下降,且输入地震

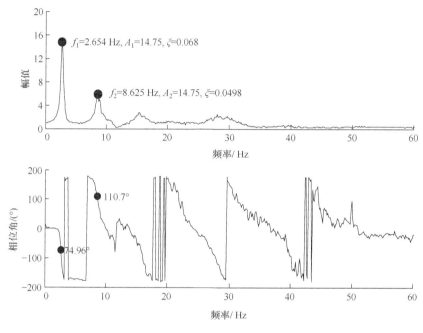

图 4.20　传递函数的幅值和相位差曲线

波的能量愈大,频率下降的趋势则愈快,这与模型的裂缝发展和破坏现象是一致的。从各频率的下降率看,频率的阶数愈高,则下降率愈低,这说明随着结构非弹性变形的发展,高频所受的影响要小于低频所受的影响。试验前通过白噪声扫频,实测得试验模型的 X 方向 1 阶平动自振频率为 3.715Hz,Y 方向 1 阶平动自振频率为 3.450Hz。说明模型结构在 X 和 Y 方向布置是非对称的。X 方向的抗侧移刚度大于 Y 方向的抗侧移刚度。同一次试验中,由各个测点的传递函数曲线得到的自振频率理论上应该相等,试验结果表明,各测点所得的 1 阶频率都相等;除试验后期个别测点得到的频率略有差别外,其他测点得到的 2 阶频率都相等。由公式 $f = \sqrt{k/m}/2\pi$ 可以看出结构刚度 k 和自振频率 f 的平方成正比,因此模型结构自振频率的变化反映了结构刚度的变化。结合试验模型裂缝开展情况以及结构的动力反应可以看出:当输入加速度峰值为 $0.066g$(7 度多遇)的地震波后,模型 X 主方向和 Y 方向的 1 阶自振频率均保持不变,结构保持线弹性状态;在峰值加速度为 $0.130g$(8 度多遇)的地震试验中,X 主方向 1 阶自振频率下降 28.56%,Y 方向 1 阶自振频率下降率为 7.71%,X 方向基本频率下降率约为 Y 方向的 3.7 倍,试验模型内部发生损伤,结构开始进入非线性工作阶段,结构刚度下降,混凝土开裂;在 $0.185g$(7 度基本)~$0.370g$(8 度基本)的地震试验中,X 主方向 1 阶自振频率从 2.256Hz 下降到 1.725Hz,下降率为 53.57%,Y 方向 1 阶自振频率下降率为

23.07％,X 方向基本频率下降率约为 Y 方向的 2.3 倍,试验模型发生屈服破坏;在峰值加速度为 $0.415g$(7 度罕遇)的地震试验后,白噪声扫频得到的模型 X 主方向 1 阶自振频率为 $1.592Hz$,频率下降率为 57.15％,Y 方向 1 阶自振频率下降率为 26.93％,X 方向基本频率下降率约为 Y 方向的 2.1 倍,模型抗侧移刚度退化明显,结构进入承载力极限状态;在输入峰值加速度为 $1.170g$(9 度罕遇)地震波后,试验模型遭受更强烈的地震动激励,X 主方向 1 阶自振频率为 $0.796Hz$,频率下降率 78.57％,相应 Y 方向 1 阶自振频率为 $1.858Hz$,频率下降率为 46.14％。X 方向基本频率下降率约 Y 方向的 1.7 倍,结构抗侧移刚度退化严重,模型下部几层破坏严重。表 4.9 列出了模型结构在不同试验阶段的等效刚度(Ke)。图 4.23 表示随着模型混凝土开裂程度的加剧,结构等效刚度的变化规律,图中以 $0.066g$ 地震试验的结构等效刚度作为标准。表 4.9 和图 4.23 的数值和曲线表明,随着混凝土裂缝的发展,模型结构的等效刚度随之下降,输入不同地震波时,结构等效刚度的变化不一样,SHW 地震波下的结构等效刚度退化最明显。

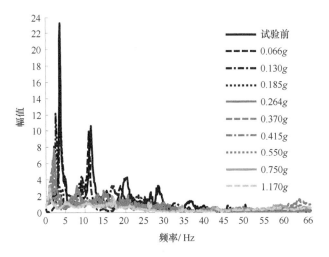

图 4.21　模型顶层 X 方向传递函数

表 4.8　各试验阶段实测频率值　　　　　　　（单位:Hz)

试验阶段	方向	白噪声	WCW	ELW	SHW
试验前	X	3.715	—	—	—
	Y	3.450	—	—	—
0.066g	X	3.715(0％)	3.715(0％)	3.715(％)	3.715(％)
	Y	3.450(0％)	—	—	—

续表

试验阶段	方向	白噪声	WCW	ELW	SHW
0.130g	X	2.654(28.56%)	2.919(21.43%)	2.919(21.43%)	2.654(28.56%)
	Y	3.184(7.71%)	—	—	—
0.185g	X	2.256(39.27%)	2.654(28.56%)	2.521(32.14%)	2.256(39.27%)
	Y	3.052(11.54%)	—	—	—
0.264g	X	2.123(42.85%)	2.123(42.85%)	2.123(42.85%)	—
	Y	2.919(15.39%)	—	—	—
0.370g	X	1.725(53.57%)	1.990(46.43%)	1.858(49.99%)	1.725(53.57%)
	Y	2.654(23.07%)	—	—	—
0.415g	X	1.592(57.15%)	1.725(53.57%)	1.725(53.57%)	1.592(57.15%)
	Y	2.521(26.93%)	—	—	—
0.550g	X	1.194(67.86%)	1.592(57.15%)	1.592(57.15%)	1.194(67.86%)
	Y	2.256(34.61%)	—	—	—
0.750g	X	1.061(71.44%)	1.194(67.86%)	1.194(67.86%)	1.061(71.44%)
	Y	1.858(46.14%)	—	—	—
1.170g	X	0.796(78.57%)	0.929(74.99%)	0.796(78.57%)	—
	Y	1.858(46.14%)	—	—	—

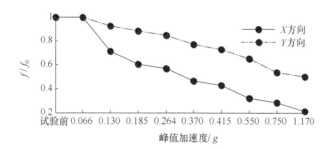

图 4.22　自振频率变化图

表 4.9　各试验阶段模型结构刚度(Ke)　　　　　　　　（单位：kN/mm）

试验阶段	WCW	ELW	SHW
0.006g	7.58	7.58	7.58
0.130g	4.68	4.68	3.87
0.185g	3.87	3.49	2.80
0.264g	2.48	2.48	—
0.370g	2.18	1.90	1.63

续表

试验阶段	WCW	ELW	SHW
0.415g	1.63	1.63	1.39
0.550g	1.39	1.39	0.78
0.750g	0.78	0.78	0.62
1.170g	0.47	0.35	—

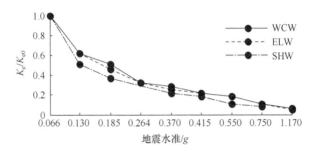

图 4.23　地震试验中模型结构刚度变化图

3. 结构振型

动力试验中模型的振型采用传递函数曲线得到。模型结构沿高度方向不同测点的传递函数曲线在自振频率处的幅值比即为其振幅比。根据传递函数的相位角可以确定幅值的正负号,相位角相差 180°时两个测点的振动方向相反。传递函数曲线的幅值经过"正则化"后即可得到对应于自振频率的振型。

表 4.10 和表 4.11 分别表示试验模型在试验前白噪声测试中的 X 方向和 Y 方向的前 2 阶频率传递函数曲线的幅值、相位角和振型系数。传递函数是相对于基础处的加速度数据得到的,因此基础处的幅值为 1.0,相位角为 0.0。由表 4.10 和表 4.11 可以看出,试验模型各层测点的传递函数曲线得到的自振频率相等。1 阶振型的相位角很接近,因此各测点振动相同,符号也相同。2 阶振型中,1~4 层顶测点的相位角比较接近,5 层顶与屋顶测点的相位角比较接近,1~4 层顶测点的相位角与 5 层顶及屋顶测点的相位角之差约为 180°,由此可以判定 1~4 层顶测点与 5 层及屋顶测点的振动方向。在振动台试验中,计算振型时不能仅考虑幅值的正负号,还需要考虑相位角的变化。本章在分析试验模型振型时采用 $|A|\sin\alpha$ 作为各测点的振型系数[50],式中,$|A|$ 为传递函数的幅值,α 是相应的相位角。图 4.24表示了试验模型在地震波激励前 X 和 Y 方向的前 2 阶主振型。从图 4.24 不难看出,试验模型的 1 阶振型曲线基本上属于剪切型。

表 4.10　震前 X 方向传递函数曲线幅值、相位角和振型系数

楼层	1 阶平动				2 阶平动			
	频率/Hz	幅值	相位角/(°)	振型系数	频率/Hz	幅值	相位角/(°)	振型系数
基础	3.715	1.000	0.00	0.00	11.54	1.000	0.00	0.00
1	3.715	4.056	−86.29	0.18	11.54	6.291	−59.22	−0.56
2	3.715	8.802	−93.80	0.38	11.54	10.750	−64.30	−1.00
3	3.715	13.390	−96.42	0.58	11.54	10.120	−66.47	−0.96
4	3.715	18.080	−97.58	0.78	11.54	3.353	−70.04	−0.33
5	3.715	21.290	−97.99	0.91	11.54	4.756	115.40	0.44
6	3.715	23.310	−98.47	1.00	11.54	10.590	113.90	1.00

表 4.11　震前 Y 方向传递函数曲线幅值、相位角和振型系数

楼层	1 阶平动				2 阶平动			
	频率/Hz	幅值	相位角/(°)	振型系数	频率/Hz	幅值	相位角/(°)	振型系数
基础	3.450	1.000	0.00	0.00	10.75	1.000	0.00	0.00
1	3.450	5.047	−48.83	0.17	10.75	4.734	−37.31	−0.54
2	3.450	10.170	−54.94	0.37	10.75	8.028	−42.37	−0.96
3	3.450	15.010	−56.91	0.56	10.75	7.747	−44.12	−0.94
4	3.450	20.120	−58.15	0.76	10.75	2.798	−47.17	−0.35
5	3.450	24.000	−58.73	0.91	10.75	3.477	138.2	0.42
6	3.450	26.290	−58.92	1.00	10.75	8.235	136.7	1.00

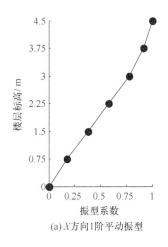

(a) X 方向 1 阶平动振型

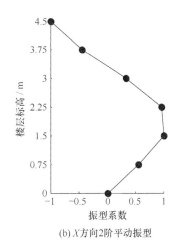

(b) X 方向 2 阶平动振型

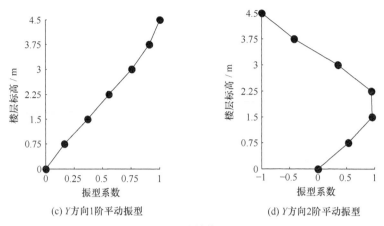

(c) Y方向1阶平动振型　　　　(d) Y方向2阶平动振型

图 4.24　试验前模型振型图

　　表 4.12 和表 4.13 及图 4.25 和图 4.26 表示试验模型在不同试验阶段 X 和 Y 方向的前 2 阶平动振型。从中可见,在地震试验前期,模型的振型变化不大且形状比较规整,只是在模型中部出现了局部外凸情况。随着模型裂缝和非弹性变形的发展,模型振型曲线也在不断地发生变化。2 阶振型在第 1～3 层出现非常明显的外凸现象[51],振型幅值零点的位置也随之下移,这表明模型下部几层的层间刚度退化较快,破坏较严重。

表 4.12　不同试验阶段 X 主方向的模型振型

试验阶段	阶次	楼层						
		基础	1	2	3	4	5	6
试验前	1阶平动	0.00	0.18	0.38	0.58	0.78	0.91	1.00
	2阶平动	0.00	0.56	1.00	0.96	0.33	−0.44	−1.00
0.130g	1阶平动	0.00	0.16	0.38	0.61	0.83	0.95	1.00
	2阶平动	0.00	0.51	1.00	0.97	0.28	−0.42	−0.80
0.185g	1阶平动	0.00	0.18	0.41	0.64	0.85	0.96	1.00
	2阶平动	0.00	0.53	1.00	0.92	0.20	−0.47	−0.82
0.370g	1阶平动	0.00	0.20	0.46	0.69	0.88	0.97	1.00
	2阶平动	0.00	0.54	1.00	0.87	0.15	−0.49	−0.77
0.415g	1阶平动	0.00	0.22	0.49	0.74	0.90	0.98	1.00
	2阶平动	0.00	0.55	1.00	0.83	0.11	−0.50	−0.78
0.750g	1阶平动	0.00	0.28	0.57	0.81	0.94	0.98	1.00
	2阶平动	0.00	0.60	1.00	0.69	0.01	−0.47	−0.67
1.170g	1阶平动	0.00	0.29	0.57	0.81	0.94	0.98	1.00
	2阶平动	0.00	0.60	1.00	0.69	0.01	−0.46	−0.67

表 4.13　不同试验阶段 Y 方向的模型振型

试验阶段	阶次	楼层						
		基础	1	2	3	4	5	6
试验前	1 阶平动	0.00	0.17	0.37	0.56	0.76	0.91	1.00
	2 阶平动	0.00	0.54	0.96	0.94	0.35	−0.42	−1.00
0.130g	1 阶平动	0.00	0.16	0.38	0.61	0.83	0.95	1.00
	2 阶平动	0.00	0.58	1.00	0.90	0.22	−0.47	−0.82
0.370g	1 阶平动	0.00	0.20	0.46	0.69	0.88	0.97	1.00
	2 阶平动	0.00	0.54	1.00	0.87	0.15	−0.49	−0.77
0.750g	1 阶平动	0.00	0.28	0.57	0.81	0.94	0.98	1.00
	2 阶平动	0.00	0.60	1.00	0.69	0.012	−0.47	−0.67

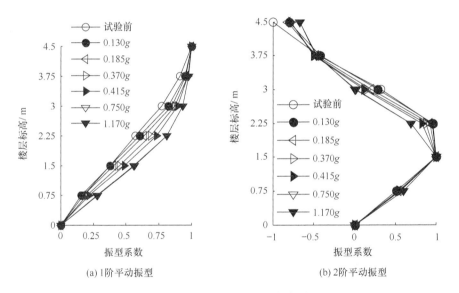

(a) 1 阶平动振型　　　　　　　　　(b) 2 阶平动振型

图 4.25　X 主方向振型变化图

　　结构振型的物理意义是结构按照某一阶自振频率振动时各个测点的振幅比例。结构的实际变形曲线是多个振型按照振型参与系数的叠加。一般来讲,结构的实际变形曲线以一阶振型为主,一阶振型对了解结构的振动变形曲线具有重要的参考价值。图 4.27 表示试验模型在不同地震试验阶段某一时刻不同测点测得的 X 主方向水平位移沿结构高度方向的变化规律和 1 阶平动振型曲线的比较。由图 4.27 不难看出:模型结构在不同试验阶段的振型主要是平动,沿高度方向的位移曲线和基本振型曲线形状比较接近,因此振型系数规律也反映了结构位移的变化规律;该试验模型结构的抗侧移刚度沿竖向分布均匀。除 0.130g 试验阶段

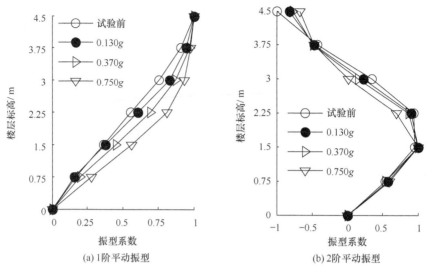

图 4.26　Y 方向振型变化图

外,各地震水准下,模型第 2 层的层间位移均大于其他各层的层间位移。随着地震强度的加大,由于模型结构第 2 层抗侧移刚度的下降幅度大于其他各层,结构各层的刚度比例发生变化,因此第 2 层层间位移与其他各层层间位移的差距也逐渐增大。再生混凝土框架模型在不同试验阶段的地震反应都以基本振型为主。

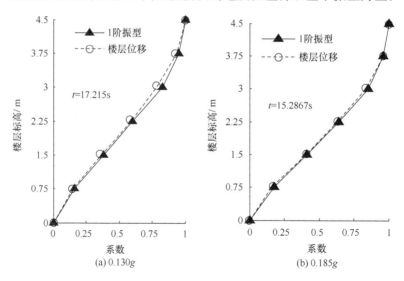

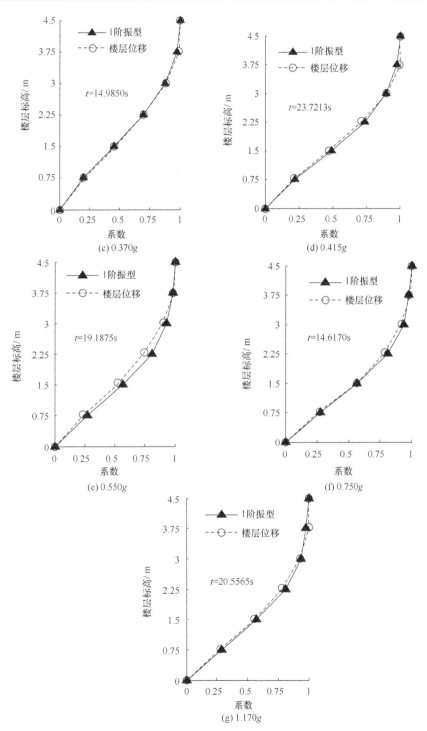

图 4.27　1 阶振型曲线与结构位移曲线的对比(WCW 波)

4. 结构阻尼比

模型结构的阻尼比反映了结构的耗能特性,是非常重要的结构动力参数。随着输入地面峰值加速度的提高,框架模型的损伤不断积累,其自振频率不断下降,对应的结构阻尼比随着结构累积损伤的不断增加而变大,模型在各试验阶段前后由白噪声扫频试验测得的阻尼比见表 4.14,括号内为阻尼比增长率。图 4.28 表示随着模型混凝土开裂程度的加剧,结构 X 方向和 Y 方向第 1 阶阻尼比的变化规律图,图中以地震反应试验前测得的阻尼比作为基础。表 4.14 和图 4.28 的数值和曲线表明:X 方向 1 阶平动振型的阻尼比比 Y 方向 1 阶平动振型的阻尼比大;阻尼比随着地震强度的增加而逐渐增大,这是由于随着结构损伤的加剧而引起结构耗能能力的增大。结构受到较大强度的地震作用后,进入弹塑性状态,因此阻尼比相对于弹性状态也有较大幅度的提高,初始状态结构 X 方向的阻尼比为 0.044,0.130g(8 度多遇)地震试验后阻尼比为 0.099,0.370g(8 度基本)地震试验后阻尼比为 0.135,0.750g(8 度罕遇)地震试验后阻尼比为 0.226。同时,在结构破坏严重后,还存在着低阶阻尼比的增长率要于高阶阻尼比增长率的趋势。

表 4.14　实测阻尼比 ξ

波形	方向	地面峰值加速度/g				
		试验前	0.066	0.130	0.185	0.264
白噪声	X	0.044(0.0%)	0.061(38.6%)	0.099(125%)	0.110(150%)	0.117(165.9%)
	Y	0.046(0.0%)	0.060(30.4%)	0.063(37.0%)	0.065(41.3%)	0.067(45.7%)
WCW	X	—	0.061	0.065	0.090	0.097
ELW	X	—	0.062	0.066	0.101	0.115
SHW	X	—	0.064	0.073	0.106	—
波形	方向	地面峰值加速度/g				
		0.370	0.415	0.550	0.750	1.170
白噪声	X	0.135(206.8%)	0.174(295.4%)	0.223(406.8%)	0.226(413.6%)	0.230(422.7%)
	Y	0.068(47.8%)	0.077(67.4%)	0.085(84.8%)	0.122(165.2%)	0.127(176.1%)
WCW	X	0.128	0.138	0.143	0.166	0.194
ELW	X	0.129	0.139	0.146	0.167	0.210
SHW	X	0.138	0.142	0.156	0.171	—

图 4.29 表示 3 种地震波作用下,模型 X 主方向 1 阶平动振型的阻尼比。模型在各地震波作用下的结构响应不同,导致模型结构在各地震波作用下的阻尼比各不相同。可以看出,同一地震强度下,上海波作用下模型的阻尼比最大,其次是 El Centro 波,汶川地震波下的阻尼比最小。

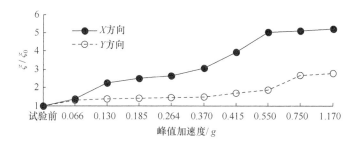

图 4.28　各试验阶段模型阻尼比变化图

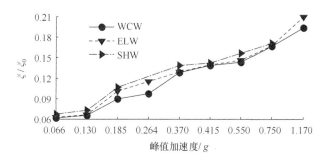

图 4.29　3 条地震波作用下 X 方向 1 阶平动振型的阻尼比

　　阻尼比根据传递函数采用半功率法求得。由于传递函数曲线上频率峰值附近的曲线毛刺,所以采用半功率法得到的阻尼比有一定的误差。

5. 频谱

　　试验模型实测得到的所有地震反应都利用计算机进行了频谱分析。图 4.30～图 4.32 分别为试验前、0.130g(8 度多遇)和 0.370g(8 度基本)试验阶段的传递函数和相位频谱图。从图中不难看出:试验前,试验模型的 3～6 层,其加速度反应主要受控于第 1 振型,第 6 层第 1 阶振型的影响约占全部反应的 70%,第 5 层约占 80%,第 4 层约占 85%,第 3 层约占 60%。;而在试验模型的 1 层和 2 层,高阶振型的影响则明显增大,第 2 层第 2 阶振型的影响约占全部反应的 55%。第 1 层第 2 阶振型的影响约占全部反应的 33%,第 1 阶振型与第 3、4 阶振型的影响接近,约占 20%。在 0.130g(8 度多遇)的地震试验中,第 6 层第 1 阶振型的影响约占全部反应的 65%,第 5 层约占 75%,第 4 层约占 85%,第 3 层约占 60%,试验模型的层 1 和 2 层,高阶振型的影响则明显增大,第 2 层第 2 阶振型的影响约占全部反应的 53%,第 1 层第 2、3 阶振型的影响接近,约占全部反应的 30%,第 1 阶振型约占 20%。在 0.370g(8 度基本)的地震试验中,第 6 层第 1 阶振型的影响约占全部反应的 60%,第 5 层约占 80%,第 4 层约占 68%,第 3 层约占 55%。试验模型的 1

层和 2 层,高阶振型的影响明显增大,第 2 层第 2 阶振型和第 3 阶振型的影响共约占全部反应的 60%。第 1 层第 3 阶振型的影响最大,约占全部反应的 30%,第 1 阶振型与第 2、4 阶振型的影响接近,约占 23%。

由传递函数可知楼层在各阶固有振动状态下相对于底层的加速度幅值和各阶固有振动状态之间所占能量的分配规律。这也反映了试验模型各楼层加速度放大系数的分布规律,受控于低阶振型影响的楼层,其加速度放大系数随输入地震波加速度幅值的增加而逐渐减小,随楼层数的增加而依次增大。受控于高阶振型影响的楼层,其加速度放大系数不完全符合这种分布规律。加速度放大系数分布见 4.5.2 节。

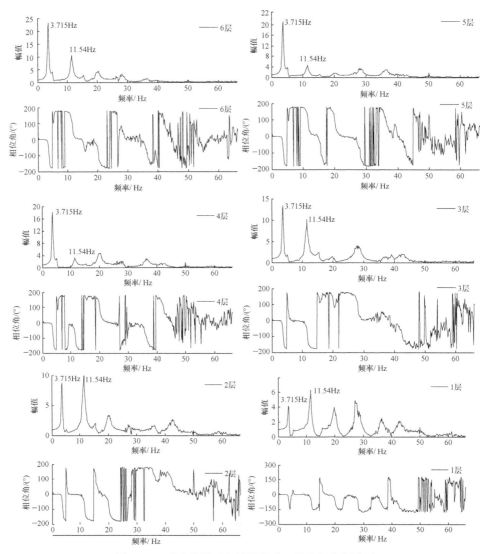

图 4.30　试验前模型各楼层传递函数和相位频谱图

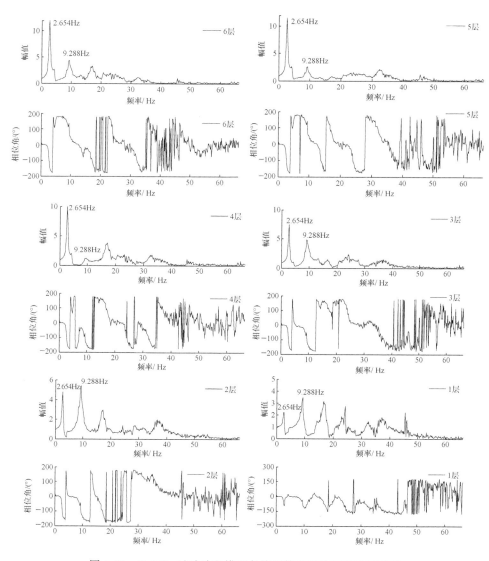

图 4.31　0.130g 试验阶段模型各楼层传递函数和相位频谱图

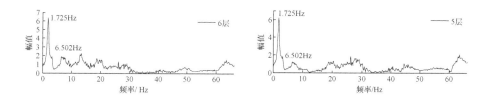

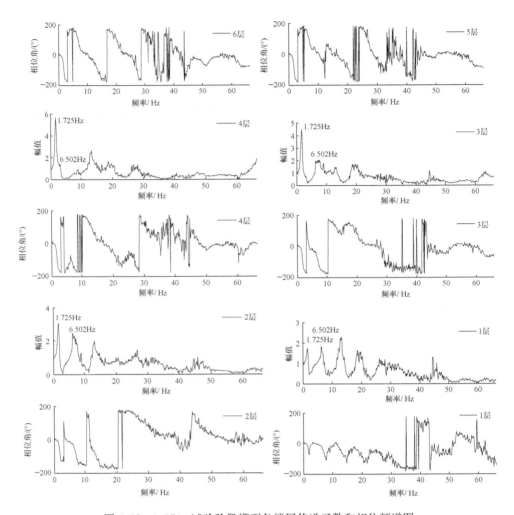

图 4.32　0.370g 试验阶段模型各楼层传递函数和相位频谱图

4.5.2　结构地震反应

1. 加速度反应

通过安置在各层的加速度传感器,测得了模型相对各层的绝对加速度反应。结构的加速度反应与地震波的频谱特征、结构的自振周期以及结构的阻尼比有关,是结构动力反应的重要参数。不同楼层处测点加速度反应峰值与台面输入地震波加速度峰值的比值为各楼层相应的加速度放大系数。表 4.15 列出了不同试验阶段模型各楼层处的加速度放大系数。图 4.33~图 4.35 表示不同试验阶段模型分别在 WCW、ELW 和 SHW 激励下的加速度放大系数分布。各个工况下模型每楼层的加速度放大系数分布如图 4.36 所示。通过分析表 4.15 和图 4.33~图 4.36 不难发现:在同一工况中,各个测点的加速度放大系数总体上沿楼层高度方向逐渐增大,1 层顶部的加速放系数在 0.798~1.602,2 层顶部在 0.938~2.318,3 层顶部在 0.892~2.827,4 层顶部在 0.758~3.257,5 层顶部在 0.870~3.858,模型顶层的加速度放大系数在 1.187~3.998。加速度放大系数不仅与层间刚度和各层强度有关,还与非弹性变形的发展以及台面输入地震波的频谱特性等因素有关。结构的加速度放大系数可能会出现沿楼层高度方向减小的现象,例如,在 0.370g 地震试验中,SHW 在第 5 层顶部的加速度放大系数为 1.864,小于第 4 层顶部的加速度放大系数 2.087。在同一地震水准作用下,3 条地震波在同一测点处的加速度放大系数不同,上海人工波引起的动力反应最大,其次是汶川地震波,El-Centro 波最小,造成这种差别的主要原因是不同的地震波相应的频谱特性不同。随着地震加速度峰值的提高,加速度放大系数在总趋势上是逐渐降低的,但某些楼层的加速度放大系数随着地震强度的增加反而增大。在 WCW 地震波激励下,当输入 0.185g 的地面峰值加速度时,在 2 层顶部的加速度放大系数反而小于 0.370g 和 0.415g 工况时的相应值。一般来说,随着地震强度的增加,结构出现一定程度的破坏后,模型抗侧移刚度退化、结构的阻尼比增大,加速度放大系数会逐渐降低。随着结构破坏的加剧,结构自振周期逐渐加大,结构受高阶振型的影响随之增大,在一定的周期范围内,结构的加速度放大系数可能会出现随着结构自振周期的增大而提高的现象。再生混凝土框架结构的加速度分布特征与普通混凝土结构类似[35,52-56]。图 4.37 为输入地面峰值加速为 0.370g(8 度基本)WCW 地震波时各楼层绝对加速度反应的时程曲线,图 4.38 为各楼层绝对加速度反应谱图。通过对频谱曲线进行分析后可知:模型在第 6 层第 1 阶振型的影响约占全部反应的 70%,第 5 层约占 80%,第 4 层约占 70%,第 3 层约占 60%。试验模型的第 2 层和第 1 层,其高阶振型的影响明显增大,第 2 层第 2 阶振型约占全部反应的 35%,第 1 层第 1 阶振型约占全部反应的 25%。

表 4.15 模型 X 方向加速度放大系数

峰值加速度/g		楼层					
		1	2	3	4	5	6
0.066	WCW	1.059	2.113	2.725	2.981	3.082	3.379
	ELW	0.836	1.477	1.826	1.974	2.186	2.867
	SHW	1.343	2.204	2.827	3.257	3.858	3.998
0.130	WCW	1.379	1.918	2.054	2.372	2.369	3.189
	ELW	1.279	1.849	2.126	2.066	2.389	3.098
	SHW	1.538	2.318	2.645	2.742	3.123	3.608

续表

峰值加速度/g		楼层					
		1	2	3	4	5	6
0.185	WCW	1.169	1.652	1.846	1.994	1.916	2.748
	ELW	1.208	1.456	1.654	1.851	2.068	2.748
	SHW	1.602	2.213	2.490	2.972	3.161	3.983
0.264	WCW	1.486	2.13	2.788	1.925	—	2.794
	ELW	0.968	1.046	1.405	1.201	—	1.771
0.370	WCW	1.302	1.458	1.573	1.653	1.728	2.519
	ELW	0.821	1.167	1.138	1.011	0.934	1.218
	SHW	1.163	1.700	1.836	2.087	1.864	2.052
0.415	WCW	1.407	1.749	1.774	1.437	1.432	2.213
	ELW	0.803	1.027	1.019	0.758	0.870	1.187
	SHW	1.290	1.802	1.924	2.033	1.838	2.216
0.550	WCW	1.053	1.508	1.352	1.125	1.448	2.031
	ELW	1.016	1.080	1.001	0.869	0.973	1.527
	SHW	0.865	1.133	1.287	1.255	1.269	1.659
0.750	WCW	0.798	0.938	0.892	0.792	1.109	1.333
	ELW	1.092	1.032	1.001	0.772	1.104	1.789
	SHW	1.236	1.122	1.035	1.101	1.251	1.499
1.170	WCW	0.653	0.709	0.751	0.757	0.684	1.127
	ELW	0.934	1.122	0.819	0.871	0.724	1.571

注:在 0.264g 地震试验前,观察模型裂缝时,5 层测点的加速度传感器导线不小心被拉动,该测点的加速度传感器出现松动,使得 0.264g 地震试验中第 5 层测点的加速度传感器采集到的数据失真。

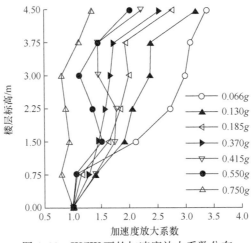

图 4.33　WCW 下的加速度放大系数分布

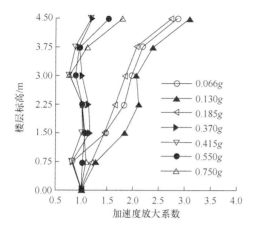

图 4.34　ELW 下的加速度放大系数分布

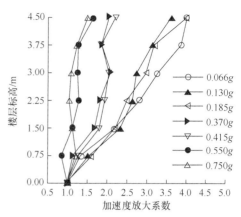

图 4.35　SHW 下的加速度放大系数分布

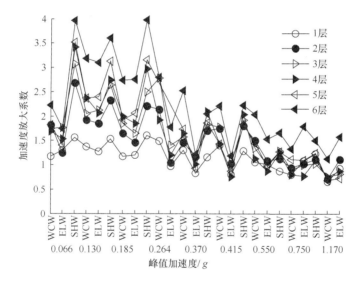

图 4.36　模型 X 方向各工况的加速度放大系数分布

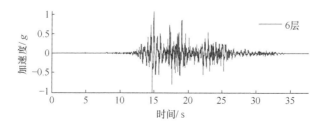

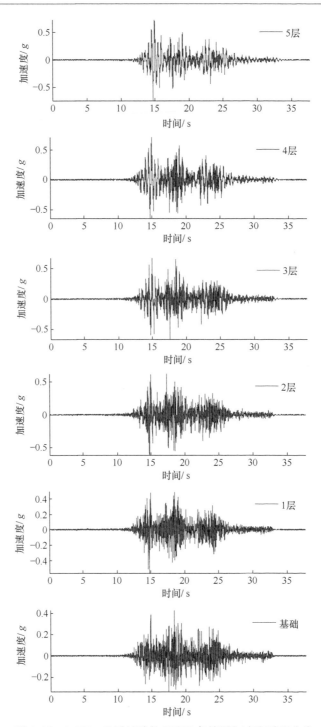

图 4.37　0.370g 地震试验的 WCW 各楼层加速度时程曲线

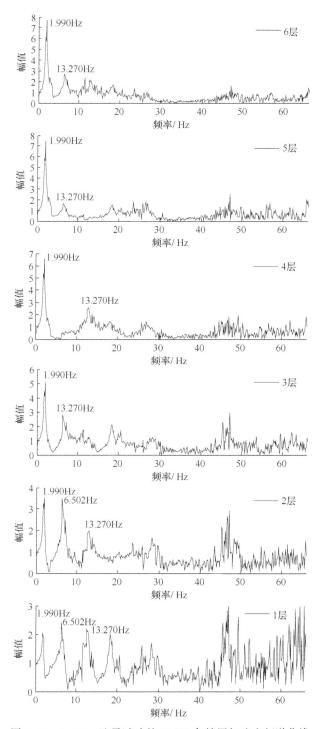

图 4.38　0.370g 地震试验的 WCW 各楼层加速度频谱曲线

2. 位移反应

由于结构层间变形破坏准则直观方便并且可以较好地反映结构的性能水平,得到了广泛应用。我国抗震规范采用层间变形来描述小震不坏、中震可修、大震不倒三级设防标准[44]。文献[57]按照我国实际工程灾害分析的习惯,将结构破坏程度划分为基本完好、轻微破坏、中等破坏、严重破坏及倒塌 5 个等级,给出了钢筋混凝土框架结构层间变形与 5 个破坏等级的关系,见表 4.16。Wen 和 Kang 把结构的破坏状态分为 7 个等级,并采用结构层间变形作为评估指标[58],见表 4.17。

表 4.16　结构破坏等级与层间位移角的关系

基本完好	轻微破坏	中等破坏	严重破坏	倒塌
<1/500	1/500～1/250	1/250～1/125	1/125～1/50	>1/50

表 4.17　破坏状态与层间位移角的关系

破坏等级	破坏状态	层间位移角
1	完好	<1/500
2	很轻微破坏	1/500～1/200
3	轻微破坏	1/200～1/140
4	中等破坏	1/140～1/70
5	严重破坏	1/70～1/40
6	很严重破坏	1/40～1/20
7	倒塌	1/20

在模型各楼层上,均布置了拉线式位移传感器记录各测点的水平位移反应。表 4.18 表示各工况的楼层最大相对位移和模型西立面顶层最大扭转角,表 4.19 表示各工况的楼层层间最大位移和最大层间位移角。图 4.39(a)～图 4.39(c)分别表示地震试验中输入 WCW、ELW 和 SHW 地震波时楼层标高处相对于基础底面的最大位移反应。图 4.40(a)～图 4.40(c)分别表示地震试验中输入 WCW、ELW 和 SHW 地震波时的各楼层最大层间位移反应。图 4.41(a)～图 4.41(h)分别为 0.066g、0.130g、0.185g、0.370g、0.415g、0.550g、0.750g 和 1.170g 地震试验中模型在 WCW、ELW 和 SHW 地震波下的楼层最大相对位移反应对比图。图 4.42(a)～图 4.42(g)分别为 0.066g、0.130g、0.185g、0.370g、0.415g、0.550g 和 0.750g 地震试验中模型在 WCW、ELW 和 SHW 地震波下的楼层最大层间位移反应对比图。图 4.43 表示地震试验中各楼层最大相对位移反应。图 4.44 表示地震试验中各楼层最大层间位移角。图 4.45 为 0.130g、0.185g、0.370g、

0.415g、0.550g 和 0.750g 地震试验中输入 WCW 地震波时的模型顶层位移时程曲线。图 4.46 为 0.130g、0.185g、0.370g、0.415g、0.550g 和 0.750g 地震试验中输入 WCW 地震波时的模型西立面顶层的扭转时程曲线。地震试验中输入的地震波仅对 X 主方向进行激励，所得到的位移反应是模型 X 方向的位移反应。

图 4.39(a)～图 4.39(c)表明：随着地震强度不断加大，模型各楼层相对位移也随之增大；在地震试验中输入同一条地震波时，结构位移变形曲线的形状大致相同，位移变形值随地震动幅值的增加而变大；结构的位移反应从 4.5.1 节关于振型的讨论中可知，结构的位移曲线与模型的 1 阶振型接近，通过比较图 4.39 和图 4.25，我们可以进一步验证上述规律。总体上，模型楼层位移曲线是很光滑的，位移曲线上没有明显的弯曲点，这表明结构的等效抗侧移刚度沿模型高度方向的分布是合理的。从楼层位移曲线的形状可以看出，该框架模型结构变形曲线呈剪切型。结构位移反应主要受控于第 1 阶振型，其他各振型的影响很小。

通过分析图 4.40(a)～图 4.40(c)和表 4.19 可以看出：随着地震强度的不断加大，楼层层间最大位移也随之增大；除 0.130g 地震模拟试验外，在其他各地震水准下，2 层层间位移最大，占屋顶总位移的 20%～40%，其次是 1 层层间位移，2 层以上各楼层层间位移关系为：3 层＞4 层＞5 层＞6 层。在 0.066g、0.130g、0.370g 和 0.750g 的地震试验中，模型 2 层层间位移最大值分别为 0.91mm、2.68mm、9.99、25.95mm，相应的层间位移角最大值约为 1/824、1/280、1/75、1/29。在同一工况中，随着地震强度的增加，各楼层层间位移的增长幅度也不相同，模型 2 层的层间位移增长幅度最大，这说明模型 2 层破坏最严重，层间刚度退化得最快。

图 4.41 和图 4.42 表明：输入加速度峰值大小相同的 3 条地震波，结构位移曲线的形状近似，但是结构位移大小不同，SHW 地震波引起的结构位移反应最大，除 0.130g 地震试验中，ELW 引起的结构位移反应大于 WCW 外，其他地震试验中，ELW 下结构位移反应最小。这是因为 3 条地震波的频谱特性、持续时间都不相同，SHW 为长周期人工波，属于 IV 类场地类型的地震波，本试验中再生混凝土框架模型是按 II 类场地类型建造的。

图 4.45 表明：在地震试验中输入 WCW 地震波时，由于地震动的幅值不同而地震波的频谱和持续时间相同，所以结构位移时程曲线的形状大致相同，位移变形值随地震动幅值的增加而增大。

表 4.18 和图 4.46 中给出了地震试验中模型西立面屋顶的最大扭转角。扭转角是指模型西立面位移测点 D12 和 D14 的水平最大相对位移与测点 D12、D14 之间的垂直距离的比值，加速度测点的位置如图 4.12 所示。在 0.066g、0.130g、0.185g、0.370g、0.415g、0.550g、0.750g 的地震试验中，西立面屋顶的最大相对扭转值分别为 0.0010、0.0020、0.0023、0.0036、0.0046、0.0058、0.0073。可以发

现随地震强度的不断增加,扭转角也随之变大。1.170g 地震试验中的最大扭转角值是 0.066g 地震试验中最大扭转角的 7.3 倍。在整个地震试验过程中,顶层相对扭转值都非常小,框架模型扭转不明显。

表 4.18　各工况的楼层最大相对位移和模型西立面顶层最大扭转角

峰值加速度/g		楼层相对最大位移/mm						西立面屋顶最大扭转角
		1 层	2 层	3 层	4 层	5 层	顶层	
0.066	WCW	0.67	1.58	2.40	3.07	3.57	3.84	0.0007
	ELW	0.41	0.98	1.52	1.98	2.36	2.60	0.0006
	SHW	0.64	1.54	2.41	3.19	3.81	4.14	0.0010
0.130	WCW	1.11	2.72	4.38	6.04	7.13	7.72	0.0018
	ELW	1.51	3.64	5.69	7.73	9.33	10.01	0.0020
	SHW	1.85	4.50	7.04	9.57	11.12	11.89	0.0018
0.185	WCW	1.78	4.32	6.57	8.72	9.98	10.30	0.0014
	ELW	1.63	3.87	6.34	8.74	10.23	10.66	0.0015
	SHW	3.55	7.85	11.64	14.55	16.23	16.70	0.0023
0.264	WCW	3.49	7.89	11.91	15.18	17.13	17.56	0.0019
	ELW	2.08	4.75	7.31	9.64	11.10	11.45	0.0014
0.370	WCW	6.15	13.17	19.19	24.23	27.17	27.57	0.0027
	ELW	2.77	6.20	9.03	11.06	12.27	12.48	0.0020
	SHW	8.44	18.42	25.55	31.80	35.15	35.27	0.0036
0.415	WCW	6.04	12.77	18.05	21.77	23.95	23.72	0.0037
	ELW	4.68	9.81	13.64	16.18	17.64	17.76	0.0025
	SHW	11.16	24.01	32.56	39.46	42.97	42.90	0.0046
0.550	WCW	8.09	17.42	23.98	28.52	31.58	32.27	0.0043
	ELW	7.66	15.88	21.47	25.19	28.30	28.44	0.0030
	SHW	19.96	41.66	54.55	62.95	67.03	65.51	0.0058
0.750	WCW	15.38	34.24	45.71	53.80	58.06	58.17	0.0062
	ELW	15.04	33.07	43.77	50.88	54.63	54.68	0.0058
	SHW	25.59	50.71	67.56	79.58	85.20	83.93	0.0073
1.170	WCW	25.66	55.28	73.21	84.27	90.66	91.70	0.0073
	ELW	22.01	42.22	53.50	61.51	65.83	66.14	0.0068

结合试验现象(4.4 节)和结构动力特性分析(4.5.1 小节),分析表 4.18、表 4.19 和图 4.39~图 4.46,可以发现:0.066g 地震试验中,ELW 地震波激励时,模型结构位移反应最小,其次是 WCW 地震波,SHW 人工波激励时,模型结构位移反应最大。模型顶层最大相对位移为 4.14mm,顶层最大相对位移角为 1/1086,小于 1/550。模型层间最大位移发生在第 2 层,为 0.91mm,相应的层间位移角为 1/824,小于《建筑抗震设计规范》(GB 50011—2010)[44] 的弹性层间位移角限值,结构处于弹性工作状态,模型保持完好,模型顶部最大相对扭转角为 0.0010。0.130g 的地震试验中,WCW 地震波激励时,模型结构位移反应最小,其次是 ELW 地震波,SHW 下模型结构的位移反应最大。模型顶层最大相对位移为 11.89mm,顶层最大相对位移角为 1/377,大于 1/550,模型层间最大位移发生在第 3 层,为 2.82mm,相应的层间位移角为 1/266,小于 1/200,按照表 4.17,模型发生很轻微破坏,结构进入弹塑性阶段,模型顶层最大相对扭转角为 0.0020。0.185g 地震试验中,ELW 地震波激励时,模型结构位移反应最小,其次是 WCW 地震波,SHW 下模型结构的位移反应最大。模型顶层最大相对位移为 16.70mm,相应的最大相对位移角为 1/269,模型层间最大位移发生在第 2 层,为 4.32mm,相应的层间位移角为 1/174,小于 1/140,按照表 4.17,模型发生轻微破坏,模型顶层最大相对扭转角为 0.0023。0.264g 地震试验中,只进行了 WCW 波和 ELW 波的试验。ELW 下结构的位移反应小于 WCW 下结构的位移反应。模型顶层最大相对位移为 17.56mm,相应的最大相对位移角为 1/256,模型层间最大位移发生在第 2 层,为 4.42mm,相应的层间位移角为 1/170,小于 1/140,按照表 4.17,模型发生轻微破坏,模型顶层最大相对扭转角为 0.0019。0.370g 地震试验中,ELW 地震波激励时,模型结构位移反应最小,其次是 WCW 地震波,SHW 下模型结构位移反应最大。模型顶层最大相对位移为 35.27mm,相应的最大相对位移角为 1/127,模型层间最大位移发生在第 2 层,为 9.99mm,相应的层间位移角为 1/75,小于 1/70,按照表 4.17,模型发生中等破坏,模型顶层最大相对扭转角为 0.0036。0.415g 地震试验中,ELW 地震波激励时,模型结构位移反应最小,其次是 WCW 地震波,SHW 下模型结构位移反应最大。模型顶层最大相对位移为 42.90mm,相应的最大相对位移角为 1/105,模型层间最大位移发生在第 2 层,为 12.85mm,相应的层间位移角为 1/58,小于 1/40,按照表 4.17,模型发生严重破坏,模型顶层最大相对扭转角为 0.0046。0.550g 地震试验中,ELW 地震波激励时,模型结构位移反应最小,其次是 WCW 地震波,SHW 下模型结构位移反应最大。模型顶层最大相对位移为 65.51mm,相应的最大相对位移角为 1/69,模型层间最大位移发生在第 2 层,为 21.77mm,相应的层间位移角为 1/34,小于 1/20,按照表 4.17,模型发生很严重破坏,模型顶层最大相对扭转角为 0.0058。0.750g 地震试验中,ELW 地震波激励时,模型结构位移反应最小,其次是 WCW 地震波,SHW 下模型结构位移反应最大。模型顶层最大相对位移为 83.93mm,相应的最大相对位移角为 1/54,模型层间最大位移发生在第 2 层,为 25.95mm,相应的层间位移角为 1/29,小于 1/20,按照表 4.17,模型发生很严重破坏。模型顶层最大相对扭转角为 0.0073。由于模型反应强烈,1.170g 地震试验中,仅进行了 WCW 地震波和 ELW 地震波的试验。ELW 下结构的位移反应小于 WCW 下结构的位移反应。模型顶层最大相对位移为 91.70mm,相应的最大相对位移角为 1/49,模型层间最大位移发生在第 2 层,为 29.85mm,相应的层间位移角为 1/25,小于 1/20,按照表 4.17,模型发生很严重破坏。模型顶层最大相对扭转角与 0.750g 地震试验中的相同,为 0.0073。整个试验完成后,模型仍没有倒塌,这也说明再生混凝土框架结构有良好的变形能力和抗地震能力。

表 4.19　各工况的楼层层间最大位移和最大层间位移角

峰值加速度/g		楼层相对最大位移/mm						最大层间位移角
		1 层	2 层	3 层	4 层	5 层	顶层	
0.066	WCW	0.67	0.91	0.82	0.68	0.53	0.30	1/824
	ELW	0.41	0.57	0.54	0.49	0.43	0.27	
	SHW	0.64	0.90	0.87	0.78	0.62	0.34	
0.130	WCW	1.11	1.64	1.68	1.66	1.29	0.67	1/266
	ELW	1.51	2.13	2.18	2.14	1.69	0.89	
	SHW	1.85	2.68	2.82	2.57	1.59	0.82	
0.185	WCW	1.78	2.55	2.36	2.29	1.36	0.73	1/174
	ELW	1.63	2.29	2.49	2.53	1.54	0.58	
	SHW	3.55	4.32	3.79	3.77	2.25	1.02	
0.264	WCW	3.49	4.42	4.05	3.54	2.35	0.76	1/170
	ELW	2.08	2.71	2.70	2.37	1.46	0.58	
0.370	WCW	6.15	7.14	6.46	5.66	4.12	1.49	1/75
	ELW	2.77	3.46	2.91	2.52	1.90	0.85	
	SHW	8.44	9.99	7.52	6.50	3.84	1.65	
0.415	WCW	6.04	6.91	6.04	5.10	3.71	1.50	1/58
	ELW	4.68	5.16	4.15	3.35	2.32	1.16	
	SHW	11.16	12.85	9.14	7.41	3.99	1.76	

续表

峰值加速度/g		楼层相对最大位移/mm						最大层间 位移角
		1 层	2 层	3 层	4 层	5 层	顶层	
0.550	WCW	8.09	10.11	7.01	5.89	4.02	1.82	1/34
	ELW	7.66	8.41	6.38	4.97	3.51	1.80	
	SHW	19.96	21.77	12.93	8.48	4.58	2.50	
0.750	WCW	15.38	19.03	11.66	8.99	6.39	1.83	1/29
	ELW	15.04	18.03	11.38	9.34	6.06	2.44	
	SHW	25.59	25.95	18.46	12.49	6.61	2.56	
1.170	WCW	25.66	29.85	18.19	11.41	6.39	2.45	1/25
	ELW	22.01	21.23	13.58	8.57	5.31	2.72	

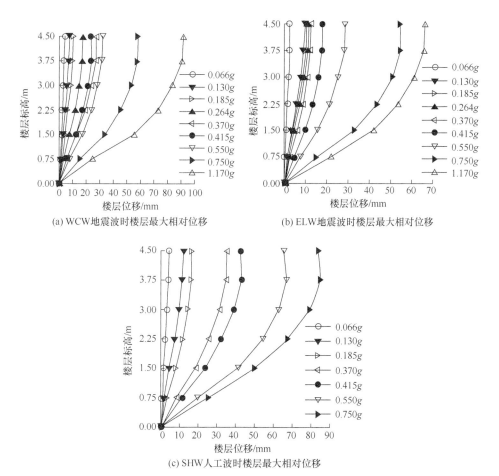

(a) WCW地震波时楼层最大相对位移

(b) ELW地震波时楼层最大相对位移

(c) SHW人工波时楼层最大相对位移

图 4.39 WCW、ELW 和 SHW 地震波下楼层最大相对位移反应

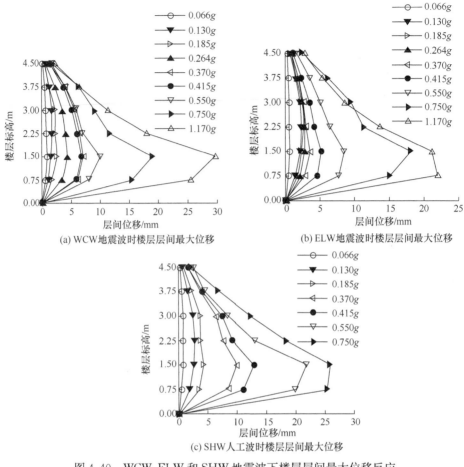

(a) WCW地震波时楼层层间最大位移

(b) ELW地震波时楼层层间最大位移

(c) SHW人工波时楼层层间最大位移

图 4.40　WCW、ELW 和 SHW 地震波下楼层层间最大位移反应

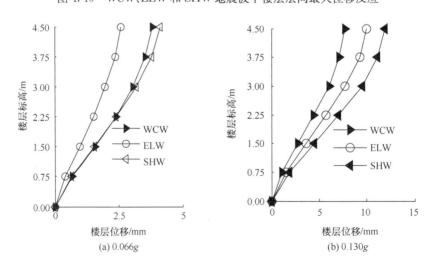

(a) 0.066g

(b) 0.130g

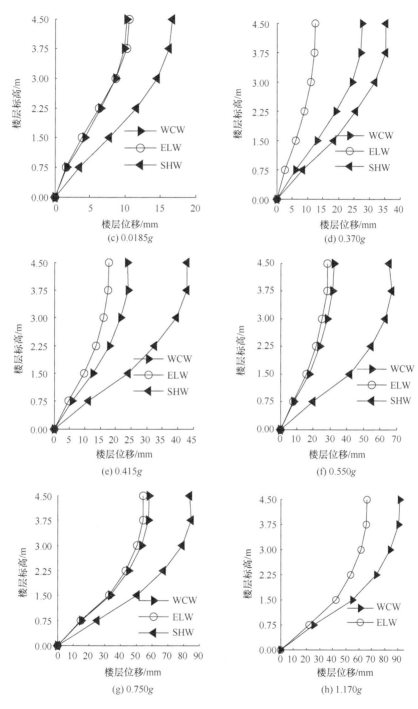

图 4.41　WCW、ELW 和 SHW 地震波下楼层最大相对位移反应对比图

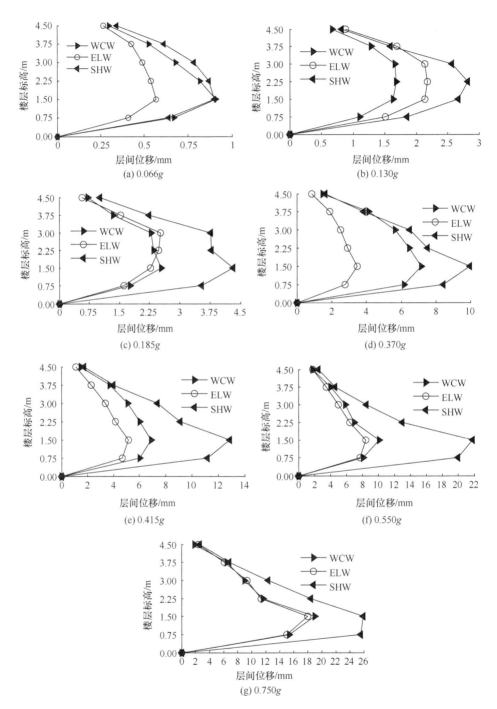

图 4.42　WCW、ELW 和 SHW 地震波下楼层层间最大位移反应对比图

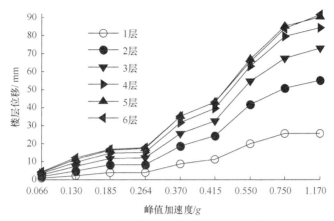

图 4.43　地震试验中各楼层最大相对位移反应

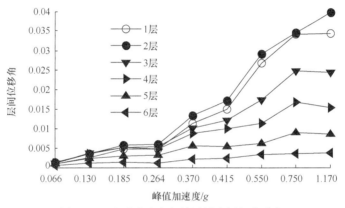

图 4.44　地震试验中各楼层最大层间位移角

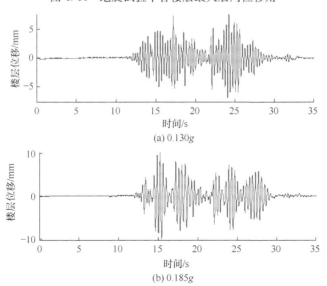

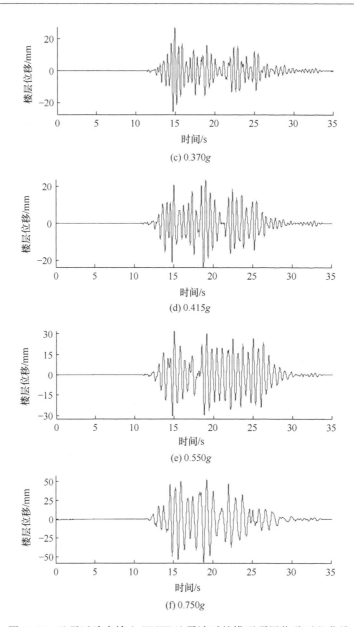

(c) 0.370g

(d) 0.415g

(e) 0.550g

(f) 0.750g

图 4.45　地震试验中输入 WCW 地震波时的模型顶层位移时程曲线

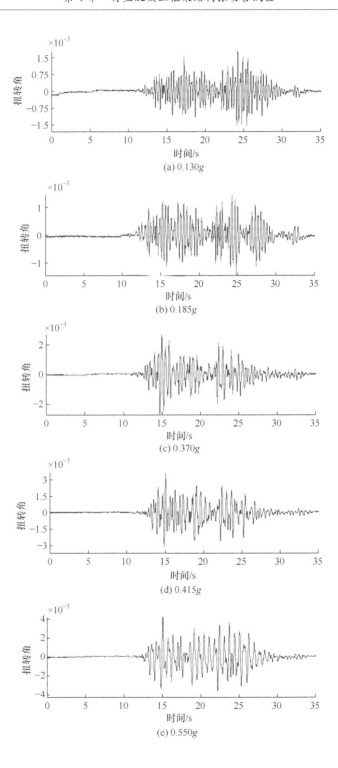

(a) 0.130g

(b) 0.185g

(c) 0.370g

(d) 0.415g

(e) 0.550g

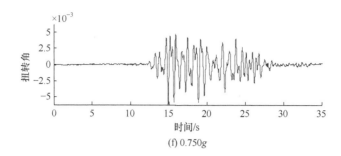

(f) 0.750g

图 4.46　地震试验中输入 WCW 地震波时的模型西立面顶层扭转时程曲线

3. 地震作用力反应

普通混凝土框架抗震设计中,无论是底部剪力法还是 Push-over 分析方法,都是假定各层最大地震作用力沿结构高度方向具有确定的分布,之后按静力分析的方法处理,因此分析模型结构在振动台试验中的地震作用分布特点,对建筑结构分析与设计是具有参考价值的。按同样的方法分析再生混凝土框架结构,按静力分析方法将结构质量集中于若干离散节点上,而结构的刚度特性、阻尼特性与荷载特征也相应被集中于这些质量点的自由度方面,即构成集中质量法[59]。

设建筑结构第 i 层集中质量为 m_i,地面水平位移为 $u_g(t)$,地震作用下第 i 楼层相对位移为 $u_i(t)$,该楼层质点的运动方程为

$$m_i\ddot{u}_i(t)\sum_{j=1}^{n}k_{ij}u_j(t)+\sum_{j=1}^{n}c_{ij}\dot{u}_j(t)=-m_i\ddot{u}_g(t) \qquad (4.5)$$

该楼层所受的最大地震作用力为

$$F_{imax}=m_i|\{\ddot{u}_i(t)+\ddot{u}_g(t)\}_{max}| \qquad (4.6)$$

式中,k_{ij} 为其余质点不动,第 j 个质点产生单位位移时第 i 个质点产生的弹性反力;c_{ij} 为其余质点速度为 0,第 j 个质点产生单位速度时第 i 个质点产生的阻尼力;$\ddot{u}_i(t)+\ddot{u}_g(t)$ 为第 i 楼层的绝对加速度反应,由该楼层布置的加速度传感器测得。

振动台试验中加速度测点分别布置在 1~5 楼层层顶和屋顶 6 个标高处,因此将模型的质量在上述 6 个部位简化为 6 个质点 m_1、m_2、m_3、m_4、m_5 和 m_6。质点质量计算如下。

m_1=1/2×(1 层框架柱自重)+1 层楼面自重和附加质量+1/2×(2 层框架柱自重)=2356.61kg;m_2~m_5 分别与 m_1 相等;m_6=1/2×(6 层框架柱自重)+屋面自重和附加质量= 2129.36kg。

根据式(4.6)可计算出模型各层的最大地震作用力。表 4.20 表示各试验阶段的各楼层最大地震力反应;图 4.47(a)~图 4.47(c)分别表示 WCW、ELW 和 SHW 地震波下的楼层最大地震力分布;图 4.48 表示各工况的各楼层最大地震力

分布。

　　分析表 4.20、图 4.47 和图 4.48 的数值和曲线,可以看出:在 $0.066g\sim0.370g$ 的地震试验中,随着地震加速度峰值的提高,各楼层的地震力在总的趋势上是逐渐增大的;$0.370g$ 地震试验后,随着地震加速度峰值的增加,地震力可能随之减小。地震作用力的变化规律比较复杂,这与结构的特性(层间刚度、各层强度)、非弹性变形的发展以及台面输入地震波的频谱特性等因素有关。结构在弹性阶段,地震力沿模型高度方向的分布基本上符合倒三角形分布形式,或者稍加修正后采用倒三角形是可以接受的,在一定程度上能够反映结构的真实地震作用力分布。弹性阶段的地震力可以忽略高阶振型的影响。随着弹塑性的发展,高阶振型影响逐渐增大,地震力分布不再适合采用倒三角形分布形式。在严重弹塑性阶段,地震作用力可能随输入地面峰值加速度的增加而降低。不同地震波的频谱特征不仅对地震力的大小有很大影响,而且会影响其分布形式,3 条地震波中,上海人工波的地震力反应最为强烈。

表 4.20　各工况的各楼层最大地震力

峰值加速度/g		楼层最大地震力/kN					
		1 层顶	2 层顶	3 层顶	4 层顶	5 层顶	屋顶
0.066	WCW	1.6789	3.3486	4.3190	4.7240	4.8850	4.8395
	ELW	1.1972	2.1139	2.6143	2.8263	3.1285	3.7082
	SHW	1.7997	2.9531	3.7878	4.3640	5.1702	4.8405
0.130	WCW	4.4146	6.1407	6.5792	7.5951	7.5856	9.2269
	ELW	5.9115	8.5501	9.8299	9.5539	11.0467	12.9421
	SHW	5.0062	7.5438	8.6096	8.9264	10.1649	10.6122
0.185	WCW	5.8010	8.1971	9.1588	9.8964	9.5065	12.3224
	ELW	5.6350	6.7916	7.7180	8.6366	9.6459	11.5846
	SHW	6.5143	8.9998	10.1261	12.0878	12.8533	14.6347
0.264	WCW	8.1995	11.7710	15.3833	10.6183	—	13.9303
	ELW	6.0538	6.5443	8.7906	7.5107	—	10.0118
0.370	WCW	12.9277	14.4786	15.6235	16.4171	17.1598	22.5977
	ELW	6.6523	9.4540	9.2217	8.1887	7.5682	8.9184
	SHW	9.9078	14.4886	15.6409	17.7842	15.8846	15.8014
0.415	WCW	13.5318	16.8294	17.0657	13.8229	13.7714	19.2334
	ELW	7.4805	9.5639	9.4925	7.0638	8.1050	9.9901
	SHW	11.7519	16.4174	17.5312	18.5277	16.7453	18.2466

续表

峰值加速度/g		楼层最大地震力/kN					
		1层顶	2层顶	3层顶	4层顶	5层顶	屋顶
0.550	WCW	11.9991	17.1869	15.4085	12.8183	16.4960	20.9138
	ELW	11.6997	12.4442	11.5283	10.0094	11.2128	15.8927
	SHW	11.7789	15.4351	17.5263	17.0912	17.2833	20.4181
0.750	WCW	14.8886	17.4945	16.6447	14.7752	20.6851	22.4747
	ELW	17.0102	16.0763	15.5986	12.0304	17.1964	25.1799
	SHW	21.0665	19.1221	17.6349	18.7674	21.3147	23.0881
1.170	WCW	14.9601	16.2421	17.2008	17.3521	15.6620	23.3361
	ELW	17.7527	21.3171	15.5554	16.5518	13.7490	26.9802

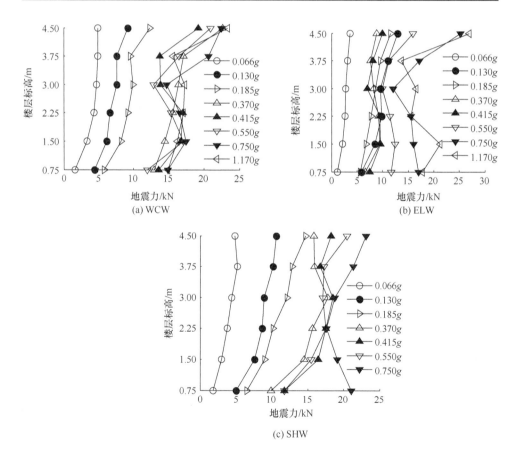

图4.47　不同地震波下楼层地震力分布

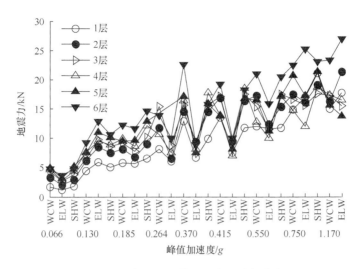

图 4.48　各工况的楼层最大地震力分布

4. 剪力反应、剪重比和倾覆力矩

模型楼层剪力反映了地震内力的大小,楼层剪力等于该楼层以上各质点惯性力的叠加。由公式(4.5)和公式(4.6)可推导出第 i 层的楼层剪力:

$$V_i(t) = \sum_{j=i}^{n} F_j(t) = -\sum_{j=i}^{n} m\{\ddot{u}_j(t) + \ddot{u}_g(t)\} \tag{4.7}$$

式中,n 为总层数;m_j 为对应 j 层的集中质量;$F_j(t)$ 为第 j 层的地震力。

根据式(4.7)计算得到的各楼层剪力最大值见表 4.21 及如图 4.49 和图 4.50 所示。表 4.21 为各试验阶段的各楼层最大层剪力和最大剪重比;表 4.22 为试验模型的动力放大系数;图 4.49(a)～图 4.49(c)分别表示 WCW、ELW 和 SHW 地震波下的最大层剪力分布;图 4.50 表示各工况的最大楼层剪力分布;图 4.51 表示各楼层最大地震力与基底总剪力的比值;图 4.52 表示各个试验阶段的 WCW、ELW 和 SHW 地震波下的基底最大剪力动力放大系数变化曲线及相应的拟合曲线;表 4.23 列出了各试验阶段的各楼层最大倾覆力矩;图 4.53 表示各楼层最大倾覆力矩分布;图 4.54 表示各个试验阶段的 WCW、ELW 和 SHW 地震波下的基底最大倾覆力矩动力放大系数变化曲线及相应的拟合曲线;图 4.55 表示各个试验阶段的最大基底剪重比;图 4.56 表示最大基底剪重比拟合曲线。

由表 4.21 以及图 4.49 和图 4.50 的数据和曲线,对结构楼层剪力进行分析,不难看出:在同一工况下,各楼层的最大层剪力沿楼层高度方向总体上呈递减趋势,楼层剪力不仅与层间刚度和各层强度有关,同时受到高阶振型以及台面输入地震波频谱特性等因素的影响。楼层剪力可能会出现沿楼层高度方向减小的现象。

　　在弹性阶段,随着地震强度的增加,各楼层的层剪力逐渐增加,基底剪力最大;进入弹塑性阶段后,结构发生损坏,模型水平抗侧移刚度退化,随着地震强度的不断增加,结构破坏程度加剧,楼层剪力随之增大,当模型达到承载能力极限状态后,随着地震加速度峰值的提高,模型楼层剪力随之下降。整个试验过程中,在 $0.066g \sim$ $0.415g$ 的地震试验阶段,模型底部剪力最大值逐渐增加。在 $0.415g$ 的地震试验中,各层的最大层剪力已达到或接近极限值,部分梁端已形成塑性铰,模型发生严重破坏,这与观察到的宏观现象是一致的。$0.550g$ 地震水准后,底部剪力最大值呈下降趋势,模型发生很严重的破坏。输入加速度峰值大小相同的不同地震波,结构层剪力的大小以及其沿模型高度方向的变化趋势均不相同。SHW 地震波引起的结构层剪力反应最大,WCW 地震波次之,ELW 波最小,这和地震波的频谱特性、持续时间等因素有关。

　　图 4.51 的曲线表明,由于地震波和地震强度不同,结构的动力特性也有变化,随着输入加速度峰值的不断增大,不同楼层的地震力与基底总剪力的比值随之变化。本试验中得到的各层地震力与基底总剪力比值的变化规律与文献[50]有所不同。1 层地震力与基底总剪力的比值在 $7.26\% \sim 38.21\%$;2 层地震力与基底总剪力的比值在 $14.48\% \sim 45.88\%$;3、4、5 层地震力与基底总剪力的比值比较接近,在 $18.68\% \sim 35.63\%$;6 层地震力与基底总剪力的比值在 $20.93\% \sim 58.07\%$。

　　表 4.22 列出了模型在各个工况时的结构的基底剪力和基底倾覆力矩的动力放大系数。表中基底剪力动力放大系数为

$$\beta_Q = \frac{基底最大剪力}{台面加速度峰值 \times 结构总质量} = \frac{|Q|_{\max}}{m|A|_{\max}}$$

基底倾覆力矩动力放大系数为

$$\beta_M = \frac{基底最大倾覆力矩}{台面加速度峰值 \times 结构总质量 \times \dfrac{2}{3}结构总高度} = \frac{|M|_{\max}}{\dfrac{2}{3}m|A|_{\max}H}$$

　　图 4.52 和图 4.54 绘出了两个动力放大系数的变化曲线及相应的拟合曲线,图中以第 1 次地震波输入时的模型结构反应动力放大系数作为标准,表 4.22 以及图 4.52、图 4.54 的数值和曲线表明,模型在经历了弹性、弹塑性直至发生很严重破坏的各个工况的地震模拟试验中,其最大反应动力放大系数在总体上呈不断下降的趋势。整个地震试验过程中,WCW 地震波时的结构反应动力放大系数变化曲线较光滑,没有明显突出的拐点。在 $0.130g$、$0.550g$ 和 $0.750g$ 的地震试验中,ELW 地震波时的结构反应动力放大系数变化曲线上有明显的拐点。通过对图 4.52 中的试验数据进行拟合,可以得到如下关系式:

$$f_1(\mathrm{PGA}) = \frac{0.2736}{\mathrm{PGA} + 0.2076}, \quad \mathrm{PGA} \geqslant 0.066g \tag{4.8}$$

式中,f_1 为基底剪力动力放大系数比;PGA 为以 g 为单位的地面加速度峰值。拟合数据和原始数据对应点之间的和方差(SSE)为 0.1862,均方根(RMSE)为 0.0941。

通过对图 4.54 中的试验数据进行拟合,可以得到如下关系式:

$$f_2(\text{PGA}) = \frac{0.2409}{\text{PGA} + 0.1749}, \quad \text{PGA} \geqslant 0.066g \tag{4.9}$$

式中,f_2 为基底倾覆力矩动力放大系数比;PGA 为以 g 为单位的地面加速度峰值。拟合数据和原始数据对应点之间的和方差(SSE)为 0.1428,均方根(RMSE)为 0.0825。

拟合优度的分析结果表明,所求的拟合曲线对原始数据拟合良好。由拟合曲线可以看出,模型刚进入弹塑性阶段时,结构最大反应动力放大系数下降较快,弹塑性阶段的后期,结构最大反应动力放大系数下降速度趋于平缓。这与结构抗侧移刚度的变化规律一致。

表 4.23 和图 4.53 中的数据和曲线表明:0.066g~0.415g 的地震试验中,同一地震水准下,各楼层的最大倾覆力矩沿楼层高度方向呈递减趋势;随着地震强度的增加,各楼层的倾覆力矩也逐渐增加。在 0.415g 地震中,模型发生严重破坏,随后的地震试验中,模型最大层倾覆力矩分布发生变化,底层最大倾覆力矩与上一层接近。在 0.750g 的地震试验中,底层最大倾覆力矩为 212.7832kN·m,而上一层的最大倾覆力矩为 217.1979kN·m,底层最大倾覆力矩略小于上一层最大倾覆力矩。

分析图 4.55 的曲线可以看出:0.066g~0.415g 的地震模拟试验中,随着台面输入地震波加速度幅值的不断提高,模型最大基底剪重比随之增大,在 0.415g 地震试验中,模型发生严重破坏,基底剪力已达到和接近极限值,相应的最大基底剪重比也达到最大,最大值为 54.02%。随后的地震试验中,模型最大基底剪重比逐渐降低,在 1.170g 的地震试验中,模型最大基底剪重比为 36.9%,比最大值下降了 34.08%。表 4.21 中的数据表明,模型最大基底剪重比值符合现行国家标准 GB 50011—2010[44] 和现行行业标准《高层建筑混凝土结构技术规程》(JGJ 3—2010)[60] 的有关规定的要求。

图 4.56 标出了不同试验阶段的地面峰值加速度和相应的最大基底剪重比,通过对该图中的试验数据进行曲线拟合,得到如下关系式:

$$f_3(\text{PGA}) = \frac{0.7542 \times \text{PGA} - 0.01096}{\text{PGA}^2 + 0.3954 \times \text{PGA} + 0.2364}, \quad \text{PGA} \geqslant 0.066g \tag{4.10}$$

式中,f_3 为最大基底剪重比;PGA 为以 g 为单位的地面加速度峰值。拟合数据和原始数据对应点之间的和方差(SSE)为 0.0008,近似为 0,均方根(RMSE)为 0.0144,拟合数据和原始数据平均值的确定系数(R-square)为 0.9941,接近于 1,

说明该拟合曲线方程对试验数据拟合得很好。

式(4.10)对再生混凝土框架结构抗震设计具有重要的参考价值,当已知地面加速度峰值时,可以根据该式确定最大基底剪重比,结合本节中关于楼层地震力与基底总剪力比值的变化规律,可以确定各层的楼层剪力,从而用于抗侧力构件的结构设计。需要说明的是,式(4.10)可能会根据结构质量分布的不同有所变化。

表 4.21　各工况的各楼层最大楼层剪力和最大基底剪重比

峰值加速度/g		最大层剪力/kN						最大基底剪重比/%
		1 层	2 层	3 层	4 层	5 层	顶层	
0.066	WCW	23.1255	21.5836	18.2350	13.9600	9.7245	4.8395	16.96
	ELW	11.9506	11.8462	10.7367	8.8585	6.5391	3.7082	8.77
	SHW	19.8334	19.2847	17.4720	14.2049	9.8464	4.8405	14.55
0.130	WCW	28.1767	27.6710	25.4442	20.3095	16.2589	9.2269	20.67
	ELW	34.8653	31.9151	29.9466	25.9410	18.3479	12.9421	25.57
	SHW	39.6552	38.1461	34.1070	27.8994	19.2190	10.6122	29.09
0.185	WCW	35.0841	34.1384	29.6958	23.6520	17.0856	12.3224	25.73
	ELW	29.6191	29.8330	29.1139	25.8571	19.7517	11.5846	21.72
	SHW	47.5835	43.4510	37.8832	33.1923	23.9588	14.6347	34.90
0.370	WCW	59.3614	52.2362	46.6572	40.8572	33.5878	22.5977	43.54
	ELW	28.1255	24.4636	17.7025	16.0851	12.5109	8.9184	20.63
	SHW	70.3496	60.5590	50.7884	41.3607	29.8851	15.8014	51.60
0.415	WCW	50.9450	39.8363	37.9136	30.9258	26.6636	19.2334	37.37
	ELW	34.2775	27.1308	22.3130	19.3278	15.2311	9.9901	25.14
	SHW	73.6576	63.8466	55.1798	45.2086	30.2469	18.2466	54.02
0.550	WCW	52.0284	45.8236	35.7350	34.2195	27.1701	20.9138	38.16
	ELW	39.1153	35.1045	29.9377	26.4579	22.2362	15.8927	28.69
	SHW	72.7996	68.0001	57.3618	44.7950	30.6706	20.4181	53.40
0.750	WCW	63.0086	56.5948	47.3353	49.3562	40.7320	22.4747	46.21
	ELW	58.7864	50.6166	42.4494	42.3012	35.6562	25.1799	43.12
	SHW	68.4651	62.5487	62.8147	51.2126	42.1352	23.0881	50.22
1.170	WCW	57.4586	54.1777	47.4504	42.0929	29.8590	23.3361	42.14
	ELW	46.4589	36.4592	33.4712	27.2606	30.1428	26.9802	34.08

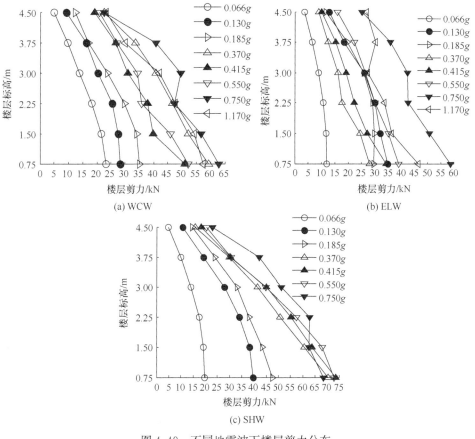

(a) WCW

(b) ELW

(c) SHW

图 4.49　不同地震波下楼层剪力分布

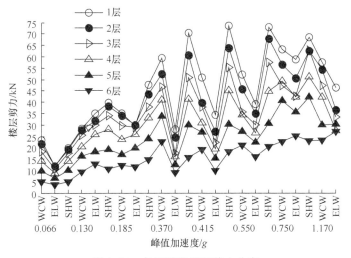

图 4.50　各工况的楼层剪力分布

表 4.22 不同地震水准下的模型动力放大系数

峰值加速度/g		最大基底剪力			最大基底倾覆力矩		
		mA_{max}/kN	Q_{max}/kN	β_Q	$2/3mHA_{max}$/(kN·m)	M_{max}/(kN·m)	β_M
0.066	WCW	9.3566	23.1255	2.4716	28.0698	67.7927	2.4152
	ELW	8.4506	11.9506	1.4142	25.3519	39.0163	1.5390
	SHW	7.9112	19.8334	2.5070	23.7335	64.1114	2.7013
0.130	WCW	18.9063	28.1767	1.4903	56.7190	90.8052	1.6010
	ELW	27.2966	34.8653	1.2773	81.8898	107.0591	1.3074
	SHW	19.2160	39.6552	2.0636	57.6481	125.6205	2.1791
0.185	WCW	29.2955	35.0841	1.1976	87.8865	107.3790	1.2218
	ELW	27.5402	29.6191	1.0755	82.6207	104.0392	1.2592
	SHW	24.0088	47.5835	1.9819	72.0265	144.4470	2.0055
0.370	WCW	58.6203	59.3614	1.0126	175.8609	165.4321	0.9407
	ELW	47.8358	28.1255	0.5880	143.5074	66.0429	0.4602
	SHW	50.3076	70.3496	1.3984	150.9229	190.5268	1.2624
0.415	WCW	56.7920	50.9450	0.8970	170.3759	117.0347	0.6869
	ELW	54.9831	34.2775	0.6234	164.9494	80.5155	0.4881
	SHW	53.7968	73.6576	1.3692	161.3903	198.8255	1.2320
0.550	WCW	67.2776	52.0284	0.7733	201.8328	125.1909	0.6203
	ELW	68.0028	39.1153	0.5752	204.0084	110.3637	0.5410
	SHW	80.4035	72.7996	0.9054	241.2104	209.9948	0.8706
0.750	WCW	110.1261	63.0086	0.5721	330.3782	170.0681	0.5148
	ELW	91.9842	58.7864	0.6391	275.9526	149.0987	0.5403
	SHW	100.6193	68.4651	0.6804	301.8579	212.7832	0.7049
1.170	WCW	135.2604	57.4586	0.4248	405.7811	175.5317	0.4326
	ELW	112.1900	46.4589	0.4141	336.5699	117.0596	0.3478

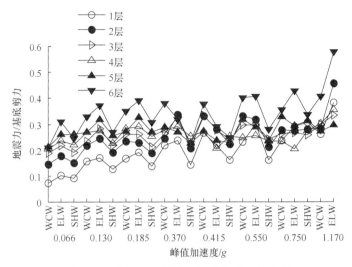

图 4.51　各楼层地震力与基底总剪力的比值

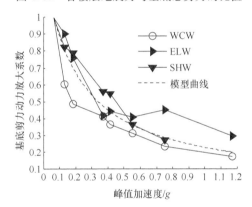

图 4.52　基底剪力动力放大系数变化曲线

表 4.23　不同地震强度下各楼层的最大层倾覆力矩

峰值加速度/g	最大层倾覆力矩/(kN·m)					
	1层	2层	3层	4层	5层	顶层
0.066	64.1114	63.6998	60.9807	53.6297	40.5543	21.7822
0.130	125.6205	124.4297	118.6984	105.1038	79.2379	47.7549
0.185	144.4470	141.3332	136.6777	126.3000	98.5995	65.8562
0.370	190.5268	184.1521	173.8710	153.4431	123.9202	71.1065
0.415	198.8255	197.6977	191.9687	169.5335	123.8945	82.1099
0.550	209.9948	206.4429	194.6183	167.4285	125.0554	91.8816
0.750	212.7832	217.1979	210.5293	199.9667	173.6223	103.8965

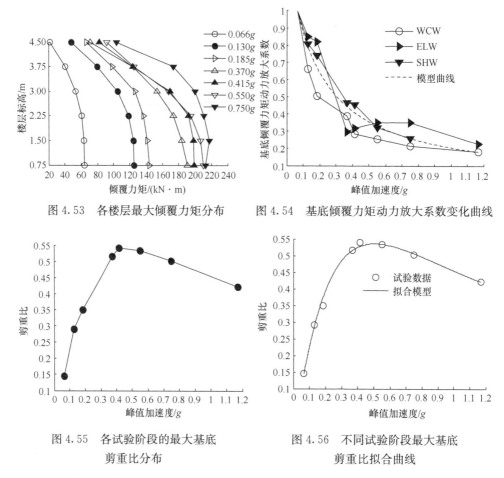

图 4.53　各楼层最大倾覆力矩分布

图 4.54　基底倾覆力矩动力放大系数变化曲线

图 4.55　各试验阶段的最大基底
剪重比分布

图 4.56　不同试验阶段最大基底
剪重比拟合曲线

5. 应变反应

在试验模型的 2~3 层角柱底部,共布置了 8 个应变传感器,用来监测框架模型在整个试验过程中的应变反应和混凝土裂缝开展情况,应变片布置示意图如图 4.15 和图 4.15 所示。在各个试验阶段,应变片的位置保持不变。不同地震水准下再生混凝土框架模型结构应变时程曲线和最大应变曲线如图 4.57 和图 4.58 所示;表 4.24 列出了不同地震水准下,试验模型 2~3 层角柱底部的混凝土最大压应变。表 4.24 以及图 4.56 和图 4.57 的数据和曲线表明:在 0.066g 地震水准下,最大压应变为 693×10^{-6},结构处于线弹性工作状态,在 0.130g 地震水准下,最大压应变为 1135×10^{-6},结合试验现象(4.4 节)和结构动力特性分析(4.5.1 节)可以看出,模型开始进入弹塑性工作阶段。随着地震强度的不断增加,结构应变反应也随之增大,在 0.415g 地震水准下,3 层柱 KZ1 底部混凝土最大压应变为 1854×10^{-6},已接近再生混凝土峰值压应变,说明在 0.415g 的地震试验中,模型结构接近承载能力极限状态。在同一地震水准作用下，3 条地震波在同一测点处的应变反应不同，上海人工波时的应变反应最大，造成这种差别的主要原因是 3 条地震波相应的频谱特性、持续时间不同。

模型结构第 3 层角柱底部的混凝土最大应变反应大于第 2 层角柱底部的混凝土最大应变反应。产生这种现象的原因，可能是试验阶段后期，模型第 2 层破坏严重，其角柱底部测点的应变传感器受到了干扰。

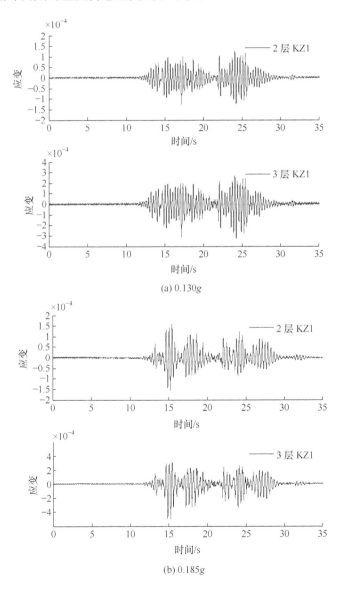

(a) 0.130g

(b) 0.185g

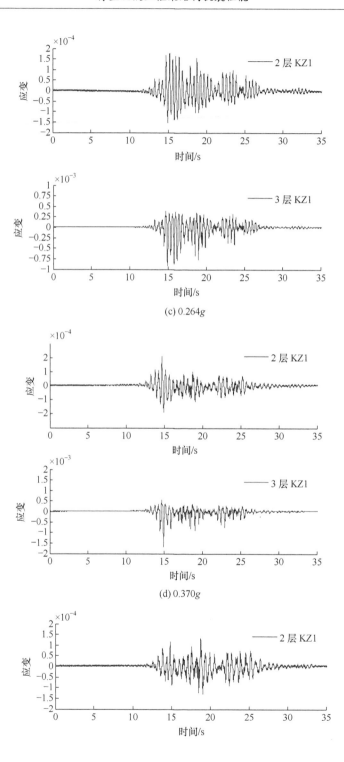

(c) 0.264g

(d) 0.370g

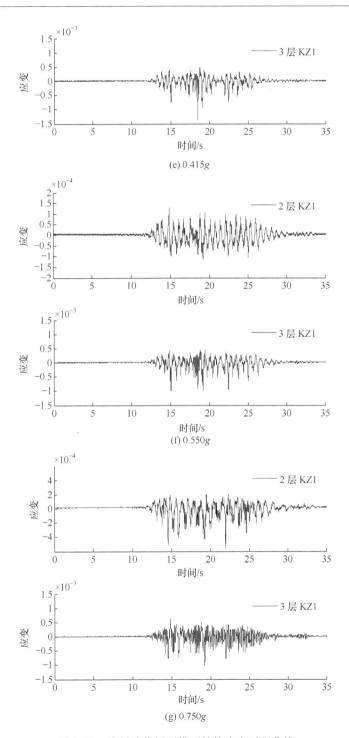

图 4.57　汶川波作用下模型结构应变时程曲线

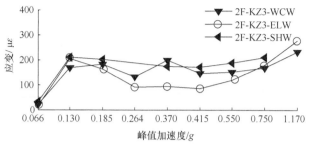

(a) 2层角柱KZ3

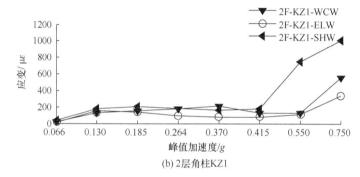

(b) 2层角柱KZ1

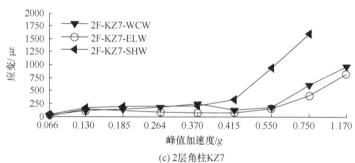

(c) 2层角柱KZ7

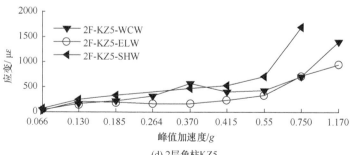

(d) 2层角柱KZ5

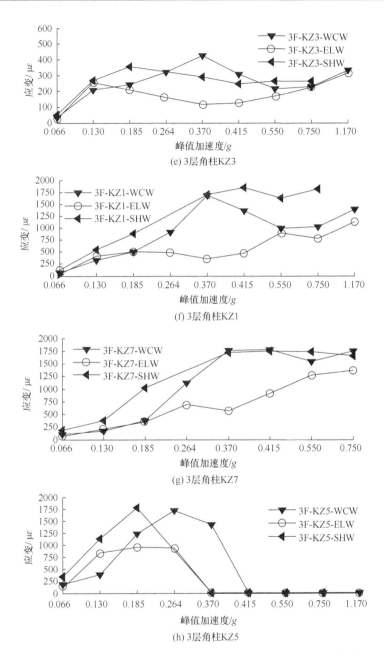

(e) 3层角柱KZ3

(f) 3层角柱KZ1

(g) 3层角柱KZ7

(h) 3层角柱KZ5

图 4.58　不同地震水准下再生混凝土框架模型结构最大应变曲线

表 4.24　各个工况的模型角柱底部混凝土最大应变/10^{-3}

楼层		2				3			
角柱		KZ3	KZ1	KZ7	KZ5	KZ3	KZ1	KZ7	KZ5
0.066g	WCW	0.021	0.024	0.018	0.035	0.034	0.064	0.108	0.184
	ELW	0.015	0.016	0.011	0.021	0.024	0.037	0.064	0.107
	SHW	0.032	0.041	0.032	0.089	0.052	0.119	0.182	0.347
0.130g	WCW	0.167	0.127	0.117	0.162	0.207	0.329	0.170	0.392
	ELW	0.205	0.156	0.141	0.197	0.258	0.413	0.211	0.833
	SHW	0.211	0.184	0.171	0.237	0.270	0.548	0.373	1.135
0.185g	WCW	0.182	0.158	0.140	0.219	0.244	0.498	0.380	1.228
	ELW	0.162	0.137	0.116	0.188	0.208	0.507	0.355	0.961
	SHW	0.202	0.205	0.192	0.321	0.358	0.878	1.021	1.769
0.264g	WCW	0.1333	0.1765	0.1768	0.3062	0.3231	0.9132	1.1114	1.7127
	ELW	0.0901	0.0939	0.0916	0.1615	0.1617	0.4889	0.6950	0.9386
0.370g	WCW	0.199	0.214	0.246	0.564	0.429	1.688	1.760	—
	ELW	0.093	0.076	0.080	0.166	0.117	0.363	0.575	—
	SHW	0.1749	0.167	0.205	0.472	0.290	1.706	1.716	—
0.415g	WCW	0.145	0.132	0.127	0.400	0.310	1.365	1.769	—
	ELW	0.086	0.077	0.079	0.235	0.127	0.479	0.913	—
	SHW	0.172	0.178	0.327	0.524	0.250	1.854	1.741	—
0.550g	WCW	0.1508	0.1298	0.1823	0.4182	0.2152	0.9963	1.5449	—
	ELW	0.1179	0.1125	0.1573	0.3311	0.1665	0.8926	1.2613	—
	SHW	0.1880	0.7486	0.9519	0.6998	0.2671	1.6335	1.7276	—
0.750g	WCW	0.1690	0.5596	0.6080	0.7067	0.2310	1.0239	1.7431	—
	ELW	0.1785	0.3405	0.4155	0.7162	0.2245	0.7770	1.3624	—
	SHW	0.2088	1.0138	1.5994	1.6913	0.2631	1.8169	1.6514	—
1.170g	WCW	0.2306	0.0278	0.9672	1.3991	0.3350	1.3871	1.2774	—
	ELW	0.2768	0.0278	0.8233	0.9426	0.3191	1.1366	0.9282	—

注:在 0.370~1.170g 的地震试验中,3 层角柱 KZ5 下端部的应变传感器没有采集到数据。

4.5.3　结构抗震性能

1. 模型结构滞回曲线和耗能特性

根据框架模型屋顶相对位移以及结构的基底剪力可以得到房屋整体在地震试验中的荷载位移曲线,即滞回曲线。图 4.59 为试验模型在不同地震水准下 SHW 激振时的滞回曲线。根据图 4.59 中的滞回曲线,采用线性拟合的方法,可以得到结构等效抗侧移刚度,这个刚度的物理意义是将整体结构等效为单自由度体系,将质量集中于屋顶标高处的抗侧移刚度,虽然等效抗侧移刚度不是结构的真实刚度,但是它能在某种程度上反映结构的抗侧移能力,并可用于基于性能的抗震设计[50]。结合试验现象(4.4 节)和结构动力特性(4.5.1 节)分析图 4.59,通过分析不难看出,0.066g 的地震试验中,荷载和位移之间呈线性关系,说明结构保持线性状态,模型保持完好,这和 4.5.2 节得出的结论一致;0.130g 的地震试验中,荷载和位移之间不再满足线性关系,结构反应表现出一定的非线性,说明模型开始进入弹塑性阶段,结构自振频率下降,抗侧移刚度开始退化,模型发生很轻微的破坏;0.185g~0.264g 的地震试验中,滞回曲线出现轻微的捏拢效应现象,结构弹塑性进一步发展,模型发生轻微的破坏;当顶层位移达到 35mm(0.370g)时,结构整体抗侧移刚度出现明显退化,滞回曲线捏拢效应增强,模型发生中等程度的损伤;在 0.415g 地震作用下,模型顶层最大相对位移为 42.900mm,最大底部剪力接近极限承载能力,结构进入承载力极限状态,模型发生严重损伤;0.415g 地震试验后,随着输入地面峰值加速的增加,模型伤损伤随之加剧,框架模型结构发生较大的非弹性变形,结构进入严重弹塑性阶段,滞回曲线的捏拢效应现象更加明显,非周期荷载下的滞回曲线表现得更是十分杂乱。等效抗侧移刚度随着地震强度的增加而逐渐减小,0.066g 地震试验中等效抗侧移刚度最大为 4.658kN/mm,0.750g 地震试验中等效抗侧移刚度降低为 0.5409kN/mm,说明在地震试验后期,框架模型发生很严重破坏,等效抗侧移刚度退化非常严重。

图 4.60 和图 4.61 为试验模型在 0.550g 和 0.750g 地震试验中 SHW 激振时各楼层层间剪力和层间位移的滞回曲线,各楼层的层间刚度见表 4.25。从表 4.25 以及图 4.60 和图 4.61 中的数据和曲线可以看出,楼层层间刚度随着地震强度的增加而逐渐退化变小。0.415g、0.550g 和 0.750g 地震试验中的 2 层层间刚度分别为 4.009kN/mm、2.419kN/mm 和 1.627kN/mm,小于其他各层的层间刚度,说明在地震模拟试验中,框架模型第 2 层的破坏最为严重,层间刚度退化最为明显。地震试验后期,模型下部几层破坏严重,其相应层间滞回曲线捏拢效应现象也更加明显。从第 3 层开始,随着楼层数的增加,模型楼层层间刚度随之增大。顶层层间刚度退化最小,该层构件破坏程度也最轻。由于顶层层间位移较小,和其他楼层相比较,该层的滞回曲线表现得十分杂乱。

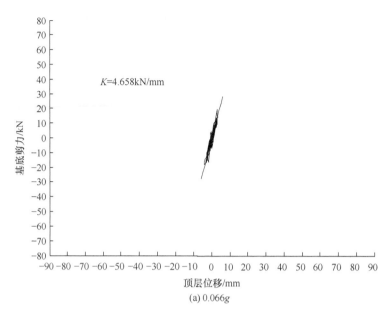

(a) 0.066g

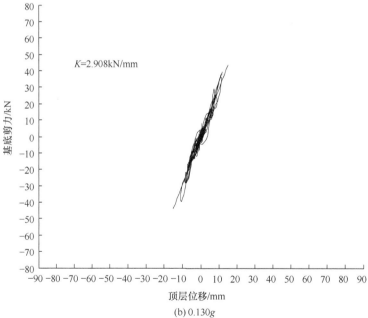

(b) 0.130g

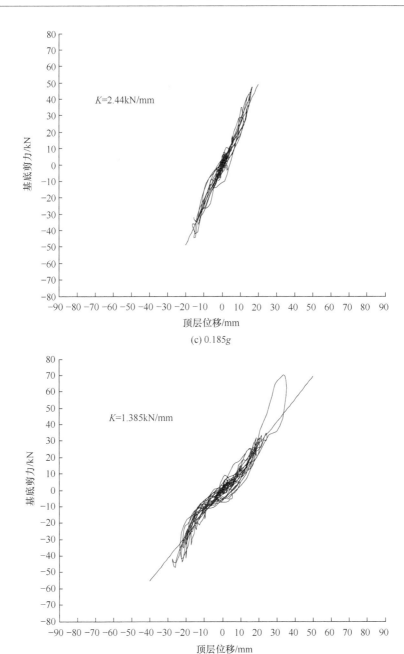

(c) 0.185g

(d) 0.370g

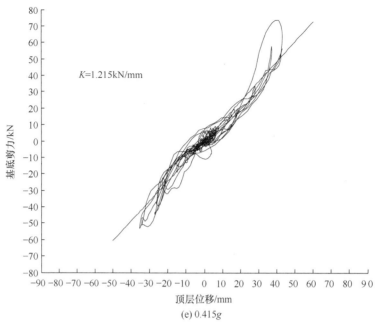

(e) 0.415g

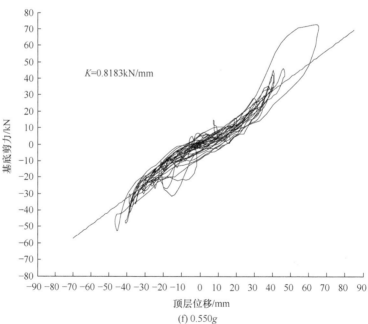

(f) 0.550g

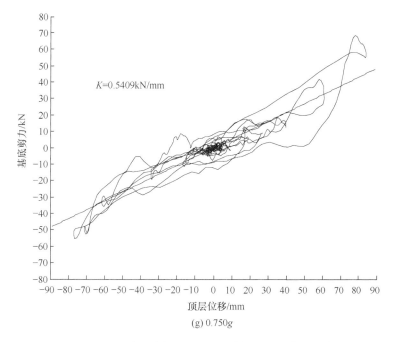

(g) 0.750g

图 4.59　不同地震水准下 SHW 波激振时的滞回曲线

表 4.25　各楼层层间刚度　　　　　　　　　　（单位：kN/mm）

楼层	1 层	2 层	3 层	4 层	5 层	顶层
0.415g	5.421	4.009	4.463	4.629	5.673	9.116
0.550g	3.110	2.419	3.028	3.694	4.811	8.164
0.750g	2.007	1.627	2.035	2.645	3.800	5.417

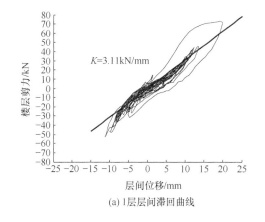

(a) 1 层层间滞回曲线

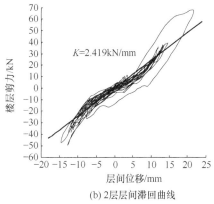

(b) 2 层层间滞回曲线

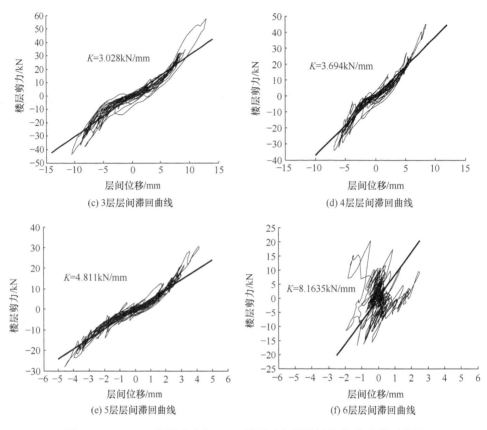

图 4.60　0.550g 地震试验中 SHW 激振时各层层间荷载-位移滞回曲线

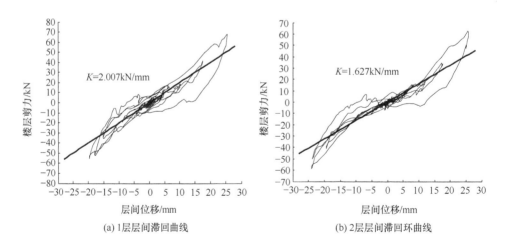

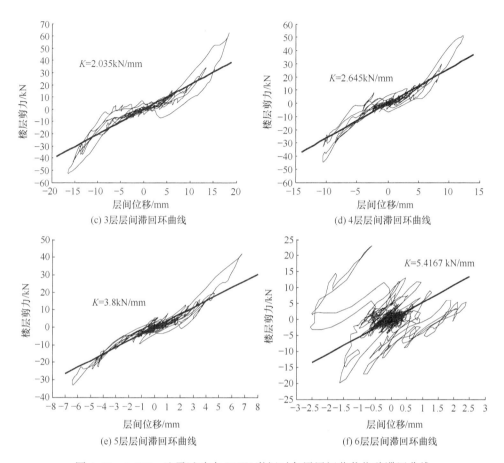

图 4.61　0.750g 地震试验中 SHW 激振时各层层间荷载位移滞回曲线

对每层层间滞回环曲线进行积分,可求得每层的耗能时程曲线,将模型每层的耗能时程曲线相加即可得到结构的总耗能。图 4.62 为 0.550g 地震试验中分别输入 WCW、ELW 和 SHW 波时的结构总耗能时程曲线。由该图可以看出,在地震强度相同、地震波不同的试验中,结构的耗能存在如下关系:SHW＞WCW＞ELW。比较其他试验阶段中结构的耗能,也有类似规律。在前面的分析中已知,由于这 3 条地震波的频谱特征和持续时间(图 4.6~图 4.8)不同。SHW 波在结构中引起的加速度反应、位移反应和地震力反应最大,ELW 波的反应最小,因此其相应的耗能也必然存在以上关系。相同地震强度的试验中,输入 SHW 波时的结构破坏程度往往大于另外两条地震波,这正是 SHW 波耗能较大的原因。

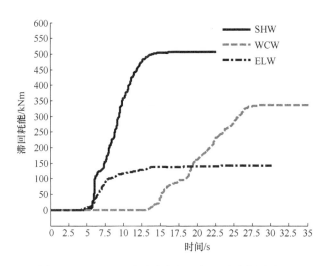

图 4.62　0.550g 地震试验中 3 条地震波能量对比

2. 能力曲线

根据各地震水准作用下的基底总剪力-顶层水平位移曲线,取各曲线中最大反应循环内并考虑各工况依次将模型结构产生的残余变形影响后的各个反应值绘制在同一坐标图中[47],采用指数函数形式进行拟合得到结构的能力曲线,如图 4.63 所示。图中的每个数据点代表一个试验工况,数据点旁边的标注为振动台台面实际输入的峰值加速度。能力曲线能够反映结构抗侧移能力的变化,曲线的斜率即为模型结构的整体抗侧移刚度。通过对图 4.63 中的试验数据进行曲线拟合,得到如下关系式:

$$S(\Delta)=126.2e^{-0.006579\Delta}-124.7e^{-0.04035\Delta}, \quad 0\leqslant\Delta\leqslant100 \qquad (4.11)$$

式中,S 为基底总剪力(kN);Δ 为以 mm 为单位的框架模型顶层相对于基础的位移。分析图 4.63 中的曲线可以看出如下结论:

(1) 在 0.066g 的地震试验中,模型顶层最大相对位移为 4.140mm,最大底部剪力大小约为结构极限承载力的 20%,基底剪重比在 0.17 以下,结构反应是弹性的,模型保持完好。

(2) 在 0.130g 的地震试验中,模型顶层最大相对位移为 11.887mm,最大底部剪力大小约为结构极限承载力的 50%,基底剪重比在 0.30 以下,该试验阶段结构开始进入弹塑性状态,模型发生很轻微破坏,梁端部出现细微裂纹。

(3) 在 0.185g～0.370g 的地震试验中,模型顶层最大相对位移在 16.697～35.268mm,最大底部剪力为极限承载力的 64%～94%,相应的基底剪重比在 0.35～0.52,结构强度和抗侧移刚度表现出明显退化,结构非弹性变形进一步增大,能力曲线在峰值加速度为 0.370g 的数据点位置出现明显拐点,表明结构内部钢筋屈服,模型发生中等程度的破坏。

(4) 在 0.415g 的地震试验中,模型顶层最大相对位移为 42.900mm,最大底部剪力已接近结构的极限承载能力,约占极限承载能力的 98.5%,基底剪重比约为 0.54。在后续的地震试验中,模型结构累积损伤进一步增加,底部剪力逐渐下降。

(5) 在 0.550g 的地震试验中,最大底部剪力约为极限承载力的 97%,基底剪重比约为 0.53,模型顶层最大相对位移为 65.509mm,框架模型顶层位移出现较大幅度的增长。

(6) 在 0.750g 的地震试验中,框架模型结构顶层最大相对位移为 83.929mm,最大底部剪力约为极限荷载的 88%,基底剪重比约为 0.50。

(7) 在 1.170g 的地震试验中,框架模型结构顶层最大相对位移约为 92mm,最大底部剪力约为结构极限荷载的 84%,基底剪重比约为 0.42。一般来讲,结构破坏荷载被指定为结构承受最大荷载的 85%,说明该模型结构在经历不同强度等级的地震试验后,遭受了很严重破坏。整个振动台试验完成后,模型仍没有倒塌,这也说明再生混凝土框架结构有良好的变形能力和抗地震能力。

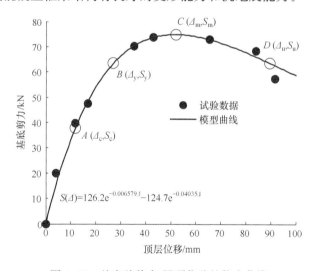

图 4.63　基底总剪力-屋顶位移的能力曲线

图 4.64 给出了框架模型的各层的层间能力曲线。由图中的曲线可以看出,模型底层和 2 层的非线性层间位移最大,相应的模型下部几层破坏也较为严重,顶层层间位移最小,该层构件的破坏程度也最小。1 层的初始层间刚度最大,随着层间位移的增大,地震波对结构造成的累积损伤也随之增加,楼层层间刚度发生退化。底层和 2 层层间刚度退化得较快。在模型的底层和 2 层表现出了明显的屈服特

征,能力曲线出现了下降段,表明模型的下面2层已进入了破坏状态。从整个结构来看,框架模型的第1层和第2层是结构的薄弱层。

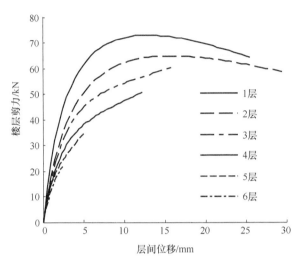

图 4.64　各楼层层间剪力-层间位移的能力曲线

3. 结构抗侧移刚度

能力曲线能够反映结构抗侧移能力的变化,曲线的斜率即为模型结构的整体抗侧移刚度,通过对公式(4.11)的拟合曲线函数求导,可以得到结构整体抗侧移刚度曲线函数:

$$K_L(\Delta) = 6.6528 e^{-0.0299\Delta} - 2.5823 e^{-0.0116\Delta}, \quad 0 \leqslant \Delta \leqslant 100 \tag{4.12}$$

式中,K_L 为结构整体抗侧移刚度(kN/mm);Δ 为以 mm 为单位的框架模型顶层相对于基础的位移。图 4.65 表示随着模型混凝土开裂程度的加剧,结构整体抗侧移刚度的变化规律,图中以地震反应试验前结构的初始刚度为基础,横坐标为结构顶层水平侧移,纵坐标为当前刚度 K_L 与初始刚度 K_{L0} 的比值。图 4.65 中的曲线表

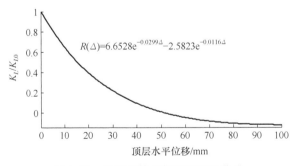

图 4.65　结构整体抗侧刚度变化曲线

明,框架模型在试验初期刚度退化较快,当混凝土出现开裂时,结构整体抗侧移刚度降到初始刚度的 71%。随着地震强度的增大,结构塑性变形不断发展,刚度退化速度变慢,整个刚度衰减比较均匀,没有明显的刚度突变。

4. 延性系数

结构的延性是指结构在外荷载作用下,变形超过屈服,结构进入塑性阶段后,在外荷载继续作用下,变形继续增长,结构不致破坏的性能。在结构抗震性能设计中,延性是一个重要的特性。它与强度同等重要,而且延性更有意义,是结构抗震能力的一个重要指标。结构的延性可以用总的极限变形来度量,也可以用非线性变形来度量,或是用力-变形曲线下的面积来表示,但普遍采用延性系数来度量。结构的延性系数是结构的极限变形与屈服变形之比:

$$u = \frac{\Delta_u}{\Delta_y} \tag{4.13}$$

式中,Δ_y 为屈服位移,在配筋根数少时,在钢筋有屈服点的受弯构件中,屈服荷载 P_y 是容易确定的。但当钢筋根数很多时,就要从最后一根钢筋达到屈服以后,再从荷载-位移曲线曲率突变的适当位置来确定。在非线性计算中,为了模型化的需要,可采用通用屈服弯矩法(GY. M. M)和骨架曲线所包面积互等的方法确定屈服点[6]。本章中采用通用屈服弯矩法,从原点作弹性理论值 OA 线,与过极限荷载点 U 的水平线相交于 A,过 A 作垂线在 P-Δ 曲线上交于点 B,连接 OB 延长后,与 UA 相交于点 C,过 C 作垂线在 P-Δ 曲线上交于点 Y,Y 点即为假定的屈服点。

图 4.66 给出了 P-Δ(荷载-位移)关系曲线,图中 Δ_y 为结构的屈服位移,P_y 为结构相应的屈服荷载,Δ_u 为结构的极限位移,P_u 为结构相应的极限荷载,本章中,P_u 取 $0.85P_m$,P_m 为结构所承受的最大荷载值。

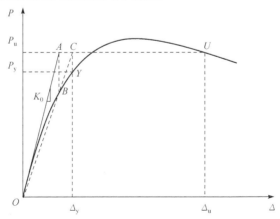

图 4.66　屈服位移和极限位移的确定方法

　　通过对图 4.63 中的能力曲线进行分析,可得到再生混凝土框架结构的延性系数,图中, S_u、S_y、S_m、K_{L0}、Δ_y 和 Δ_u 分别等于 65.95kN、57.51kN、74.36kN、4.20kN/mm、21.740mm 和 91.700mm。

　　由式(4.13),延性系数 $u=91.700/21.740=4.218$。由延性系数的定义可知,脆性材料及脆性构件或结构的延性系数等于1,延性材料及延性构件或结构的延性系数大于1,并且 u 值越大,则延性越好。该模型结构的延性系数 $u=4.218$,说明再生混凝土框架结构有好的延性。

　　5. 恢复力模型

　　结构或构件的延性,也可以采用它的恢复力特性曲线来描述和评定。恢复力特性曲线是结构在荷载作用下的力-变形函数曲线。它表明结构或构件在受挠产生变形时,企图恢复原来状态的抗力与变形大小的关系。对于外力作用下的钢筋混凝土结构,随着荷载的增加,结构要经历混凝土开裂、钢筋屈服、混凝土压碎直至结构严重破坏、倒塌几个过程,所以弹塑性钢筋混凝土结构的恢复力曲线是非线性的。图 4.67 表示各试验阶段的模型基底剪力-顶层位移关系曲线。图 4.68 和图 4.69 分别表示各试验阶段的模型1层和2层层间剪力-层间位移关系曲线。通过分析图 4.67~图 4.69 中的滞回曲线,不难看出,在试验前期,框架结构的滞回曲线基本上为直线,表明结构处于弹性工作状态,裂缝出现后,滞回曲线逐渐弯曲,向位移轴靠拢,滞回环面积增大,且有"捏缩"效应,形状由原来的梭形向反 S 形转化。随着地震强度的增大,模型抗侧移刚度、强度和耗能能力随之退化,结构滞回环"捏缩"效应更加明显。整个试验过程中,再生混凝土框架结构的滞回曲线都比较饱满,表明再生混凝土与普通混凝土一样,具有良好的耗能能力。

　　图 4.70~图 4.72 分别为模型整体、1层层间和2层层间的骨架曲线,它是由不同地震强度等级下,滞回曲线的顶点连成的曲线构成的。结合前面的分析,从图中的曲线可以看出,模型在 $0.130g$ 的地震试验中发生开裂,在 $0.185g$~$0.370g$ 的地震试验中发生屈服,这样可以确定结构的开裂荷载和相应的开裂位移,结构的屈服荷载和相应的屈服位移可采用通用屈服弯矩法确定。

　　为了应用方便,通常把骨架曲线简化成为便于数学表达的形式。这种形式的恢复力特性骨架曲线,即是结构的恢复力模型,已提出的钢筋混凝土结构与构件的折线模型有双线型模型(图 4.73(a))、刚度退化双线型模型(图 4.73(b))三线型模型(图 4.73(c))和刚度退化三线型模型(4.73(d))等。

　　通过对试验模型结构整体和各层间的剪力-位移滞回曲线、骨架曲线和特征参数的计算和分析,参考相关的文献[6,61-63],得到了再生混凝土框架结构整体和层间刚度退化四折线型恢复力模型。其骨架曲线如图 4.74 所示,恢复力模型的滞回曲线如图 4.75 所示,结构进入开裂、屈服、最大荷载后卸载时的刚度分别为 K_1、K_{12}

和 K_{13}，其中 $K_{12}=P_y/\Delta_y$，$K_{13}=P_m/\Delta_m$。由图 4.64 可知，在整个试验过程中，框架模型的 1 层和 2 层破坏严重，层间剪力达到了结构的极限承载能力，层间剪力-层间荷载位移关系曲线出现下降段。3～6 层的破坏程度相对较轻，层间剪力并没有达到承载力极限状态。表 4.26 给出了模型整体及 1 层、2 层层间恢复力模型的特征荷载、特征位移以及相应的延性系数。表 4.27 给出了由试验结果得到的再生混凝土框架结构恢复力模型归一化特征参数。恢复力的具体滞回过程如下：

（1）弹性阶段（$O1$ 段或 $O5$ 段）。此阶段为四折线的第 1 段，表示结构的线弹性阶段。点 1 和点 5 表示开裂点。此阶段的刚度为 K_1，$K_1=P_c/\Delta_c$，不考虑刚度退化和残余变形，刚度退化系数 $\alpha=1$。

（2）开裂至屈服阶段（12 段或 56 段）。此阶段为四折线的第 2 段。点 2 或点 6 表示屈服点。此阶段的加载刚度为 K_2，考虑刚度退化和残余变形，刚度退化系数 $\alpha=K_2/K_1$；此阶段的卸载刚度取 K_1，不考虑刚度退化，刚度退化系数 $\alpha=1$；在此阶段卸载至 0 点（$P=0$）且第一次反向加载时，加载路径指向反向开裂点。在后续反向加载时，直线指向所经历过的最大位移点。

（3）屈服至最大荷载阶段（23 段或 67 段）。此阶段为四折线的第 3 段。点 3 或点 7 表示最大荷载点。此阶段的加载刚度为 K_3，考虑刚度退化和残余变形，刚度退化系数 $\alpha=K_3/K_1$；此阶段的卸载刚度取割线 $O2$ 的刚度 K_{12}，考虑刚度退化和残余变形，刚度退化系数 $\alpha=K_{12}/K_1$；在此阶段卸载至 0 点（$P=0$）且第一次反向加载时，加载路径指向屈服点。在后续反向加载时，直线指向所经历过的最大位移点。

（4）最大荷载点至极限荷载点阶段（34 段或 78 段）。此阶段为四折线的第 4 段。点 4 或 8 表示极限荷载点。此阶段的加载刚度为 K_4，考虑刚度退化和残余变形，刚度退化系数 $\alpha=K_4/K_1$；此阶段的卸载刚度取割线 $O3$ 的刚度 K_{13}，考虑刚度退化和残余变形，刚度退化系数 $\alpha=K_{13}/K_1$；在此阶段卸载至 0 点（$P=0$）且第一次反向加载时，加载路径指向最大荷载点。在后续反向加载时，直线指向所经历过的最大位移点。

（5）恢复力模型中的屈服点采用通用屈服弯矩法（GY. M. M）确定；极限变形 Δ_u 取框架承载力下降到极限承载力（最大荷载 P_m）85% 时的变形。结构（构件）的延性由其极限变形和屈服变形共同决定，位移延性系数 u 等于极限变形与屈服变形的比值 Δ_u/Δ_y。

目前大多数国家的设计规范考虑到混凝土结构的塑性性能，在设计中所要求的位移延性系数可以根据弹性反应惯性荷载与规范规定的静力设计荷载的比值来估计，位移延性系数的典型值可能在 3～5[64]。由表 4.26 中的试验分析数据可以看出，结构的顶层位移延性系数为 4.218，底层层间位移延性系数为 4.268，2 层层间位移延性系数为 4.631。分析结果表明：模型结构的位移延性系数处在一个合理的范围内,再生混凝土框架结构和普通混凝土框架结构的延性近似,再生混凝土框架结构有好的延性和变形能力。

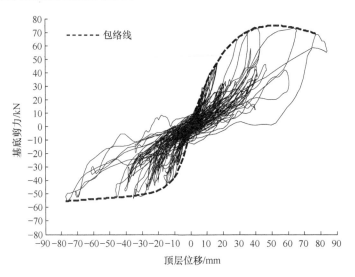

图 4.67　模型基底剪力-顶层位移关系曲线

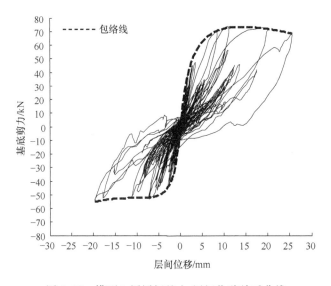

图 4.68　模型 1 层层间剪力-层间位移关系曲线

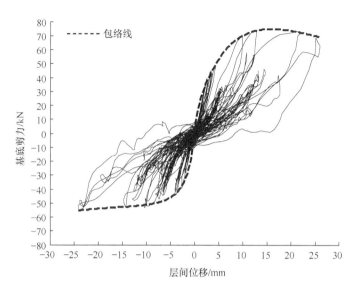

图 4.69　模型 2 层层间剪力-层间位移关系曲线

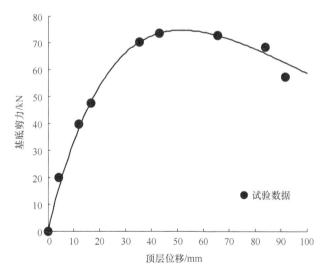

图 4.70　模型整体骨架曲线

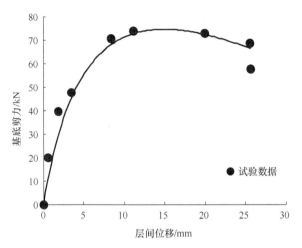

图 4.71　模型 1 层层间骨架曲线

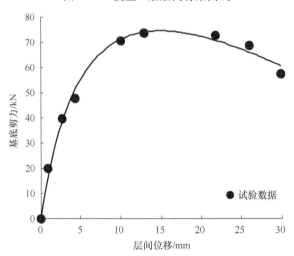

图 4.72　模型 2 层层间骨架曲线

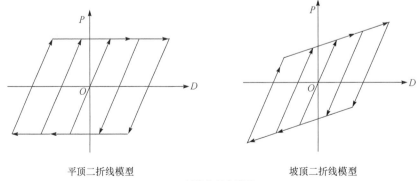

平顶二折线模型　　　　　　　　　　坡顶二折线模型

(a) 二折线恢复力模型

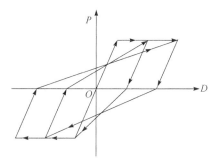
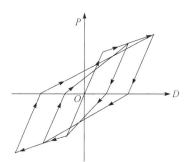

平顶刚度退化二折线模型　　　　　　　　　　坡顶刚度退化二折线模型

(b) 刚度退化二折线恢复力模型

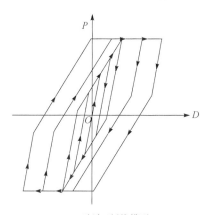
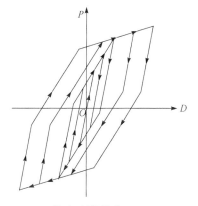

平顶三折线模型　　　　　　　　　　　　坡顶三折线模型

(c) 三折线恢复力模型

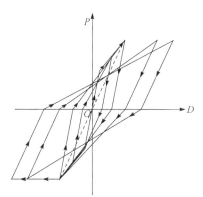

平顶刚度退化三折线模型　　　　　　　　坡顶刚度退化三折线模型

(d) 刚度退化三折线恢复力模型

图 4.73　结构(构件)常用恢复力模型

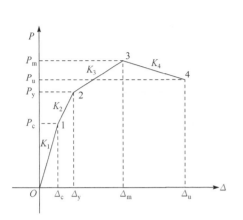

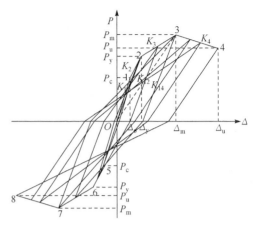

图 4.74　再生混凝土框架结构恢
复力模型骨架曲线

图 4.75　再生混凝土框架结构恢
复力模型滞回曲线

表 4.26　恢复力模型特征荷载、特征位移及延性系数

特征点参数		框架整体	1 层层间	2 层层间
特征荷载/kN	P_c	37.890	28.857	37.815
	P_y	57.510	59.981	60.050
	P_m	74.360	74.456	74.456
	P_u	63.569	66.250	63.287
特征位移/mm	Δ_c	11.890	1.850	2.680
	Δ_y	21.740	6.012	6.0275
	Δ_m	52.000	14.883	14.925
	Δ_u	91.700	25.660	27.914
延性系数	μ	4.218	4.268	4.631

表 4.27　再生混凝土框架结构恢复力模型归一化特征参数

特征点参数	P_m	P_u	P_y	P_c	Δ_u	Δ_m	Δ_y	Δ_c
框架整体	1.000	0.850	0.770	0.507	1.000	0.567	0.237	0.021
1 层层间	1.000	0.890	0.806	0.388	1.000	0.580	0.234	0.072
2 层层间	1.000	0.850	0.807	0.508	1.000	0.535	0.216	0.096

6. 折算刚度退化

由结构基底剪力、顶层相对位移以及层间位移,可以计算出结构的总体折算刚度和层间折算刚度。折算刚度的计算公式为 $K_T = S/\Delta (S/\Delta_i)$,其中,$S$ 为模型基底剪力,Δ 为模型顶点位移,Δ_i 为模型 i 层层间位移。图 4.76 表示模型总体刚度
退化曲线和层间刚度退化曲线。分析图 4.76 可以得出以下结论:

(1) 模型总体初始刚度为 4.786kN/mm,框架模型在试验初期刚度退化较快,
当混凝土出现开裂时,结构整体抗侧移刚度降到初始刚度的 71%。随着地震强度
的增大,结构塑性变形不断发展,刚度退化速度变慢,整个刚度衰减比较均匀,没有
明显的刚度突变。

(2) 5 层层间刚度退化相对较慢,1 层和 2 层层间刚度退化相对较快。在整个
地震试验过程中,下部两层的梁、柱构件破坏程度也相对较大。

(3) 除 5 层外,1～4 层各层层间刚度退化趋势较为接近。

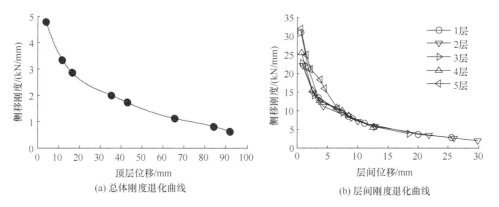

(a) 总体刚度退化曲线　　　　　　　(b) 层间刚度退化曲线

图 4.76　模型总体和层间刚度退化曲线

4.6　结构抗震能力评估

根据结构在整个地震试验过程中破坏程度的大小,参照国内外文献[58,65],本
试验中把再生混凝土框架结构的破坏状态分为 7 个等级。并采用结构的层间变形
作为评估指标,见表 4.17。根据本章对振动台试验模型的破坏形态、层间位移和
能力曲线的分析,可以得到如下结论:0.066g(7 度多遇)地震试验中,模型最大层
间位移角为 1/824,小于 1/500,结构处于弹性工作状态,模型保持完好。0.130g(8
度多遇)的地震试验中,模型最大层间位移角为 1/266,小于 1/200,模型发生很轻
微破坏,结构进入弹塑性阶段。0.185g(7 度基本)地震试验中,模型最大层间位移
角为 1/174,小于 1/140,模型发生轻微破坏。0.264g(9 度多遇)地震试验中,模型
最大层间位移角为 1/170,小于 1/140,模型发生轻微破坏。0.370g(8 度基本)地
震试验中,模型最大层间位移角为 1/75,小于 1/70,模型发生中等破坏。0.415g(7
度罕遇)地震试验中,模型最大层间位移角为 1/58,小于 1/40,模型发生严重破坏。
0.550g 地震试验中,模型最大层间位移角为 1/34,小于 1/20,模型发生很严重破

坏。$0.750g$(8 度罕遇)地震试验中,模型最大层间位移角为 $1/29$,小于 $1/20$,模型发生很严重破坏。$1.170g$(9 度罕遇)地震试验中,模型最大层间位移角为 $1/25$,小于 $1/20$,模型发生很严重破坏。经过多次重复的地震试验后,尽管再生混凝土框架的破坏较为严重,但仍没有倒塌,这说明再生混凝土框架结构有良好的变形能力和抗地震能力。

4.7　本章小结

本章详细叙述了再生混凝土框架模型振动台试验的模型设计与制作、试验方案设计、试验过程和试验现象,并对试验数据进行了细致地分析和研究。主要得到如下结论:

(1) 模型 X 方向和 Y 方向试验前的基本频率分别为 3.7125Hz 和 3.450Hz,说明模型结构在 X 和 Y 方向布置是非对称的,X 方向的水平抗侧移刚度比 Y 方向的大。在峰值加速度为 $0.130g$ 的地震试验中,X 主方向基本频率下降率为 28.56%,试验模型内部发生损伤,结构开始进入非线性工作阶段,结构刚度下降,混凝土开裂;在 $0.185g \sim 0.370g$ 的地震试验中,X 主方向基本频率下降率为 53.57%,试验模型发生屈服破坏;在 $1.170g$ 地震试验后,X 主方向基本频率下降率为 78.57%,结构侧移刚度退化严重,模型下部几层破坏较严重。

(2) 在同一工况中,各个测点的加速度放大系数总体上沿楼层高度方向逐渐增大;随着地震强度的增加,结构出现一定程度的破坏后,模型抗侧移刚度退化、结构的阻尼比增大,加速度放大系数呈逐渐降低的趋势,由于不同地震波相应的频谱特性不同,在地震试验中,SHW 人工波对结构造成的破坏程度远高于另外 2 条天然地震波 WCW 和 ELW。

(3) 模型结构位移反应主要受控于第 1 阶振型,其他各振型的影响很小。随着地震强度不断加大,模型各楼层相对位移随之增大;在地震试验中输入同一条地震波时,结构位移变形曲线的形状大致相同,结构的位移曲线与模型的 1 阶振型接近,模型结构变形曲线呈剪切型。

(4) 在 $0.066g \sim 0.370g$ 的地震试验中,随着地震加速度峰值的提高,各楼层的地震力在总的趋势上是逐渐增大的;$0.370g$ 地震试验后,随着地震加速度峰值的增加,地震力可能随之减小。地震作用力的变化规律比较复杂,这与结构的特性(层间刚度、各层强度)、非弹性变形的发展以及台面输入地震波的频谱特性等因素有关。结构在弹性阶段,地震力沿模型高度方向的分布基本上符合倒三角形分布形式,或者稍加修正后采用倒三角形是可以接受的,在一定程度上能够反映结构的真实地震作用力分布。随着弹塑性的发展,高阶振型影响逐渐增大,地震力分布不再适合采用倒三角形分布形式。在严重弹塑性阶段,地震作用力可能随输入地面峰值加速度的增加而降低。

(5) 在 0.066g~0.415g 的地震试验阶段,模型底部剪力最大值逐渐增加。在 0.415g 的地震试验中,各层的最大层剪力已达到和接近极限值,部分梁端已形成塑性铰,模型发生严重破坏,这与观察到的宏观现象是一致的。0.550g 地震水准后,底部剪力最大值呈下降趋势,模型发生很严重的破坏。模型结构的地震剪力主要集中于底层,基底剪重比主要取决于地震加速度峰值,可以采用本章的公式 (4.10) 进行估算。弹塑性阶段前期,结构最大反应动力放大系数下降较快,弹塑性阶段后期,结构最大反应动力放大系数下降速度趋于平缓,这与结构抗侧移刚度的变化规律一致。基底剪力动力放大系数和基底倾覆力矩动力放大系数可以采用本章的公式 (4.8) 和公式 (4.9) 进行估算。

(6) 0.066g 的地震试验中,荷载和位移之间呈线性关系,说明结构保持线性状态,模型保持完好;0.130g 的地震试验中,荷载和位移之间不再满足线性关系,结构反应表现出一定的非线性,说明模型开始进入弹塑性阶段,模型发生很轻微的破坏;0.185g~0.264g 的地震试验中,滞回曲线出现轻微的捏拢效应现象,结构弹塑性进一步发展,模型发生轻微的破坏;当顶层位移达到 35mm(0.370g)时,滞回曲线捏拢效应增强,模型发生中等程度的损伤;在 0.415g 地震作用下,模型顶层最大相对位移为 42.900mm,最大底部剪力接近极限承载能力,结构进入承载力极限状态,模型发生严重损伤;0.415g 地震试验后,随着输入地面峰值加速度的增加,模型损伤随之加剧,框架模型结构发生较大的非弹性变形,结构进入严重弹塑性阶段,滞回曲线的捏拢效应现象更加明显,非周期荷载下的滞回曲线表现得更是十分杂乱。

(7) 在 0.066g 的地震试验中,模型顶层最大相对位移为 4.140mm,最大底部剪力大小约为结构极限承载力的 20%,基底剪重比在 0.17 以下。在 0.130g 的地震试验中,模型顶层最大相对位移为 11.887mm,最大底部剪力大小约为结构极限承载力的 50%,基底剪重比在 0.30 以下。在 0.185g~0.370g 的地震试验中,模型顶层最大相对位移在 16.697~35.268mm,最大底部剪力为极限承载力的 64%~94%,相应的基底剪重比在 0.35~0.52。在 0.415g 的地震试验中,模型顶层最大相对位移为 42.900mm,最大底部剪力约占极限承载能力的 98.5%,基底剪重比约为 0.54。在 0.550g 的地震试验中,最大底部剪力约为极限承载力的 97%,基底剪重比约为 0.53。在 0.750g 的地震试验中,框架模型结构顶层最大相对位移为 83.929mm,最大底部剪力约为极限荷载的 88%,基底剪重比约为 0.50。在 1.170g 的地震试验中,框架模型结构顶层最大相对位移约为 92mm,最大底部剪力约为结构极限荷载的 84%,基底剪重比约为 0.42。

(8) 通过对试验模型结构整体和各层间的剪力-位移滞回曲线、骨架曲线及特征点参数的计算和分析,得到了再生混凝土框架结构整体和层间刚度退化四折线型恢复力模型,给出了恢复力模型的滞回规则。

(9) 在整个试验过程中,模型结构的破坏从梁开始,梁的两端首先出现裂缝,随着梁端裂缝的不断发育,梁端混凝土出现剥落,裂缝贯通,梁端钢筋压屈变形,这一过程中,柱端部只有细微裂缝出现,并没有发生明显破坏现象。整个试验结束后,在 X 主方向,模型底部 1~2 层大部分梁的两端都发生了严重破坏,只有少部分柱的端部有混凝土剥落。这说明结构在进入弹塑性状态后,梁是主要的耗能构件,而柱子基本保持完好,这是确保结构不倒塌的基本条件,是再生混凝土框架结构能够实现强柱弱梁这一抗震设计的基本原则。

(10) 再生混凝土材料的脆性要比普通混凝土高,且随着再生粗骨料取代率的增加而变大,这是再生混凝土框架模型在 8 度多遇地震作用下,局部过早出现细微裂缝的一个因素。但是,再生混凝土中植入钢筋,很大程度上能提高再生混凝土结构的延性。试验获取到的再生混凝土框架结构顶层位移延性系数为 4.218,底层层间位移延性系数为 4.268,2 层层间位移延性系数为 4.631。结果表明再生混凝土框架结构的延性与普通混凝土框架结构的近似,能够满足抗震设计要求。

参 考 文 献

[1] 邱法维,钱稼茹,陈志鹏. 结构抗震实验方法[M]. 北京:科学出版社,2000.

[2] 沈德建,吕西林. 地震模拟振动台及模型试验研究进展[J]. 结构工程师,2006,6(22):55-58,63.

[3] 刘建平. 钢筋混凝土框架结构模型模拟地震振动台试验研究[D]. 邯郸:河北工程大学,2008.

[4] 周明华. 土木工程结构试验与检测[M]. 南京:东南大学出版社,2002.

[5] 吕西林,卢文生. R C 框架结构的振动台试验和面向设计的时程分析方法[J]. 地震工程与工程振动,1998,18(2):48-58.

[6] 朱伯龙. 结构抗震试验[M]. 北京:地震出版社,1989.

[7] 朱伯龙,董振祥. 钢筋混凝土非线性分析[M]. 上海:同济大学出版社,1985.

[8] Nixon P J. Recycled concrete as an aggregate for concrete—A review[J]. Materials and Structures,1978,11(65):371-378.

[9] Hansen T C. Recycled aggregates and recycled aggregate concrete second-of-the-art report developments 1945-1985[J]. Materials and Structures,1986,19(5):201-246.

[10] Hansen T C. Recycling of Demolished Concrete and Masonry[M]. London:E & FN SPON,1992.

[11] ACI Committee 555. Removal and reuse of hardened concrete[J]. ACI Material Journal,2002,99(3),300-325.

[12] Xiao J,Li J,Zhang C. On relationships between the mechanical properties of recycled aggregate concrete:an overview[J]. Materials and Structures,2006,39:655-664.

[13] Caims R. Recycled aggregate concrete prestressed beams[C]. Proceedings of Conference on

Use of Recycled Concrete Aggregate. Thomas Thlford,1998.

[14] Han B C,Yun H D,Chung S Y. Shear capacity of reinforced concrete beams made with recycled aggregate[J]. ACI Special Publication,2001,200:503-516.

[15] 陈爱玖,王璇,解伟,等. 再生混凝土梁受弯性能试验研究[J]. 建筑材料学报,2015,18(4):589-595

[16] Arora S,Singh S P. Analysis of flexural fatigue failure of concrete made with 100% coarse recycled concrete aggregates[J]. Construction and Building Materials,2016,102:782-791.

[17] Lee J H,Kang T H K,Keun K Y. A study on the shear behavior of recycled aggregate reinforced concrete beams without stirrups[J]. Journal of the Korea Concrete Institute,2013,25(4):389-400.

[18] Corinaldesi V. Recycled aggregate concrete under cyclic loading[C]. Proceedings of the International Symposium on Role of Concrete in Sustainable Development Scotland. University of Dundee:2003.

[19] Corinaldesi V,Moriconi G. Behavior of beam-column joints made of sustainable concrete under cyclic loading[J]. Journal of Materials in Civil Engineering,2006,18(5):650-658.

[20] Gonzalez V C L,Moriconi G. The influence of recycled concrete aggregates on the behavior of beam-column joints under cyclic loading[J]. Engineering Structures,2014,60:148-154.

[21] Andrzej A B,Kliszczewicz A T. Comparative tests of beams and columns made of recycled aggregate concrete and natural aggregate concrete[J]. Journal of Advanced Concrete Technology,2007,5(2):259-273.

[22] Xiao J Z,Xie H,Yang Z J. Shear transfer across a crack in recycled aggregate concrete[J]. Cement and Concrete Research,2012,42(5):700-709.

[23] Li J B,Xiao J Z. On the performance of RAC beams—An overview[C]. The First National Academic Exchange Conference on the Research and Application of Recycled Concrete. Shanghai,2008:448-454.

[24] Liu Q,Xiao J Z,Sun Z H. Experimental study on the failure process of recycled concrete [J]. Cement and Concrete Research,2011,41(10):1050-1057.

[25] Xiao J Z,Falkner H. Bond behaviour between recycled aggregate concrete and steel rebars [J]. Construction and Building Materials,2007,21(2):395-401.

[26] 肖建庄,雷斌. 再生混凝土碳化模型与结构耐久性设计[J]. 建筑科学与工程学报,2008,25(3):66-72.

[27] 肖建庄,李宏,亓萌. 基于静载强度分布的再生混凝土疲劳强度预测[J]. 建筑科学与工程学报,2010,27(4):7-13.

[28] 肖建庄,杜睿,王长青,等. 灾后重建再生混凝土框架结构抗震性能和设计研究[J]. 四川大学学报:工程科学版,2009,41(S1):1-6.

[29] Xiao J Z,Wu Y C,Zhang S D. Fracture analysis for a 2D prototype of recycled aggregate concrete using discrete cracking model[J]. Key Engineering Materials,2010,417-418:681-684.

[30] 肖建庄,朱晓晖. 再生混凝土框架节点抗震性能研究[J]. 同济大学学报:自然科学版,2005,33(4):436-440.

[31] Xiao J Z,Tawana M M,Zhu X H. Study on recycled aggregate concrete frame joints with method of nonlinear finite element[J]. Key Engineering Materials,2010,417-418:745-748.

[32] Xiao J Z,Sun Y D,Falkner H. Seismic performance of frame structures with recycled aggregate concrete[J]. Engineering Structures,2006,28(1):1-8.

[33] 周德源,肖建庄,孙黄胜. 不同轴力下再生混凝土框架抗震性能的试验[J]. 同济大学学报:自然科学版,2007,35(8):1013-1018.

[34] Xiao J Z,Huang Y J,Yang J,et al. Mechanical properties of confined recycled aggregate concrete under axial compression[J]. Construction and Building Materials,2012,26:591-603.

[35] Xiao J Z,Li J,Chen J. Experimental study on the seismic response of braced reinforced concrete frame with irregular columns[J]. Earthquake Engineering and Engineering Vibration,2011,10(4):487-494.

[36] Xiao J Z,Zhang C. Seismic behavior of RC columns with circular,square and diamond sections[J]. Construction and Building Materials,2008,22(5):801-810.

[37] 肖建庄,王长青,朱彬荣,等. 再生混凝土砌块砌体房屋结构振动台模型试验研究[J]. 四川大学学报:工程科学版,2010,42(5):120-126.

[38] 王娴明. 建筑结构试验[M]. 北京:清华大学出版社,2000.

[39] 谢多夫. 力学中的相似方法与量纲理论[M]. 北京:科学出版社,1982.

[40] 张敏政. 地震模拟实验中相似律应用的若干问题[J]. 地震工程与工程振动,1997,17(2):52-58.

[41] 肖建庄. 再生混凝土[M]. 北京:中国建筑工业出版社,2008.

[42] Xiao J,Li J,Zhang C. Mechanical properties of recycled aggregate concrete under uniaxial loading[J]. Cement and Concrete Research,2005,35(6):1187-1194.

[43] GB 50010—2010 混凝土结构设计规范[S].

[44] GB 50011—2010 建筑抗震设计规范[S].

[45] GB 50009—2012 建筑结构荷载规范[S].

[46] State Key Laboratory for Disaster Reduction in Civil Engineering[R]. Introduction of Shaking Table Testing Division. Shanghai:Tongji University,2003.

[47] JGJ 101—2015 建筑抗震试验规程[S].

[48] 姚振刚,刘祖华. 建筑结构试验[M]. 上海:同济大学出版社,1996.

[49] 克拉夫 R W,彭津 J. 结构动力学[M]. 王光远,等,译. 北京:科学出版社,1983.

[50] 程海江. 轻型木结构房屋抗震性能研究[D]. 上海:同济大学,2007.

[51] 清华大学抗震抗爆工程研究室. 结构模型的振动台试验研究[M]//科学研究报告集第5集. 北京:清华大学出版社,1989.

[52] Lu X L,Chen L Z,Huang Z H. Shaking table model tests on a complex high-rise building with two towers of different height connected by trusses[J]. Structural Design of Tall and

Special Buildings,2009,18(7):765-788.

[53] Hosoya H,Abe I,Kitagawa Y,et al. Shaking table tests of three-dimensional scale models of reinforced concrete high-rise frame structures with wall columns[J]. ACI Structural Journal,1995,92(6):765-780.

[54] Joseph M B,Andrei M R,John B M. Seismic resistance of reinforced concrete frame structures designed for gravity loads:Performance of structural system[J]. ACI Structural Journal,1995,92(5):597-609.

[55] Lu X L,Zhou Y,Yan F. Shaking table test and numerical analysis of RC frames with viscous wall dampers[J]. Journal of Structural Engineering,2008,134(1):64-76.

[56] 刘军进,吕志涛,冯健. 9层(带转换层)钢筋混凝土异形柱框架结构模型振动台试验研究[J]. 建筑结构学报,2002,23(1):21-26.

[57] 邓小刚. 多层钢筋混凝土框架房屋的震害预测方法[J].工程抗震,1993,(1):28-33.

[58] Wen Y K,Kang Y J. Minimum building life-cycle cost design criteria,I methodology and Ⅱ applications[J]. ASCE Journal of Structural Engineering,2001,127(3):330-346.

[59] 张新培. 钢筋混凝土抗震结构非线性分析[M]. 北京:科学出版社,2001.

[60] JGJ 3—2010 高层建筑混凝土结构技术规程[S].

[61] 孙克俭. 钢筋混凝土抗震结构的延性及延性设计[M]. 内蒙古:内蒙古出版社,1995.

[62] 曹晓昀. 既有钢筋混凝土框架结构基于性能的抗震评估[D]. 上海:上海交通大学,2008.

[63] 薛伟辰,胡翔. 四层两跨高性能混凝土框架的抗震性能[J]. 建筑结构学报,2007,28(5):69-79.

[64] Park R,Pauley T. 钢筋混凝土结构[M].秦文钺,等,译. 重庆:重庆大学出版社,1985.

[65] 李刚,程耿东. 基于性能的结构抗震设计-理论、方法与应用[M]. 北京:科学出版社,2004.

第5章　再生混凝土框架结构地震反应非线性分析

5.1　概　　述

随着计算机技术的飞速发展和广泛应用,有限元法已成为工程科学领域最为有效的分析手段,也是科研人员、工程师分析、求解问题的有力工具,经过五十多年的发展,形成了一批国际上知名的通用和专用大型有限元系统,成功地解决了诸多领域的科学和工程实际课题。Clough 在 1960 年第一次提出了有限单元法的概念,并对平面问题进行了研究,使人们认识了有限元的功能。20 世纪 60 年代,美国加利福尼亚大学伯克利分校 Wilson 发布了他的第一个有限元程序,之后伯克利又发布了 SAP(structural analysis program)、SAP4、SAP5 有限元分析程序。1974 年 Wilson 和他的学生 Bahe 推出了非线性有限元程序 NONSAP。加利福尼亚大学伯克利分校早期的这些工作为有限元软件的应用和发展奠定了很好的基础,很大程度上促进了有限元软件的发展和在工程结构分析中的应用。1969 年,Brown 大学的 Marcal 创办了一个公司,推出了世界上最早的非线性商业软件 Marc。大约在同一年,Swanson 推出了另一个非线性有限元软件 ANSYS。Marcal 的最初合作伙伴 Hibbit 后来与其他人合作建立了 HKS 公司,使其合作开发的 ABAQUS 商用软件进入市场。目前,在地震工程领域也不时推出数值模拟软件,如 Drain、IDARC 和 OpenSees 等,其中 OpenSees 由于其源代码完全开放,并具有高度的扩充性和严谨的管理机制,很强的地震工程模拟能力和较好的非线性数值模拟精度,在美国加州大学伯克利分校太平洋地震工程研究中心以及美国其他一些大学和科研机构的科研项目中得到了广泛应用,成功地模拟了包括建筑结构、桥梁、岩土工程在内的众多世界工程和振动台试验项目,对于地震工程数值模拟具有很高的应用价值[1-3]。

OpenSees 全称为 open system for earthquake engineering simulation(地震工程模拟的开放体系)[2],是结构和岩土系统地震反应模拟的一个开放式地震工程模拟系统和软件开发框架,是由美国国家科学基金(NSF)资助,西部大学联盟"太平洋地震工程研究中心"(Pacific earthquake engineering research center,PEER)主导,加利福尼亚大学伯克利分校为主研发集成的,简称为 OpenSees。OpenSees 是一个非常全面且不断发展的开放的程序软件体系。该软件体系发展的目标是通过开放式源代码的发展,提高建模和计算机模拟地震工程的水平。该程序正在引起世界各国结构工程领域众多研究人员的关注和重视,而在国内也开始有少数学校开展了学习和相关的研究工作。OpenSees 是分析模拟地震作用下结构系统响应的一个软件框架。太平洋地震工程研究中心已经将其发展成为"基于性能"地震分析研究服务的计算平台。2004 年以来,OpenSees 已经成为 NEESit 模拟组件的一部分。

　　OpenSees 软件适用于结构方面的地震反应模拟,可以实现结构的模态分析、截面分析、静力线弹性分析、静力弹塑性分析、拟静力分析、动力线弹性分析和复杂的动力非线性分析等;还可以用于结构在地震作用下的可靠度及灵敏度分析。OpenSees 在抗震分析和其他动力分析方面有很强的优势。OpenSees 软件具有如下一些突出特点:①源代码完全开放。OpenSees 软件的源代码是完全开放的,其目的是通过研究者的共同努力,得到一个完善的土木工程分析软件。所有 OpenSees 软件的使用者,都可以发表使用该软件的经验、技巧、体会和建议。加州大学伯克利分校会对这些信息进行分析和研究,对 OpenSees 软件进行相应的改进。OpenSees 软件在越来越多使用者的共同努力下,得到了不断地完善、发展与提高,使得 OpenSees 在地震反应模拟分析中具有便于改进、易于协同开发、与国际水平保持同步的优点。②OpenSees 具有丰富的、可用于非线性结构分析的材料库和单元库。作为土木工程结构的专用分析软件,OpenSees 拥有几十种材料和单元库,可以对不同材料类型的各种结构进行非线性模拟分析。③可以在 OpenSees 里自定义材料和单元库。针对 OpenSees 程序面向对象编程和内部源码开放的特点,使用者根据分析需求,可以在 OpenSees 里写入新的材料类型和加入新的单元类型,或者设计和使用更为高效的迭代方法等[4]。自从 1999 年正式推出以来,OpenSees 以其面向对象编程、开放源代码、高效的非线性数值算法、丰富的材料和单元库等特点,已成为目前学术界较流行的地震工程模拟平台[5]。该软件不断进行升级和提高,加入了许多新的材料和单元,引入了许多已经成熟的 Fortran 库文件(如 FEAP、FEDEAS 材料等),更新了高效实用的运算法则和判敛准则,允许多点输入地震波纪录,并不断提高运算中的内存管理水平和计算效率,允许用户在脚本层面上对分析进行更多控制。④基于 Tcl/Tk 脚本语言的分析程序。OpenSees 可通过编程实现自适应转换非线性求解方案,该软件的输入文件用 Tcl/Tk 语言编写。Tcl/Tk 语言是现在比较流行的脚本语言,也可用于某些界面设计,ANSYS 的二次开发也需用到这个脚本语言。Tcl/Tk 语言是 1998 年由加州大学伯克利分校 Ousterhout 发明的[6],其设计思想与 Java 语言相似,即编程时将程序分割成一个个小的具备一定"完整"功能的可重复使用的组件。Tcl/Tk 语言还具有良好的扩展性,使用者可根据自己的需求来增添新的功能模块。

　　OpenSees 软件是面向对象的有限元分析软件,其构架由 ModelBuider(建模)、Domain(模型域)、Analysis(分析)和 Recorder(记录)组成[7],如图 5.1 所示。由图 5.1 可以看出,分析一个结构时所用到的 OpenSees 基本对象由四部分组成:

ModelBuilder 对象、Domain 对象、Analysis 对象、Recorder 对象。

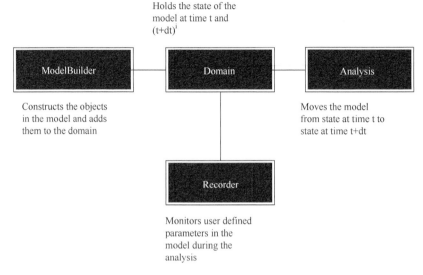

图 5.1　OpenSees 框架的基本对象类型

（1）ModelBuilder 对象：在分析一个结构时，首先应用模型创建命令来创建一个 ModelBuilder 对象，该对象定义了分析问题的基本性质，随之就可以创建 Material、Section、Node、Mass、Element、Constraints、LoadPattern 和 CrdTransf 等对象来组成分析模型。

（2）Domain 对象：图 5.2 表示储存建模信息的 Domain 对象。建模体（Model-Buider）对对象建模，建模过程中产生的 Material、Section、Node、Element、Mass、LoadPattern、Constrains、CrdTransf 等对象都被组织在 Domain 中。Domain 对象负责留存建模产生的信息，并提供给 Analysis 对象和 Recorder 对象。Domain 对象在 OpenSees 可执行文的启动过程中就已经自动创建，在实际分析时用户并不需要创建 Domain 对象。

（3）Analysis 对象：在完成对象分析问题的建模工作后，还要创建一系列的 Analysis（分析）对象（图 5.3），分析分为模态分析、截面分析、静力线弹性分析、静力弹塑性分析、拟静力分析、动力线弹性分析和复杂的动力非线性分析等。Analysis 对象包括 AnalysisModel（分析模型）、ConstraintHandler（约束控制）、DOF_Numberer（自由度计数）、ConvergenceTest、SolutionAlgorithm（解方程算法）、Integrator 、SystemOfEqn、Solver 等。这些对象共同定义了结构分析的类型及分析过程。

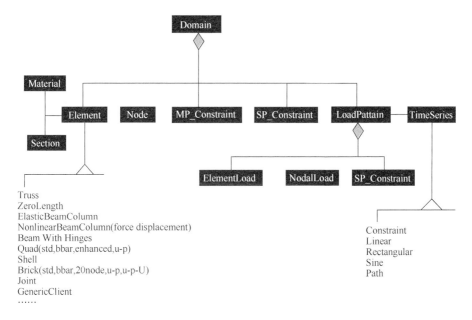

图 5.2　Domain 对象

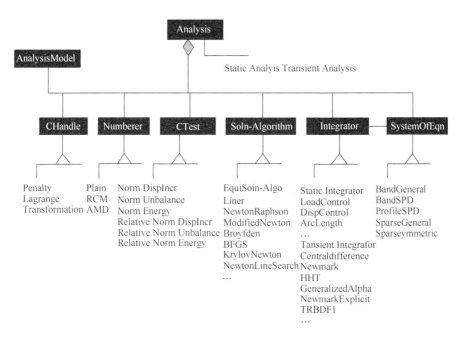

图 5.3　Analyis 对象

（4）Recorder 对象：Recorder 对象监测结构分析过程中定义的参数，如瞬态分析中节点的加速度时程、速度时程和位移时程，单元的内部状态（截面力、变形、应力和应变等）或求解过程中模型在每一步的整体状态，Recorder 对象把这些参数在每一时间步的计算结果记录在文件或数据库中，也可以直接输出到计算机的屏幕上。

OpenSees 软件框架采用面向对象的方法，最大限度地实现模块化和可扩展性模型的行为、解决的方法、数据处理及通信程序。该框架是一个相互关联的类，如域（数据结构）、模型、单元（分层）、求解法则、求解器、方程求解和数据库的设置。

国内外学者对 OpenSees 在混凝土结构数值仿真上的应用进行了大量的研究，结果证明该程序具有很强的非线性数值模拟能力，作者在研读了大量相关文献[8-23]的基础上，对再生混凝土空间框架结构进行了非线性数值模拟分析，本章基于非线性纤维梁-柱单元理论，建立综合考虑几何和材料非线性的 OpenSees 有限元模型。基于 OpenSees 求解平台，对再生混凝土空间框架结构模型进行地震反应非线性数值模拟。通过非线性数值模拟结果与试验结果的对比分析，验证 OpenSees 计算程序的可靠性。在此基础上，通过对材料模型变参数分析，比较再生混凝土框架结构与普通混凝土框架结构的抗地震能力（第 6 章内容）。分析结果表明：OpenSees 地震反应非线性数值模拟能较好地反映结构在地震中的反应情况，具有很高的模拟精度。

本章研究的重点可分为以下几个方面：

（1）构件截面分析。确定混凝土和钢筋材料模型参数，基于变参数非线性数值模拟，研究截面形状、配筋率和轴压比等因素对再生混凝土构件截面延性的影响。

（2）模型动力特性比较。通过模态分析，得到模型的自振频率、结构振型和结构等效刚度，并对计算结果和试验结果进行分析比较。

（3）地震反应比较。通过分析与传感器测点相同位置的加速度反应、位移反应，得到模型结构在不同地震水准下的计算加速度时程曲线、计算加速度放大系数、计算楼层相对位移时程曲线、最大楼层位移计算值和最大层间位移计算值，并与试验结果进行对比分析。

（4）模型恢复力曲线比较。由基底剪力和结构顶层位移，得到框架模型的总体滞回曲线，分析计算滞回曲线的特性，并与试验曲线进行分析比较。根据滞回曲线，获得结构的计算骨架曲线，采用通用屈服弯矩法，得到骨架曲线的特征点参数，对结构的总体位移延性计算值和试验结果进行分析比较。

（5）折算刚度比较。由基底剪力、层间位移和结构顶层位移，得到框架模型的计算层间折算刚度和计算总体折算刚度。对计算刚度退化曲线和试验曲线进行分析比较。

（6）阻尼比对结构反应的影响。OpenSees 程序采用 Rayleigh 原理考虑阻尼的影响。通过改变阻尼比,分析比较不同阻尼比对应的结构地震反应。

（7）累积损伤对结构反应的影响。分析比较采用地震波串联输入和单波输入的结构地震反应。

5.2　再生混凝土本构模型

工程材料的本构关系是材料的物理关系,是受力全过程中材料力和变形关系的概括,是结构强度和变形计算的重要依据。再生混凝土的应力-应变关系是再生混凝土的基本属性之一。早在 20 世纪 80 年代,国外学者已经开始了对再生混凝土应力-应变关系的试验研究和理论分析。Topcu[24]发现,再生混凝土应力-应变曲线的形状与普通混凝土类似。随着再生骨料的增加,再生混凝土的抗压强度和弹性模量降低。陈宗平等[25]研究了不同再生粗骨料取代率下再生混凝土的基本物理力学性能,发现再生粗骨料取代率对再生混凝土的强度指标影响不大,各种取代率再生混凝土的抗折强度和棱柱体抗压强度与天然骨料混凝土实测值接近。宋灿[26]等发现再生混凝土的应力-应变全曲线主要与再生细骨料有关,与再生粗骨料的强度关系不大。

上述学者的研究已经定性地描绘了再生混凝土应力-应变全曲线的轮廓,但是由于再生骨料的复杂性,不同的研究者之间仍然存在不少分歧。为了进一步考察再生混凝土应力-应变全曲线的特点,作者在 MTS 815.04 力学试验机上,完成了81 个箍筋约束再生混凝土短柱的动态力学试验,分析约束再生混凝土在不同变率下的破坏特征。基于获得的应力-应变试验曲线,研究应变率效应、箍筋约束效应和再生粗骨料取代率对约束再生混凝土力学和变形性能的影响,详见第 3 章。

1. 实测曲线

将每组试件中 3 个约束再生混凝土试件的试验结果平均值列于同一坐标系中,得到约束再生混凝土单轴应力-应变全曲线的均值曲线,并确定了应力-应变关系曲线的特征点参数。在试验数据处理时,通过附带的引伸计采集系统,对试验中产生的附加变形统一作了标定。图 5.4～图 5.6 为典型的约束再生混凝土应力-应变实测全曲线。

（1）动态加载条件下的约束再生混凝土单轴受压应力-应变关系曲线形状仍然符合经典单轴受压试验的基本描述[27,28]。试验数据的均值曲线具有较好的连续性和光滑性,说明试验曲线具有内在的一致性。箍筋约束、应变率和再生骨料取代率对试验结果的影响主要体现在再生混凝土强度和变形性能方面。

（2）由图 5.4 可以看出,不同再生粗骨料取代率($R=0\%$、30%、100%）下约束再生混凝土应力-应变关系曲线形状无明显区别,曲线的上升段基本一致,而下降段差异较为明显。随着再生粗骨料取代率的增加,下降段曲线随之变陡。峰值应变随再生粗骨料取代率的提高而增大,而峰值应力和极限应变变化不明显。通过分析可以看出,取代率对再生混凝土应力-应变曲线的影响规律与前期的研究结论是一致的[29-32]。

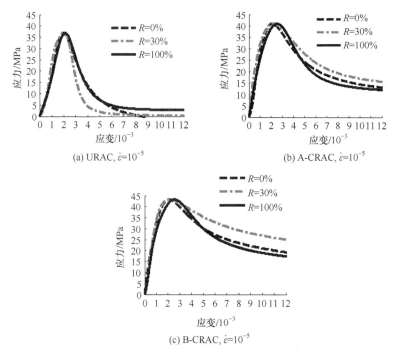

图 5.4　不同取代率下应力-应变试验曲线

(3) 由图 5.5 可以看出,在不同应变率($\dot{\varepsilon}=10^{-5}/\mathrm{s}\sim10^{-2}/\mathrm{s}$)下,约束再生混凝土应力-应变曲线的上升段基本一致,而下降段差异较为明显,随着应变率的提高,下降段曲线随之变陡。和普通混凝土一样,再生混凝土的性能受应变率影响非常明显,峰值点应力和相应应变以及极限应变随应变率的提高而增加。这和其他研究者的结论是一致的[33,34]。

(4) 由图 5.6 可以看出,不同约束条件(URAC、A-CRAC、B-CRAC)下,应力-应变关系曲线的上升段基本一致,而下降段差异较为明显。对于非约束再生混凝土,达到最大荷载后,荷载急速下降,取代率越高,下降段曲线越陡,表现出再生混凝土的脆性。而对于箍筋约束再生混凝土,荷载下降速度显著减慢。随着箍筋配箍率的提高,下降段曲线明显随之趋于平缓。可以看出,箍筋约束在很大程度上可以改善再生混凝土的脆性。约束效应对再生混凝土的影响规律与普通混凝土是相似的[35,36]。

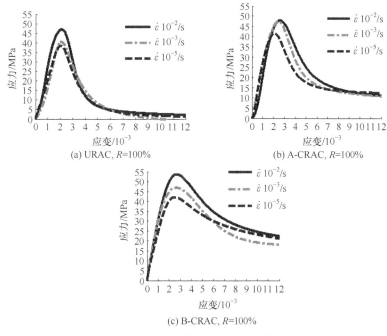

(a) URAC, R=100%　　　　　　(b) A-CRAC, R=100%

(c) B-CRAC, R=100%

图 5.5　不同应变率下应力-应变试验曲线

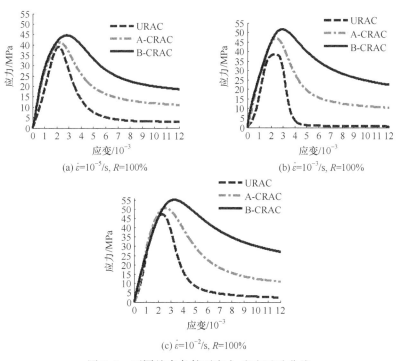

(a) $\dot{\varepsilon}$=10^{-5}/s, R=100%　　　　　　(b) $\dot{\varepsilon}$=10^{-3}/s, R=100%

(c) $\dot{\varepsilon}$=10^{-2}/s, R=100%

图 5.6　不同约束条件下应力-应变试验曲线

2. 动态约束效应

为了便于分析应变率效应对再生混凝土力学性能的影响,这里引入动态约束因子 K,即动态荷载下约束再生混凝土力学性能指标与准静态加载下非约束再生混凝土力学性能指标的比值。由约束再生混凝土应力-应变均值曲线可以看出,动态约束效应对再生混凝土受压峰值应力的影响非常显著,随着配箍率的增加,受压峰值应力随之增大;随着应变率的增加,受压峰值应力也随之提高。通过数据拟合和回归技术,分析不同条件下再生混凝土受压峰值应力受应变率和箍筋约束影响的变化规律。初步提出再生混凝土受压峰值应力动态约束因子模型,其数学表达式如下:

$$K = \left(\frac{\dot{\varepsilon}_c}{\dot{\varepsilon}_{c0}}\right)^{\alpha_a \left(\frac{1}{\beta_a + 30\theta_a}\right)} \left[1 + \Psi\left(1 - \frac{s}{2b_c}\right)\left(1 - \frac{s}{2h_c}\right)\left(1 - \frac{b_i}{3b_c} - \frac{h_i}{3h_c}\right)\frac{\rho_{sv} f_{yh}}{f_c'}\right] \quad (5.1)$$

式中,K 为受压峰值应力动态约束因子;α_a、β_a、θ_a 和 Ψ 为函数模型常数,通过动态试验确定,见表 5.1;f_c' 和 f_{yh} 分别为准静态应变率下非约束再生混凝土受压峰值应力和箍筋屈服强度(MPa);ρ_{sv} 为箍筋体积配箍率;s 为箍筋间距;b_c 和 h_c 分别为箍筋水平两个方向中心线间的距离[图 3.23(a)];b_i 和 h_i 分别为同方向相邻纵筋之间的距离[图 3.23(b)];$\dot{\varepsilon}_c$ 为所施加的应变率;$\dot{\varepsilon}_{c0}$ 为准静态应变率,在本试验中取 $1 \times 10^{-5}/s$。

表 5.1　再生混凝土受压峰值应力动态约束因子模型参数

参数					模型函数
$\dot{\varepsilon}_{c0}/(1/s)$	α_a	β_a	θ_a	Ψ	
10^{-5}	6.664	6.943	8.656	3.2604	K

3. 约束本构模型

在保证数值积分方法所产生的数值误差足够小后,钢筋混凝土结构有限元分析的模拟结构在很大程度上取决于所采用材料本构关系模型的准确程度。在钢筋混凝土结构的非线性分析中,材料本构关系模型包括钢筋的本构关系模型、混凝土的本构关系模型和钢筋与混凝土的黏结-滑移本构关系模型。由于本章中暂不涉及钢筋的黏结滑移问题,故只涉及混凝土和钢筋两类材料本构模型选择的问题。梁柱纤维模型的使用简化了对材料本构模型的选择,只需采用单轴受力条件下的材料本构模型,这类本构模型是目前研究得相对成熟和充分的一类模型,相对于复杂的多轴受力条件下的材料本构模型,更易保证客观性和可操作性。为了计算各纤维处的应力值,需要一个能描述在任意加载历史下的材料本构模型,对于一般的加载历史,从理论上说,材料应力大小的确定不仅与此刻的应力-应变水平有关,还同先前的应力-应变历史相关,从计算的观点来看,这样考虑是不实际的,需要存储整个应力-应变历史过程。因而必须在模型上予以简化,通常简化的模型包含下述两方面内容[37]:

(1) 反复加载作用下材料本构关系的骨架曲线的确定。通常假定在反复荷载作用下的包络线与单调加载时的应力-应变曲线相一致,这对于不考虑疲劳损伤的问题来说,应是一个较为合理的假设。

(2) 加卸载规则的确定。与构件层次恢复力模型的滞回规则相类似,材料本构关系的滞回规则与骨架曲线同样重要,也应反映材料的强度、刚度退化以及变形耗能等基本滞回规律[38]。对结构地震反应非线性分析而言,反映刚度退化和非线性耗能最为重要,一般而言,混凝土主要采用折线型滞回规则。

OpenSees 程序提供了单轴受力材料和多轴材料两类供用户选择。OpenSees可用于分析的材料对象比较丰富,包括线弹性材料、理想弹塑性材料、强化材料、滞回材料、黏滞材料、混凝土材料、钢筋材料等几十种,本章中分别介绍程序中单轴受力状态下混凝土和钢筋的材料本构关系模型。

由于混凝土在材料组成上明显不同于钢材,具有更多的不确定因素,常用的均质性、连续性、各向同性等分析假设均难以较好符合,因此在混凝土本构模型的研究上受到了更多的挑战,也引发了一些反思[39-42]。现在混凝土的本构理论已发展到相当复杂的程度。从最简单的线弹性、非线弹性、塑性黏弹塑性、内时、断裂、直至新近的损伤本构理论,这当中还有各种理论的混合运用,如塑性断裂理论等。这些本构模型往往以混凝土某个或几个本构现象作为出发点,对混凝土的其他本构现象给以忽略。用已有的力学理论推导相应本构方程,这些本构理论通常表现为概念新、数学形式复杂、计算难度较大,同时所需参数往往缺乏实际物理意义而难以标定,离工程实际需要尚有距离,很难被工程界接受。如果针对具体问题寻找相应适用范围内的特定本构模型,将有可能获得高效且实用化的模型。对于单轴应力状态占优的框架结构,采用单轴材料本构模型将会使问题得到相当程度的简化,将箍筋对混凝土的三维约束效应处理为等效单轴应力问题会使问题的求解更加高效、实用。

对于混凝土材料,箍筋的约束作用将会对材料的应力-应变关系产生重要影响,可以通过适当地修正混凝土单轴材料本构关系的骨架曲线来加以考虑。约束混凝土本构模型建立在素混凝土单轴材料模型的基础之上,通过对骨架曲线的适当修正来考虑箍筋对混凝土的约束作用。由于这些修正的依据主要来源于试验结果,所以这些模型的适用范围和准确性与各研究者们建立模型时所依据的试验结果密切相关。通常表现为在各自讨论范围内对试验结果有较佳的模拟效果,缺乏必要的通用性。造成这一现象的原因大致分为以下两方面:

(1) 考虑箍筋对混凝土约束作用的有关理论假设。随着对约束混凝土研究的深入,不少模型的建立已开始包含对约束机理的合理认识,如 Saatcioglu 等的模型,但往往出于实际可操作性的考虑,对模型进行了相当大的理论简化,其中较为重要的简化是侧向约束作用的均匀化假定、侧向约束作用大小的假定。对于矩形截面配箍,其约束机理与圆形截面螺旋箍筋明显不同,采用侧向约束作用的均匀化假定会与实际存在差异。通常假定在约束混凝土达到峰值强度时,箍筋同时也达到屈服,即箍筋充分发挥侧向约束作用,这一侧向约束作用大小的假定与试验观测到的现象并不完全相符。由于受多种因素影响,要准确计算箍筋实际发挥约束作用的大小十分困难,但本质上箍筋约束作用发挥的过程是被动约束逐渐发挥的过程,这与主动约束在机理上有着本质不同,依赖于箍筋与混凝土之间的变形与协调关系。

(2)是否有重要的影响因素被忽略。影响约束混凝土性能的因素除了影响素混凝土性能的因素,还依赖于箍筋与纵筋的配置。定量化地描述实际配置的箍筋与纵筋对约束混凝土性能可能造成的影响存在较大分歧,如早期的约束混凝土模型普遍未考虑配箍方式与纵筋分布的影响。另外,约束混凝土模型大都依据钢筋混凝土轴心受压柱试验建立。这与约束混凝土模型实际应用分析的压弯构件是否存在较为明显的差别,目前认识上尚有分歧,有待更进一步的研究探讨。

基于上述约束混凝土模型的研究现状和存在的问题,从实用的角度出发,在结构非线性分析程序中建立多种不同特点的约束混凝土模型的材料库,由研究者针对不同实际情况,结合各约束混凝土模型的适用范围与特点选取相应模型,并可利用不同的约束混凝土模型对计算结果进行分析比较,判断其合理性。

目前已有多种约束混凝土本构模型可供选用,本书中,根据约束再生混凝土动态试验结果,对 Kent-Scott-Park 材料模型[2,12,35,43]进行修正,提出了适用于再生混凝土结构非线性分析的本构关系模型,如图 5.7 所示。

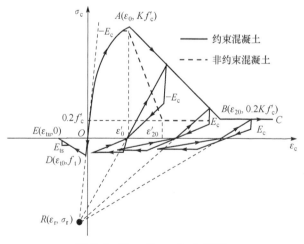

图 5.7　Kent-Scott-Park 模型

修正的 Ken-Scott-Park 约束混凝土模型是简化与精确之间的一种较好的平衡[12]，该模型通过修改图中无约束混凝土受压骨架曲线的峰值应力、应变以及软化段斜率来考虑结构横向箍筋的约束影响。再生混凝土受压骨架曲线由三部分组成。

OA 段：

$$\sigma_c = K f_c' \left[2\left(\frac{\varepsilon_c}{\varepsilon_0} \right) - \left(\frac{\varepsilon_c}{\varepsilon_0} \right)^2 \right], \quad \varepsilon_c \leqslant \varepsilon_0 \tag{5.2}$$

AB 段：

$$\sigma_c = K f_c' [1 - Z(\varepsilon_c - \varepsilon_0)], \quad \varepsilon_0 < \varepsilon_c \leqslant \varepsilon_{20} \tag{5.3}$$

BC 段：

$$\sigma_c = 0.2 K f_c', \quad \varepsilon_c > \varepsilon_{20} \tag{5.4}$$

每段曲线相应的斜率（切线模量）可以由式(5.5)～式(5.7)得到：

$$E_t = \frac{2 K f_c'}{\varepsilon_0} \left(1 - \frac{\varepsilon_c}{\varepsilon_0} \right), \quad \varepsilon_c \leqslant \varepsilon_0 \tag{5.5}$$

$$E_t = -Z K f_c', \quad \varepsilon_0 < \varepsilon_c \leqslant \varepsilon_{20} \tag{5.6}$$

$$E_t = 0, \quad \varepsilon_c > \varepsilon_{20} \tag{5.7}$$

式中，

$$K = 1 + \frac{\rho_s f_{yh}}{f_c'} \tag{5.8}$$

$$Z = \frac{0.5}{\dfrac{3 + 0.29 f_c'}{145 f_c' - 1000} + 0.75 \rho_{sv} \sqrt{\dfrac{h'}{s}} - 0.002 K} \tag{5.9}$$

由式(5.2)～式(5.9)，可以分别得到图 5.7 中 A 点和 B 点对应的应力值与应变值。

A 点处的应力和应变分别为

$$f_{c1c} = K f_c' \tag{5.10}$$

$$\varepsilon_0 = 0.002 K \tag{5.11}$$

B 点处的应力和应变分别为

$$f_{c2c} = 0.2 K f_c' \tag{5.12}$$

$$\varepsilon_{20} = \frac{0.8}{Z} + \varepsilon_0 \tag{5.13}$$

对于混凝土受箍筋加拉筋约束的情况，Scott 建议混凝土极限压应变 ε_u 可偏保守的按式(5.14)进行确定：

$$\varepsilon_u = 0.004 + 0.9 \rho_s \left(\frac{f_{yh}}{300} \right) \tag{5.14}$$

以上公式中,ε_0 为混凝土最大压应力所对应的应变;ε_{20} 为 20% 最大压应力所对应的应变;K 为考虑应变率和约束影响的动态约束因子,由式(5.1)确定;Z 为应变软化段斜率;f'_c 为准静态荷载下非约束再生混凝土抗压强度(MPa),本章中采用实测的再生混凝土轴心抗压强度;f_{yh} 为准静态荷载下箍筋的屈服强度(MPa),本章中采用实测的镀锌铁丝屈服强度;ρ_{sv} 为约束箍筋的体积配箍率;h' 为从箍筋外边缘算起的核心区混凝土宽度;s 为箍筋间距;ε_u 为混凝土极限压应变。图 5.7 中,E_c 为混凝土的初始弹性模量,可按式(5.15)确定,书中采用实测的再生混凝土弹性模量值;图中 R 点的应力、应变分别按式(5.16)和式(5.17)确定。

$$E_c = \frac{2f'_c}{\varepsilon_0} \tag{5.15}$$

$$\varepsilon_r = \frac{0.2Kf'_c - E_{20}\varepsilon_{20}}{E_c - E_{20}} \tag{5.16}$$

$$\sigma_r = E_c\varepsilon_r \tag{5.17}$$

Kent-Scott-Park 模型包含对滞回性能的模拟,如图 5.8 所示。加、卸载关系采用 Karsan-Jirsa 准则[44],混凝土卸载时先按初始切线刚度 E_c 反向卸载到 1/2,然后开始考虑刚度退化系数进行卸载和加载,并且可以卸载至混凝土受拉。

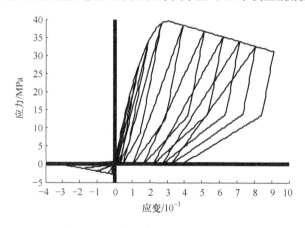

图 5.8　混凝土应力-应变滞回曲线

修正的 Kent-Scott-Park 约束混凝土模型涉及的特征参数,如峰值应力点 A 和残余应力点 B,仅给出模型的确定方式,是一种简化且保守的确定方式。该模型主要考虑了滞回过程中刚度退化和耗能现象,没有涉及强度退化问题。该混凝土模型是在简化与精确之间的一种较好的平衡,未能考虑峰值应力与应变的提高不一致、配箍方式、箍筋约束作用发挥度、纵筋布置的影响。模型的特征参数也可采用更为复杂的方法确定,如考虑峰值应力与应变的提高不一致、配箍方式、箍筋约束作用发挥度、纵筋布置的影响等[35,43,45-48]。

所建议的再生混凝土本构模型目前主要考虑了混凝土滞回过程中的刚度退化和滞回耗能现象,尚未涉及强度退化问题,对于考虑受多次地震反复作用的问题,这可能是一个值得注意的问题。

混凝土受拉应力-应变关系曲线如图 5.7 所示,由 2 部分组成,可表示为

$$\sigma_t = E_c \varepsilon_t, \quad 0 < \varepsilon_t \leqslant \varepsilon_{t0} \tag{5.18}$$

$$\sigma_t = f_t + E_{ts}(\varepsilon_t - \varepsilon_0), \quad \varepsilon_{t0} < \varepsilon_t \leqslant \varepsilon_{tu} \tag{5.19}$$

式中,

$$\varepsilon_{t0} = \frac{f_t}{E_c} \tag{5.20}$$

式中,ε_{t0} 为混凝土最大拉应力所对应的应变;ε_{tu} 为混凝土拉应力为 0 所对应的应变;f_t 为再生混凝土轴心抗拉强度(MPa);E_{ts} 为峰值拉应力之后的受拉软化段刚度。该混凝土模型考虑了混凝土的拉伸强化以及将达到峰值拉应力软化处理为线性变化。

为考虑再生混凝土保护层的压碎或剥落现象,保护层的再生混凝土可按图 5.7 中非约束混凝土计算,即认为一旦受压应变值超过 ε_{20}',保护层的强度将会减少到 $0.2 f_c'$;如果构件的混凝土保护层脱落,则可取应力下降到 0。

5.3　钢筋本构模型

5.3.1　Menegotto-Pinto 模型

Menegotto-Pinto 钢筋本构模型(Steel02 Material)最初是由 Menegotto 和 Pinto[49] 所提出的,1983 年 Filippou 等对模型进行了修正,以考虑等向应变硬化的影响[13],如图 5.9 所示。该本构模型采用了应变的显函数表达式,在计算上非常有效率,同时又保持了与钢筋反复加载试验结果非常好的一致性,可以反映 Bauschinger 效应。Menegotto 和 Pinto 所建议的模型表达形式为

$$\sigma^* = b\varepsilon^* + \frac{(1-b)\varepsilon^*}{(1+\varepsilon^{*R})^{1/R}} \tag{5.21}$$

式中,

$$\varepsilon^* = \frac{\varepsilon - \varepsilon_r}{\varepsilon_0 - \varepsilon_r} \tag{5.22}$$

$$\sigma^* = \frac{\sigma - \sigma_r}{\sigma_0 - \sigma_r} \tag{5.23}$$

由式(5.21)～式(5.23)可得到切线模量 E_t,其表达式为

$$E_t = \frac{d\sigma}{d\varepsilon} = \left(\frac{\sigma_0 - \sigma_r}{\varepsilon_0 - \varepsilon_r}\right)\frac{d\sigma^*}{d\varepsilon^*} \tag{5.24}$$

式中,

$$\frac{\mathrm{d}\sigma^*}{\mathrm{d}\varepsilon^*} = b + \left[\frac{1-b}{(1+\varepsilon^{*R})^{1/R}} \right] \left(1 - \frac{\varepsilon^{*R}}{1+\varepsilon^{*R}} \right) \qquad (5.25)$$

式(5.21)表示从斜率为 E_0 的一条直线渐近线到另一条斜率为 E_1 的直线渐近线的曲率变化,两条渐近线在图 5.9(a)中分别对应直线(a)和直线(b)。σ_r 和 ε_r 为应变方向处的应力、应变,σ_0 和 ε_0 为两渐近线交叉处的应力、应变,如图 5.9(a)所示。(ε_r,σ_r) 和 (ε_0,σ_0) 在每次应变方向之后将更新其值。b 为应变硬化率,即斜率 E_0 与 E_1 的比值。R' 是影响过渡曲线形状的参数,它反映了包辛格效应,如图 5.9(b)所示,公式(5.26)给出了 R' 的表达式:

$$R' = R'_0 - \frac{a_1\xi}{a_2+\xi} \qquad (5.26)$$

式中,

$$\xi = \left| \frac{\varepsilon_m - \varepsilon_0}{\varepsilon_y} \right| \qquad (5.27)$$

式中,R'_0 为首次加载时 R' 的初始值;a_1 和 a_2 为同 R'_0 一起由试验确定的参数值;ξ 随每次应变方向更新其值;ε_m 为应变反向处的应变最大值或最小值;ε_0 为两条渐近线交叉点的应变;ε_m 和 ε_0 在同一条渐近线上;ε_y 为屈服应变。

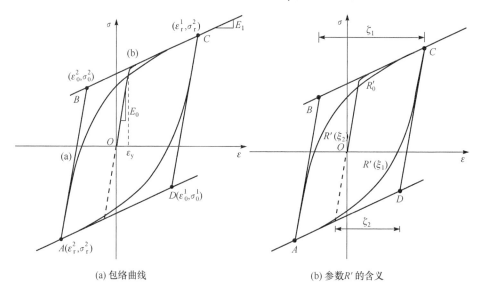

(a) 包络曲线　　　　　　　　　　(b) 参数 R' 的含义

图 5.9　Menegotto-Pinto 钢筋模型

为了在此模型中能考虑钢筋的等向硬化问题,Filippou 等建议将线性的屈服渐近线进行应力平移,平移的大小取决于塑性应变最大值的大小,即

$$\frac{\sigma_{st}}{\sigma_y} = a_3 \left(\frac{\varepsilon_m}{\varepsilon_y} - a_4 \right) \tag{5.28}$$

式中，σ_y 为钢筋屈服应力；a_3 和 a_4 为由试验确定的参数。图 5.10 为考虑等向应变硬化影响后的钢筋应力-应变滞回曲线。

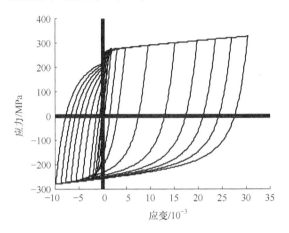

图 5.10　钢筋应力-应变滞回曲线

Menegotto-Pinto 模型假定钢筋在受压时不发生受压屈曲，即认为箍筋有足够小的间距以防止纵筋受压屈曲[37]。

5.3.2　Hysteretic material 模型

为反映钢筋在加载时的屈服、硬化和软化现象，钢筋本构模型可采用单轴滞回材料模型（Hysteretic material）[1,2]，该模型可以考虑应力-应变（力-位移）的捏缩效应和基于延性的卸载刚度退化，同时包括一个与材料延性和耗能相关的材料破坏模型。模型的骨架曲线如图 5.11 所示，滞回曲线的骨架曲线用分段直线表示，各分段的斜率可以由输入的材料参数决定，在受拉区域，各分段斜率按下面的公式确定：

$$E_{1p} = \frac{S_{1p}}{e_{1p}} \tag{5.29}$$

$$E_{2p} = \frac{S_{2p} - S_{1p}}{e_{2p} - e_{1p}} \tag{5.30}$$

$$E_{3p} = \frac{S_{3p} - S_{2p}}{e_{3p} - e_{2p}} \tag{5.31}$$

其中，S_{1p}、e_{1p} 分别为骨架曲线正方向上的第一点的应力（力）和应变（位移）；S_{2p}、e_{2p} 分别为骨架曲线正方向上的第二点的应力（力）和应变（位移）；S_{3p}、e_{3p} 分别为骨架曲线正方向上的第三点的应力（力）和应变（位移）。

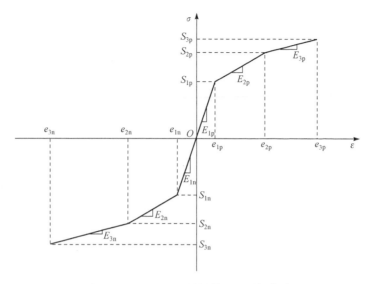

图 5.11　Hysteretic 材料模型的骨架曲线

在受压区域,各分段斜率按下面的公式确定:

$$E_{1n} = \frac{S_{1n}}{e_{1n}} \tag{5.32}$$

$$E_{2n} = \frac{S_{2n} - S_{1n}}{e_{2n} - e_{1n}} \tag{5.33}$$

$$E_{3n} = \frac{S_{3n} - S_{2n}}{e_{3n} - e_{2n}} \tag{5.34}$$

式中,S_{1n}、e_{1n}分别为骨架曲线负方向上的第一点的应力(力)和应变(位移);S_{2n}、e_{2n}分别为骨架曲线负方向上的第二点的应力(力)和应变(位移);S_{3n}、e_{3n}分别为骨架曲线负方向上的第三点的应力(力)和应变(位移)。

该模型的滞回规则如图 5.12 所示,加荷时沿骨架曲线巡行,在进入屈服段后,卸荷刚度按式(5.37)取值,卸荷至零载进行反向加载时,考虑材料破坏和捏缩效应,将原来指向反向变位最大点的直线修正,形成新的加载路径,反向加载沿此新的路径进行,次滞回规则与主滞回规则相同。以下是对该本构模型滞回规则的具体分析。

当从图 5.12 中的 F 点进行加载时,由于材料破坏,材料的应变由原先的 A 点变为 B 点,可以用一个应变增大系数 f_{dam} 来考虑,系数 f_{dam} 与材料的延性和耗能有关,可按下式计算:

$$f_{dam} = \frac{E f_{dam2}}{E_H} + f_{dam1}(u_y - 1) \tag{5.35}$$

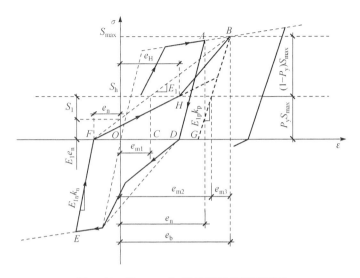

图 5.12　Hysteretic 材料模型的滞回规则

式中，f_{dam1} 和 f_{dam2} 分别为输入的材料延性破坏系数和能量破坏系数；E 为材料的耗能；E_H 为滞回曲线总的耗能，即骨架曲线包围的面积；u_y 为材料延性。

由式（5.35）可以确定图 5.12 中 B 点的应变：

$$e_b = e_a(1.0 + f_{dam}) \tag{5.36}$$

滞回曲线的卸载刚度可按式（5.37）计算：

$$k_{unload} = k_p E_{1p} \tag{5.37}$$

式中，

$$k_p = \left(\frac{e_a}{\delta_{1p}}\right)^{\beta} \tag{5.38}$$

其中，e_a 为 A 点应变；β 为刚度退化系数。

当从图 5.12 中的 F 点开始加载，且考虑滞回曲线的捏缩效应时，材料实际的加载路径是图 5.12 中的 FH 和 HB，假定应变和应力的捏缩因子分别为 P_x 和 P_y，其中 H 点的位置可按下述方法确定：

$$S_h = P_y S_{max} \tag{5.39}$$

图 5.12 中 S_1 的计算公式为

$$S_1 = e_n E_1 + P_y S_{max} = e_n E_1 + P_y(e_b - e_n)E_1 \tag{5.40}$$

由式（5.40）可得到 e_{m1}：

$$e_{m1} = \frac{S_1}{E_1} = e_n + P_y(e_b - e_n) \tag{5.41}$$

图 5.12 中 e_{m3} 的计算公式为

$$e_{m3} = \frac{(1-P_y)S_{max}}{k_p E_{1p}} \tag{5.42}$$

由式(5.41)和式(5.42)得到 e_{m2} 的计算公式:

$$e_{m2} = e_b - e_{m3} \tag{5.43}$$

这样由式(5.41)和式(5.43),可得到 H 点的应变:

$$e_H = e_{m1} + (e_{m2} - e_{m1})P_x \tag{5.44}$$

图 5.13 为 3 折线滞回模型软化和硬化现象的几个示例。

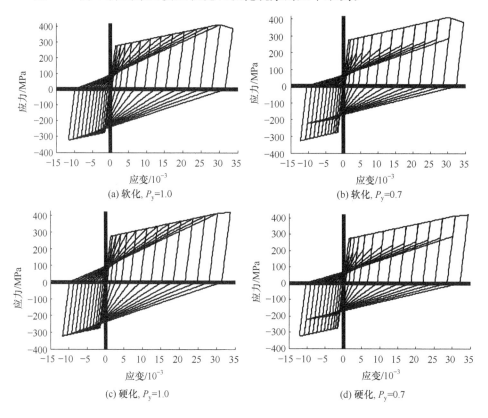

(a) 软化, P_y=1.0　　　　　　　　　　(b) 软化, P_y=0.7

(c) 硬, P_y=1.0　　　　　　　　　　(d) 硬, P_y=0.7

图 5.13　Hysteretic 材料模型的滞回曲线

　　作者分别采用上述两种钢筋材料模型对再生混凝土框架结构进行非线性动力分析,通过分析对比发现,采用滞回钢筋材料模型能够反映钢筋在加载时的屈服、硬化和软化现象,得到的计算结果和试验吻合得较好。因此,在本章中采用滞回材料模型作为钢筋的本构关系模型。

5.4　纤　维　模　型

　　基于纤维模型的结构非线性分析方法很多,OpenSees 程序便是基于纤维模型的有限元程序的代表。其程序代码是公开的,用户可以通过编程为系统增加新的材料本构和单元模型[50]。OpenSees 程序提供的截面恢复力模型包括弹性恢复力模型、理想弹塑性恢复力模型、两折线强化恢复力模型、滞回恢复力模型、单轴截面模型和纤维模型等。本章中单元截面采用纤维模型(fiber section),如图 5.14 所示。纤维模型的主要思路是沿单元纵向将各控制截面(积分点处)离散化为若干个小单元,即纤维(包括混凝土纤维和钢筋纤维)。纤维模型将构件截面划分为若干个混凝土纤维和钢筋纤维,用户可以自定义每根纤维的截面位置、面积和材料的单轴本构关系,适用于任意截面形状。纤维模型可以准确考虑轴力和弯矩的相互关系。由于纤维模型将截面分割,所以同一截面的不同纤维可以有不同的本构关系,这样就可以采用更加符合构件受力状态的材料本构关系,如可模拟构件截面不同部分受到侧向约束作用的受力性能等。

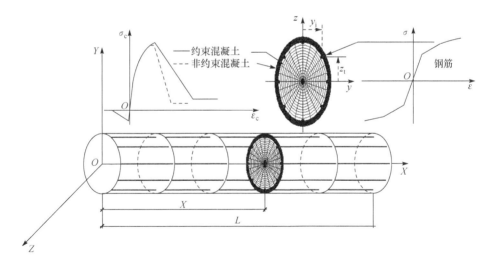

图 5.14　纤维截面模型

5.4.1　基本假定

　　本章建立的有限元模型采用的基本假定如下:
　　(1) 采用欧拉-伯努利(Euler-Bernoulli)梁柱平截面假定,认为梁(柱)构件的任意横截面在整个单元变形过程中均保持为平面并与纵轴正交,即不考虑剪切变形和扭转变形对截面的影响。

(2) 每个纤维单元处于单轴应力状态,截面力与变形之间的非线性关系能完全根据相应各纤维材料的单轴应力-应变的非线性关系来计算,可通过对单轴应力-应变关系的适当修正达到更好地考虑截面实际受力的目的,如箍筋对混凝土的约束效应等。

(3) 钢筋与混凝土之间的黏结良好,不考虑黏结滑移。

平截面假定对于可以不考虑剪切与扭转变形影响,由理想均质材料构成的梁、柱单元是足够精确的。对于钢筋混凝土构件,大量的试验量测和对比计算表明,只要混凝土与钢筋之间保持良好的黏结性能,当采用较大标距量测时,截面的平均应变分布基本符合假定,梁柱整体的计算结果也与试验吻合较好[37,51,52]。但是却难以较好地反映钢筋混凝土构件特有的一些局部化现象,如开裂和黏结滑移等。不过对于混凝土的开裂以及拉伸硬化效应对构件整体受力性能的影响,可根据钢筋混凝土实体有限元分析中的弥散裂缝的概念通过修正钢筋或混凝土应力-应变关系加以适当的考虑[53],而且这些影响通常也只是对于单元处于屈服前阶段时是重要的。当结构进入强非线性变形阶段后,开裂的影响是可以被忽略的[37],但此时黏结滑移则可能是影响结构反应的一个很重要的因素。

目前已有一些考虑黏结滑移影响的分析方法,如转化为等效节点荷载法[54,55]、附加黏结滑移弹簧法[52,56-68]等。但这些方法在理论上不十分完善或人为主观因素过大,缺乏在实际问题分析中的客观性和可操作性,以及如何将这类方法同基于纤维模型的有限单元分析模型相结合仍是值得探讨的问题,关于黏结滑移对结构反应的影响这一问题,普遍学者认为会产生重要影响,仅极少数人的研究结果显示不太重要。但应当注意的是,认为会产生重要影响的结论目前基本上是由构件或梁柱组合体试验得出的[55,59-61]。尤其平面不带楼板的梁柱组合体,由于这些试件的加载方案与实际带现浇楼板约束的真实结构动力反应在受力过程上存在比较大的差异,加载制度上也过于严格,实际结构动力反应过程中黏结滑移究竟能产生多大影响仍是值得探讨的课题。在钢筋混凝土纤维模型的基础上,通过在梁柱节点、柱底部附加一个零截面长度单元[2],采用 Bond SP01——锚固钢筋滑移本构模型,来模拟构件中纵向钢筋的滑移。把弯曲变形和滑移变形分开考虑,即用一个杆件单元来模拟构件长度内弯曲效应引起的变形,在杆件单元的端部再附加一个单独考虑滑移变形的零截面长度单元,这一将黏结滑移影响从结构动力反应中有效剥离出来的研究工作已取得了一些成果,例如,Zhao 和 Sritharan 所完成的对钢筋混凝土结构的数值模拟分析[62],认为忽略黏结滑移将会造成对结构刚度以及耗能性上的高估,最终将会造成对构件弯曲转动能力要求上的高估。随着钢筋黏结滑移本构关系的建立与完善[63-67],以及对单根钢筋滑移问题分析方法上的进步与完善,考虑黏结滑移影响的有限单元分析方法[68-71]的分析精度已满足工程实际的要求。该方法将钢筋在力学模型上模拟为受分布荷载作用的非线性桁架杆单元,通常要将所分析的钢筋滑移段离散化为若干单元,也就是将钢筋本身作为一种结构来处理,目前只有 Filippou 在完成的平面中间层中节点的梁柱组合体在反复荷载作用下的数值模拟[65]工作中使用了该方法。尽管分析结果与试验取得了较好的一致性,但该方法在程序实现上的复杂性以及特殊性,并未针对钢筋混凝土框架结构非线性分析,将方法在通用有限元分析程序中实现。另外,由于将钢筋离散处理为多个非线性桁架单元,计算自由度大幅增高,导致在结构动力分析上的计算可行性问题。不过,仍有研究者在继续朝着这个方向努力工作,已将研究推广至空间受力构件的应用[72-74]。

综合上述黏结滑移研究现状来看,寻找到满足以下要求的黏结滑移分析模型目前尚有困难,这些要求如下:既要考虑到在结构三维非弹性地震动力反应计算时间上的可行性,同时又要满足必要的理论上的严密性,以及应能同现有的基于纤维模型的有限单元梁柱分析模型无缝结合。因此,本章将这一问题留待下一阶段继续研究,现暂不加以考虑,以免由于引入过于粗糙的模型而人为引入一些非客观性因素,反而掩盖现有分析方法数值模拟结果的真实性或存在的问题。

除纤维模型外,OpenSees 程序提供的截面恢复力模型还包括弹性恢复力模型、理想弹塑性恢复力模型、两折线强化恢复力模型、滞回恢复力模型、单轴截面模型等。OpenSees 可以定义多种非线性材料,这些非线性材料可以分别代表截面的力与变形的关系,如它们可以是弯矩-曲率关系、轴力-轴向应变关系、剪力-剪应变关系、扭矩-扭转变形关系。在进行数值模拟时,可以把这种非线性材料赋给单轴截面,即首先通过截面静力非线性分析,得到截面的恢复力模型,然后将其赋给单轴截面。用这种方法来近似对结构(构件)实施非线性分析,可以节省 OpenSees 程序对计算机资源的消耗以及提高非线性分析的迭代收敛。

5.4.2　纤维截面分析

如图 5.14 所示,在单元局部坐标系下,距离坐标原点 X 处的纤维截面的应力和应变向量可表示成下列矩阵形式:

纤维截面应力向量

$$\{\sigma(x)\} = \begin{bmatrix} \sigma_{x1}(x,y_1,z_1) \\ \sigma_{x2}(x,y_2,z_2) \\ \vdots \\ \sigma_{xi}(x,y_i,z_i) \\ \vdots \\ \sigma_{xn}(x,y_n,z_n) \end{bmatrix} \tag{5.45}$$

纤维截面应变向量

$$\{\varepsilon(x)\} = \begin{bmatrix} \varepsilon_{x1}(x, y_1, z_1) \\ \varepsilon_{x2}(x, y_2, z_2) \\ \vdots \\ \varepsilon_{xi}(x, y_i, z_i) \\ \vdots \\ \varepsilon_{xn}(x, y_n, z_n) \end{bmatrix} \tag{5.46}$$

式中，n 为位于 X 处截面所划分的纤维个数，位于不同的 X 处截面所划分的纤维个数 n 可以不同，并不强制要求相同。

根据前面纤维模型分析假定中的平截面假定很容易建立起截面变形与截面纤维应变之间的简单矩阵关系：

$$\{\varepsilon(x)\} = [L(x)]\{D(x)\} \tag{5.47}$$

式中，

$$[L(x)] = \begin{bmatrix} 1 & -y_1 & z_1 \\ 1 & -y_2 & z_2 \\ \vdots & \vdots & \vdots \\ 1 & -y_i & z_i \\ \vdots & \vdots & \vdots \\ 1 & -y_n & z_n \end{bmatrix} \tag{5.48}$$

其中，$[L(x)]$ 为线性几何变换矩阵。

截面状态的确定与单元相似，需要计算截面抗力和截面切线刚度。由图 5.14 可知，纤维截面中任意一点 (x, y, z) 的应变值为

$$\varepsilon_x(x, y, z) = [l(y, z)]\{D(x)\} \tag{5.49}$$

式中，

$$[l(y, z)] = \begin{bmatrix} 1 & -y & z \end{bmatrix} \tag{5.50}$$

由纤维截面应变所在位置处纤维的材料本构关系，可得到相应的材料切线模量以及应力值。再根据虚位移原理便可推导出截面切线刚度矩阵及抗力，如下式所示：

$$[K(x)] = \int_{A(x)} [l(y, z)]^{\mathrm{T}} E(x, y, z) [l(y, z)] \mathrm{d}A \tag{5.51}$$

$$\{F(x)\} = \int_{A(x)} [l(y, z)]^{\mathrm{T}} \sigma_x(x, y, z) \mathrm{d}A \tag{5.52}$$

式中，$[K(x)]$ 为截面切线刚度矩阵；$\{F(x)\}$ 为截面抗力向量；$E(x, y, z)$ 为截面材料切线模量；$\sigma_x(x, y, z)$ 为截面应力。

上述积分计算在计算机程序中实施时需要给定一个数值积分方法，考虑到积分区域（截面形式）的一般性，通常选择中心点数值积分方案，即将位于 X 处的截

面离散化为 n 根纤维束,认为每根纤维断面上的应变分布是均匀的,并取其几何中心位置上的应变值来表示,这也正是形象化称之为纤维模型的主要原因[37]。因此式(5.51)和式(5.52)可分别表示为下述两式:

$$[K(x)] = \begin{bmatrix} \sum_{i=1}^{n} E_i A_i & -\sum_{i=1}^{n} E_i A_i y_i & \sum_{i=1}^{n} E_i A_i z_i \\ -\sum_{i=1}^{n} E_i A_i y_i & \sum_{i=1}^{n} E_i A_i y_i^2 & -\sum_{i=1}^{n} E_i A_i y_i z_i \\ \sum_{i=1}^{n} E_i A_i z_i & -\sum_{i=1}^{n} E_i A_i y_i z_i & \sum_{i=1}^{n} E_i A_i z_i^2 \end{bmatrix} \quad (5.53)$$

$$\{F(x)\} = \begin{Bmatrix} \sum_{i=1}^{n} \sigma_{xi} A_i \\ \sum_{i=1}^{n} \sigma_{xi} A_i y_i \\ \sum_{i=1}^{n} \sigma_{xi} A_i z_i \end{Bmatrix} \quad (5.54)$$

式中,y_i、z_i、A_i、E_i 和 σ_{xi} 分别为距离原点 X 处第 i 个纤维截面的几何中心坐标、面积、材料切线模量及应力值。式(5.53)和式(5.54)可简写为如下表达形式:

$$[K(x)] = [L(x)]^{\mathrm{T}} [E(x)][A(x)][L(x)] \quad (5.55)$$

$$\{F(x)\} = [L(x)]^{\mathrm{T}} [A(x)]\{\sigma(x)\} \quad (5.56)$$

式中,$[E(x)]$ 和 $[A(x)]$ 分别为由 E_i 和 A_i 构成的对角矩阵。

纤维模型的计算精度与截面离散的纤维数目和离散方式有关。一般采用较为均匀的离散方式,如图 5.15 所示。截面主要离散化为核心区混凝土纤维(按约束混凝土材料考虑)、外围混凝土纤维(按无约束混凝土材料考虑)和钢筋纤维 3 部分。纤维截面结构模型反应的精确性与单元截面的网格划分有很大关系。采用较多的纤维将有助于提高积分计算的精度,但同时也会带来计算时间的增长。基于柔度法建立的非线性纤维梁柱单元,纤维截面离散可粗略一些,对计算精度没有太大影响,但基于刚度法建立的非线性纤维模型,其截面划分的纤维数目对计算精度影响较大。计算实践表明,由于截面在模型化过程中不可避免存在一定的模型误差,当离散的纤维数目达到某个值时,积分方法产生的数值误差将不再显著。一般在多轴受力状态下,对于常见的矩形截面,纤维数目达 40 左右便有足够的分析精度。

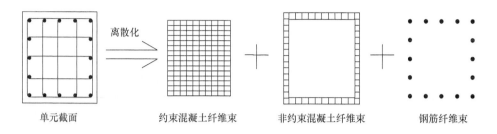

图 5.15　再生钢筋混凝土构件截面纤维离散化

5.5　计 算 模 型

对结构进行 OpenSees 数值仿真分析时,首先要建立有限元模型。和其他分析程序建模顺序一样,用户先确定分析对象的材料本构关系、截面类型、截面恢复力模型、单元类型;然后对分析对象划分节点和单元,定义作用于节点和单元上的荷载、节点集中质量、几何坐标转换等;再对分析对象施加约束;最后将有限元模型相应的材料对象、截面对象、节点对象、单元对象、荷载类型和约束对象等组合起来,便得到了最终的有限元模型。本章在分析中选用了较为复杂但精度较高的基于柔度法的纤维模型来进行再生混凝土框架结构的 3 维非线性反应分析,图 5.16 为再生混凝土框架有限元模型图,图 5.17 为梁、柱单元截面纤维离散图。

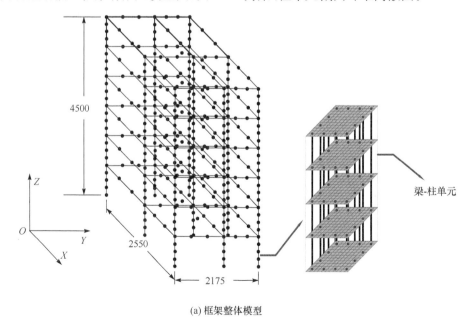

(a) 框架整体模型

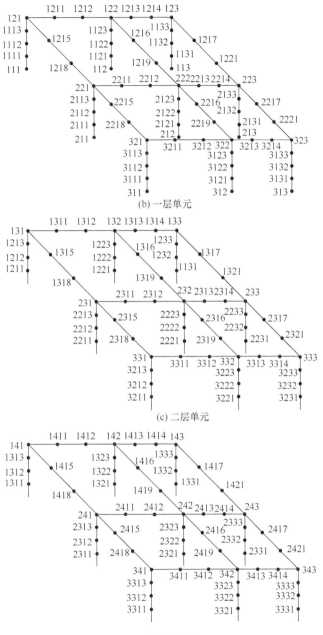

(b) 一层单元

(c) 二层单元

(d) 三层单元

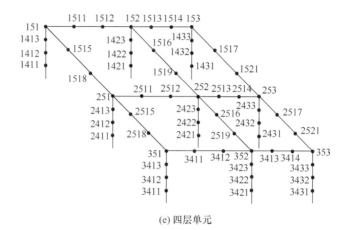

(e) 四层单元

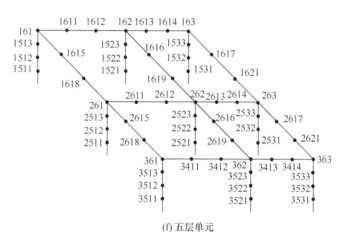

(f) 五层单元

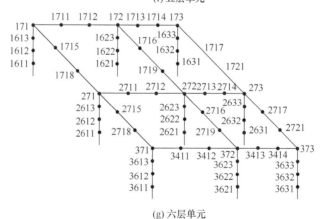

(g) 六层单元

图 5.16　再生混凝土框架有限元模型及单元节点编号

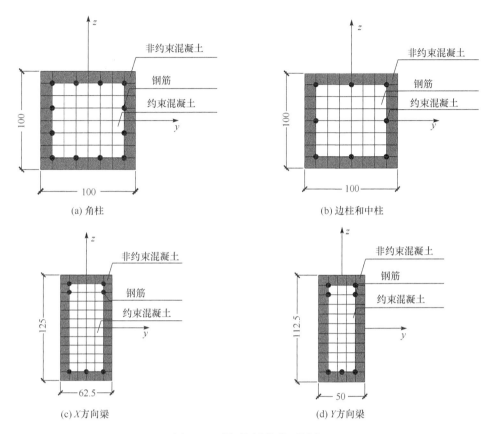

图 5.17　梁、柱纤维截面划分

空间梁柱单元局部坐标系 x、y、z 与结构整体坐标系 X、Y、Z 之间的关系如图 5.18所示。空间梁柱单元局部坐标系的原点设在单元的始端 i 节点处,取单元的轴线作为单元坐标系的 x 轴,从单元始端 i 至末端 j 的方向作为 x 轴的正方向,从 x 轴的正方向逆时针旋转90°即得到 y 轴,z 轴的确定则根据空间直角坐标系右手旋转法则。通常把单元横截面上的两个形心主惯性轴分别作为单元坐标系的 y 和 z 轴,单元沿纵向 x 轴被离散化成若干个横截面,如图 5.18 所示。这些横截面位置依赖于形成单元刚度矩阵所采用的数值积分方案,如果采用高精度的 Gauss 数值积分方案,则这些横截面将位于 Gauss 数值积分方法的积分控制点处。非线性梁柱单元采用的积分方法是 Gauss-Lobatto 法,它和常规的 Gauss 积分法非常相似,区别在于 Gauss-Lobatto 的积分控制点位置包括了边界的起点、终点,而常规的 Gauss 积分方法只有随积分点数目增加才能逐渐接近单元的端部截面。由于非线性反应过程中主要的非弹性变形通常集中出现在单元的端部截面上,所以这种数值积分方法能更好地模拟构件的非线性反应特点和规律。当采用纤维模型描述截面恢复力关系时,各横截面还需进一步离散化为若干根纤维,各个横截面的纤维束数目可以具有不同的值,这实际上反映了单元的横截面可能沿单元纵向发生变化的实际情况,如变截面或纵向钢筋配筋发生改变,这些实际可能会发生的情况,对于传统非弹性地震反应分析中的有限单元分析模型来讲是难以考虑进去的。根据截面上每一根纤维的恢复力关系,可以确定每个截面的截面抗力和截面刚度矩阵,然后按照一定的数值积分方法沿杆长积分就可以计算出整个单元的抗力和刚度矩阵。

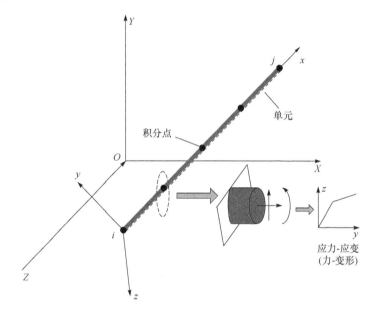

图 5.18　空间梁柱单元及其截面设置

OpenSees 程序提供了多种单元分析模型,按其类型主要分为杆系模型和实体模型两大类。其中,实体模型包括二维和三维有限单元实体模型;而杆系模型包括桁架单元、集中塑性铰梁单元、弹性梁柱单元、非线性梁柱单元和零长度单元[2]。目前梁柱有限元单元的非线性分析模型主要分为集中塑性模型和塑性模型两大类。

集中塑性模型认为梁柱单元的弹塑性变形集中在杆件的两端,单元的非弹性性能通过位于单元两端的非线性弹簧反映,在 OpenSees 程序中弹簧可采用零长度单元(zero length element)来模拟。最早的多分量模型由 Clough 和 Benuska[75]提出,单元由两并联的单元组成,采用双线性的弯矩-转角关系。Giberson[76] 提出了最早的单分量模型,单元由一个弹性杆和杆两端的弹簧组成。其后很多研究者对单分量模型和多分量模型进行了研究和发展,为了克服经典的塑性理论的限制,Lai 等[77] 提出了纤维铰模型,该模型是由一根弹性杆件和两个位于杆件端部的非线性纤维铰组成的,在纤维铰截面的角部有四个弹簧单元,用来代表杆件的纵向钢筋,在截面中心有一个代表混凝土的受压的弹簧,这五个弹簧能够合理地模拟截面轴向力和弯矩的相互作用。

分布塑性模型中,材料的非线性可以在杆件的任意单元截面上,通过对截面的加权积分来得到单元的行为。早期的分布塑性模型由 Otani[78] 提出,模型由在反弯点连接的两根悬臂梁构成。在随后的分布塑性模型发展中,逐渐形成了基于有限单元刚度法和基于有限单元柔度法的两种模型。Mahasuverachai 和 Powell[79] 提出了在分析中不断修正的基于柔度的形函数,在此基础上,Kaba 和 Mahin[80] 提出了基于柔度的单元,随后又被 Zeris 和 Mahin[81] 进行了发展,Ciampi 和 Carlesimo[82] 第一次给出了基于有限元柔度法单元的一致性公式,随后 Taucer 等[83] 及 Neuenhofer 和 Filippou 等[84] 又对公式进行了改进。国内,对分布式塑性模型的研究也取得了一些研究成果[37,85]。

OpenSees 程序提供了弹性梁柱单元模型和非线性梁柱单元模型,非线性梁柱单元主要包括 beamWithHinges 集中塑性单元、forceBeamColumn 分布塑性单元和 dispBeamColumn 分布塑性单元。dispBeamColumn 单元基于有限元刚度法理论,而 forceBeamColumn 单元和 beamWithHinges 单元则基于有限元柔度法理论。下面主要从理论和应用方面对这两种类型的单元进行深入的比较。

5.5.1　基于有限元刚度法的非线性梁柱单元

基于有限元刚度法的非线性梁柱单元是基于纤维模型的非线性单元,可用于结构的静力和动力非线性分析,并且可以考虑 P-Delta 效应。基于有限元刚度法的非线性梁柱单元预先假定一个位移插值函数,对于最为常见的两节点单元,其单元位移插值函数可采用横向位移三次艾尔米特多项式插值和轴向位移拉格朗日线性插值。假定的位移插值函数只能近似地反映单元材料非线性和几何非线性。单元实际的位移场往往和假定是不同的,这样就会给计算分析带来较大的误差,特别是这种单元在描述高曲率梯度(如单元出现塑性铰和混凝土柱的软化行为)时,会存在数值收敛性和稳定性问题[1]。因此只能通过采用更高次的位移形状函数和更细的网格划分来进行改造,但是这样会同时增加模型的自由度数,降低这种方法的计算效率,尤其是在循环加载的条件下,可能会带来数值分析的不稳定和收敛性问题。

图 5.19 为基于刚度法的非线性梁柱单元在局部坐标系下的杆端力与变形。单元的每个杆端有六个位移矢量,即沿 x、y、z 方向的线位移 u、w、v 和绕 x、y、z 轴的转角 θ_x、θ_y、θ_z。单元的每个杆端有六个力矢量,分别与杆端的位移相对应,即沿 x、y、z 方向的杆端作用力 F_x、F_y、F_z,绕 x 轴的扭矩为 M_x,以及绕 y 轴和 z 轴的弯矩 M_y 和 M_z。单元杆端力和位移用矢量标记为如下形式。

力矢量:

$$\{F\}^e=[F_{xi}\quad F_{yi}\quad F_{zi}\quad M_{xi}\quad M_{yi}\quad M_{zi}\quad F_{xj}\quad F_{yj}\quad F_{zi}\quad M_{xj}\quad M_{yj}\quad M_{zj}]^T \tag{5.57}$$

位移矢量:

$$\{D\}^e=[u_i\quad w_i\quad v_i\quad \theta_{xi}\quad \theta_{yi}\quad \theta_{zi}\quad u_j\quad w_j\quad v_j\quad \theta_{xj}\quad \theta_{yj}\quad \theta_{zj}]^T \tag{5.58}$$

式中,$\{F\}^e$ 为单元杆端力矢量;$\{D\}^e$ 为单元杆端变形矢量。

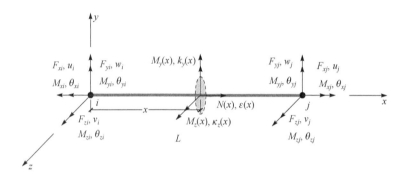

图 5.19　局部坐标系下的单元杆端力和变形

基于工程结构分析中应用最为广泛的 Euler-Bernoulli 梁柱理论,假定扭转反应为线弹性,并且与轴向反应和弯曲反应不相耦合,由于不考虑扭转变形与其他变形间的耦合作用,所以以下讨论均不计扭转变形及相应的扭矩,在最终的刚度方程中直接按线弹性方式加入相应项,计算结果表明:这样的处理方式对结构整体反应不会造成明显的影响。若不考虑截面剪切变形和扭转变形与其他变形间的耦合作用,则截面变形应由轴向应变 $\varepsilon(x)$ 和关于截面两个任意正交轴 y 与 z 的曲率 κ_z 和 κ_y 组成。与截面变形相对应的截面内力分别由截面轴向力 $N(x)$ 和关于截面两个任意正交轴 y 与 z 的弯矩 $M_y(x)$ 和 $M_z(x)$ 构成。单元截面内力和变形可标记为如下矢量形式。

截面内力:

$$\{F(x)\}^s=[N(x)\quad M_y(x)\quad M_z(x)]^T \tag{5.59}$$

截面变形:

$$\{D(x)\}^s=[\varepsilon(x)\quad \kappa_y(x)\quad \kappa_z(x)]^T \tag{5.60}$$

单元位移场矢量标记为

$$\{U(x)\}=[u(x)\quad w(x)\quad v(x)]^T \tag{5.61}$$

式中,$\{F(x)\}^s$ 为单元截面内力矢量;$\{D(x)\}^s$ 为单元截面变形矢量;$\{U(x)\}$ 为单元位移场矢量;$u(x)$、$w(x)$ 和 $v(x)$ 分别为单元轴上任意一点 x 处沿 x、y 和 z 方向的位移。

单元的位移场可以采用位移插值函数进行离散,其被描述为如下形式:

$$\{U(x)\}=[N_\mathrm{D}(x)]\{D(x)\}^\mathrm{e} \tag{5.62}$$

式中,

$$[N_\mathrm{D}(x)]=\begin{bmatrix} \{N_\mathrm{u}(x)\} & 0 & 0 \\ 0 & \{N_\mathrm{w}(x)\} & 0 \\ 0 & 0 & \{N_\mathrm{v}(x)\} \end{bmatrix} \tag{5.63}$$

式中,$\{D(x)\}^\mathrm{e}$ 为单元节点位移矢量;$[N_\mathrm{D}(x)]$ 为单元位移形函数;$\{N_\mathrm{u}(x)\}$、$\{N_\mathrm{w}(x)\}$ 和 $\{N_\mathrm{v}(x)\}$ 分别为关于位移场 u、w 和 v 的插值函数向量。

在平截面假定下,单元截面变形与单元节点位移之间存在如下几何关系:

$$\{D(x)\}^\mathrm{s}=[B(x)]\{D(x)\}^\mathrm{e} \tag{5.64}$$

式中,$[B(x)]$ 为截面应变–节点位移转换矩阵。

引入单元截面本构关系:

$$F_{n+1}^\mathrm{s}=C(F_n^\mathrm{s},D_n^\mathrm{s},D_{n+1}^\mathrm{s}) \tag{5.65}$$

写成一般增量形式:

$$\mathrm{d}\{F(x)\}^\mathrm{s}=[K(x)]^\mathrm{s}\mathrm{d}\{D(x)\}^\mathrm{s} \tag{5.66}$$

式中,n 为时间;$[K(x)]^\mathrm{s}$ 为截面切线刚度矩阵。截面切线刚度矩阵可以由直接给出的截面力与变形关系确定,即由截面层次直接确定,也可以由纤维材料应力–应变关系集成确定,这是操作客观性保证的重要方面,因为材料的性能相对于截面性能更容易确定,也易于操作实现,尤其对于钢筋混凝土截面更是如此。

将公式(5.64)用增量形式表示如下:

$$\mathrm{d}\{D(x)\}^\mathrm{s}=[B(x)]\mathrm{d}\{D(x)\}^\mathrm{e} \tag{5.67}$$

把公式(5.67)代入公式(5.66),得到单元截面力场增量 $\mathrm{d}\{F(x)\}^\mathrm{s}$ 为

$$\mathrm{d}\{F(x)\}^\mathrm{s}=[K(x)]^\mathrm{s}\mathrm{d}\{D(x)\}^\mathrm{s}=[K(x)]^\mathrm{s}[B(x)]\mathrm{d}\{D(x)\}^\mathrm{e} \tag{5.68}$$

对梁柱单元应用虚位移原理,可以得到下面的平衡条件:

$$\{F_\mathrm{R}\}^\mathrm{e}=\int_0^L[B(x)]^\mathrm{T}\{F_\mathrm{R}(x)\}^\mathrm{s}\mathrm{d}x \tag{5.69}$$

式中,$\{F_\mathrm{R}\}^\mathrm{e}$ 为单元的抗力;$\{F_\mathrm{R}(x)\}^\mathrm{s}$ 为由截面状态确定的截面抗力;L 为单元长度。

把公式(5.69)写成增量形式:

$$\mathrm{d}\{F_\mathrm{R}\}^\mathrm{e}=\int_0^L[B(x)]^\mathrm{T}\mathrm{d}\{F_\mathrm{R}(x)\}^\mathrm{s}\mathrm{d}x$$

$$=\int_0^L[B(x)]^\mathrm{T}[K(x)]^\mathrm{s}[B(x)]\mathrm{d}\{D(x)\}^\mathrm{e}\mathrm{d}x=[K]^\mathrm{e}\mathrm{d}\{D\}^\mathrm{e} \tag{5.70}$$

式中,$[K]^\mathrm{e}$ 为单元的切线刚度矩阵,由公式(5.70)可得到 $[K]^\mathrm{e}$ 为

$$[K]^\mathrm{e}=\int_0^L[B(x)]^\mathrm{T}[K(x)]^\mathrm{s}[B(x)]\mathrm{d}x \tag{5.71}$$

在给定变形条件下确定单元刚度矩阵$[K]^e$和抗力$\{F_R\}^e$的过程称为单元的状态确定[1]。在通用有限元程序中，一般基于直接刚度的分析方法，由总体平衡方程的解得到位移，随之在每个单元中产生变形，然后通过单元的状态确定来得到单元刚度矩阵和单元抗力。事实上如果已知单元节点位移，通过变形插值函数可以确定截面的变形，再根据截面本构关系确定截面抗力和刚度，在单元长度范围内积分就可以得到单元的抗力和刚度矩阵。由式(5.69)和式(5.71)可以看出：单元状态的确定，主要依赖于截面变形条件下的截面刚度矩阵$[K(x)]^s$和截面抗力$\{F_R(x)\}^s$的确定、恢复力模型的准确性以及应变位移转换矩阵$[B(x)]$的准确性。转换矩阵$[B(x)]$的准确性完全依靠单元位移形函数矩阵$[N_D(x)]$的准确性。因此在单元截面状态确定准确的前提下，如果单元位移形函数矩阵能较为准确地描述单元实际位移分布时，那么便能得到较好的分析结果。但是当单元进入非线性工作状态后，此时单元位移场的实际分布已变得十分复杂，单元位移形函数矩阵已很难准确描述实际位移场的分布，尤其是单元局部位移的分布。为提高计算结果的精准度，一般采用加密网格的办法，把一根构件划分为多个单元进行元模，使单元位移形函数矩阵逐步逼近真实位移场，以达到提高问题求解精度的目的。另外，在非线性工作状态下，能够准确地描述单元截面受力恢复力模型，对求解精度也非常重要，否则也不能获得较为理想的分析效果。

5.5.2　基于有限元柔度法的非线性梁柱单元

基于柔度法的梁柱单元推导时需在无刚体位移模式下进行，然后再通过几何上的变换关系回到刚体位移模式[37]，无刚体位移模式下的梁柱单元杆端力与变形如图 5.20 所示。

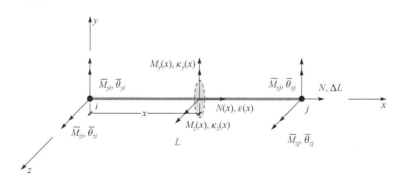

图 5.20　无刚体位移模式下的单元杆端力和变形

无刚体位移模型下梁柱单元共有六个自由度，其中包含一个扭转自由度，根据 Euler-Bernoulli 梁柱理论，假定扭转反应为线弹性，并且与轴向反应和弯曲反应不相耦合，由于不考虑扭转变形与其他变形之间的耦合作用，梁柱单元共有五个自由度需要考虑,三个变形分量分别为轴向变形 ΔL、单元 i 节点转角 $\bar\theta_{yi}$ 和 $\bar\theta_{zi}$,以及单元 j 节点转角 $\bar\theta_{yj}$ 和 $\bar\theta_{zj}$。与三个变形分量相对应的三个力矢量分别为轴向力 N、单元 i 节点弯矩 $\overline M_{yi}$ 和 $\overline M_{zi}$,以及单元 j 节点弯矩 $\overline M_{yj}$ 和 $\overline M_{zj}$。单元杆端力和位移用矢量标记为如下形式:

力矢量

$$\{\overline F\}^{\mathrm e}=\begin{bmatrix}N & \overline M_{yi} & \overline M_{zi} & \overline M_{yj} & \overline M_{zj}\end{bmatrix}^{\mathrm T} \tag{5.72}$$

位移矢量

$$\{\overline D\}^{\mathrm e}=\begin{bmatrix}\Delta L & \bar\theta_{yi} & \bar\theta_{zi} & \bar\theta_{yj} & \bar\theta_{zj}\end{bmatrix}^{\mathrm T} \tag{5.73}$$

式中,$\{\overline F\}^{\mathrm e}$ 为单元节点力矢量;$\{\overline D\}^{\mathrm e}$ 为单元节点变形矢量。

若不考虑截面剪切变形和扭转变形与其他变形间的耦合作用,则截面变形应由轴向应变 $\varepsilon(x)$ 和关于截面两个任意正交轴 y 与 z 的曲率 κ_z 和 κ_y 组成。与截面变形相对应的截面内力分别由截面轴向力 $N(x)$ 和关于截面两个任意正交轴 y 与 z 的弯矩 $M_y(x)$ 和 $M_z(x)$ 构成。单元截面内力和变形的矢量形式分别如式(5.59)和式(5.60)所示。

基于有限元柔度法的模型以单元力的形函数为基础,先假定沿单元杆长度力的分布,这样在不考虑单元分布荷载任意变化的前提下,无论单元处于何种状态,甚至进入硬化和软化阶段,单元的平衡条件都能够满足。根据单元力平衡条件和边界条件,单元截面力场可用如下关系式描述:

$$\{F(x)\}^{\mathrm s}=[N_F(x)]\{\overline F\}^{\mathrm e} \tag{5.74}$$

式中,$[N_F(x)]$ 为单元截面力形函数矩阵。将式(5.74)写成增量的形式:

$$\mathrm d\{F(x)\}^{\mathrm s}=[N_F(x)]\mathrm d\{\overline F\}^{\mathrm e} \tag{5.75}$$

引入单元截面本构关系:

$$D_{n+1}^{\mathrm s}=\overline C(D_n^{\mathrm s},F_n^{\mathrm s},F_{n+1}^{\mathrm s}) \tag{5.76}$$

写成一般增量形式:

$$\mathrm d\{D(x)\}^{\mathrm s}=[f(x)]^{\mathrm s}\mathrm d\{F(x)\}^{\mathrm s} \tag{5.77}$$

式中,n 为时间;$[f(x)]^{\mathrm s}$ 为截面切线柔度矩阵。可由截面切线刚度矩阵 $[K(x)]^{\mathrm s}$ 通过求逆的方式得到:$[f(x)]^{\mathrm s}=[[K(x)]^{\mathrm s}]^{-1}$。将式(5.66)代入式(5.75),可以得到

$$\mathrm d\{D(x)\}^{\mathrm s}=[f(x)]^{\mathrm s}\mathrm d\{F(x)\}^{\mathrm s}=[f(x)]^{\mathrm s}[N_F(x)]\mathrm d\{\overline F\}^{\mathrm e} \tag{5.78}$$

当单元处于变形协调状态时,对梁柱单元应用虚力原理,可以得到

$$[\delta\{\overline F\}^{\mathrm e}]^{\mathrm T}\mathrm d\{\overline D\}^{\mathrm e}=\int_0^L[\delta\{F(x)\}^{\mathrm s}]^{\mathrm T}\mathrm d\{D(x)\}^{\mathrm s}\mathrm dx \tag{5.79}$$

将式(5.75)和式(5.78)代入式(5.79)得

$$[\delta\{\overline F\}^{\mathrm e}]^{\mathrm T}\mathrm d\{\overline D\}^{\mathrm e}=\int_0^L[\delta\{\overline F\}^{\mathrm e}]^{\mathrm T}[N_F(x)]^{\mathrm T}[f(x)]^{\mathrm s}\mathrm d\{F(x)\}^{\mathrm s}\mathrm dx$$

$$= \int_0^L [\delta\{\overline{F}\}^e]^T [N_F(x)]^T [f(x)]^s [N_F(x)] \mathrm{d}\{\overline{F}\}^e \mathrm{d}x$$

$$(5.80)$$

由于 $\delta\{\overline{F}\}^e$ 的任意性,由公式(5.80)可以得到

$$\mathrm{d}\{\overline{D}\}^e = [\overline{f}]^e \mathrm{d}\{\overline{F}\}^e \tag{5.81}$$

式中,$[\overline{f}]^e$ 为单元的切线柔度矩阵,由下式定义:

$$[\overline{f}]^e = \int_0^L [N_F(x)]^T [f(x)]^s [N_F(x)] \mathrm{d}x \tag{5.82}$$

对单元切线柔度矩阵求逆,便可得到在无刚体位移模式下的单元切线刚度矩阵:

$$[\overline{K}]^e = [[\overline{f}]^e]^T \tag{5.83}$$

要得到在刚体位移模式下的单元节点力 $\{F\}^e$ 与节点位移 $\{D\}^e$ 之间的关系式,还需给出 $\{F\}^e$ 和 $\{\overline{F}\}^e$ 以及 $\{D\}^e$ 和 $\{\overline{D}\}^e$ 之间转换关系式。由图 5.19 和图 5.20 利用平衡和几何关系可以证明它们之间分别服从以下转换关系式:

$$\{F\}^e = [T_F]\{\overline{F}\}^e \tag{5.84}$$

$$\{\overline{D}\}^e = [T_D]\{D\}^e \tag{5.85}$$

$$[T_F] = [T_D]^T \tag{5.86}$$

由公式(5.81)可以得到

$$\{\overline{D}\}^e = [\overline{f}]^e \{\overline{F}\}^e \tag{5.87}$$

由式(5.84)~式(5.87)可以得到单元节点力和节点位移之间的关系式:

$$\mathrm{d}\{F_R\}^e = [K]^e \mathrm{d}\{D\}^e \tag{5.88}$$

$$[K]^e = [T_F][\overline{K}]^e [T_D] \tag{5.89}$$

式中,$[K]^e$ 为在刚体位移模式下单元切线刚度矩阵。

虽然在形式上式(5.71)与式(5.89)相同,但基于有限元刚度法的非线性梁柱单元与基于有限元柔度法的非线性梁柱单元有着本质的不同,基于柔度法的非线性梁柱单元的单元刚度矩阵 $[K]^e$ 除同样依赖于截面切线刚度矩阵 $[K(x)]^s$ 外,它的准确性还依赖于单元截面力形函数矩阵 $[N_F(x)]$ 的准确性。基于柔度法的模型以单元力的插值函数为基础。由于单元截面力形函数矩阵的假定通常总是能得到满足,单元平衡条件与梁柱单元所处的非线性状态无关,因而得到的计算结果也是较为准确的。可以看出,基于有限元柔度法的单元模型克服了基于刚度法模型的缺点和局限性,在对于梁柱单元进入非线性阶段的分析中,基于柔度法的单元模型比基于刚度法的梁柱单元模型具有计算上的明显优势。截面的恢复力模型同样也是影响构件滞回性能良好模拟效果的重要因素。这反映出正确合理地建立单元分析模型与截面恢复力模型是构件滞回性能模拟的两个最重要方面。

基于柔度法的单元模型在用直接刚度法编制的有限元分析程序中实施的难点在于单元状态的确定,在 Spacone 等[86,87] 提出的方法中,通过在整体结构层次使用 Newton-Raphson(N-R)的迭代方法将每一加载步中的荷载与抗力之间的不平衡力减小到足够小的程度,并由此得到相应的结构层次各单元的杆端位移增量,然后在单元层次的状态确定阶段使用类似于 N-R 的迭代方法将单元的残余变形减小到足够小的过程,用以确定在单元层次的状态。Neuenhofer 和 Filippou[84] 提出了另外一种单元状态的确定方法,在确定单元抗力和刚度矩阵的过程中,允许截面的不平衡力和残余变形存在,这样就不需要进行单元层次的迭代工作,而是将相应得到的单元不平衡力转而放入整体结构层次的迭代过程中加以考虑[1]。

5.5.3　模型质量分布

该三维分析模型采用集中质量法,将结构的质量累积为质点,布置在结构分析模型各层的节点部位。1～5 层每层的梁、柱、板自重和附加质量总计为 2356.610kg,分布在每个楼层 9 个质点上,如图 5.21(a)所示,9 个质点的质量分别为:$m_1 = 200.07$kg, $m_2 = 321.42$kg, $m_3 = 149.24$kg, $m_8 = 339.06$kg, $m_9 = 552.32$kg, $m_4 = 249.95$kg, $m_7 = 162.77$kg, $m_6 = 259.62$kg, $m_5 = 122.16$kg。

屋顶梁、柱、板自重和附加质量总计为 2129.36kg,分布于楼顶的 9 个质点上。如图 5.21(b)所示,屋顶 9 个质点的质量分别为:$m_1' = 179.29$kg, $m_2' = 291.80$kg, $m_3' = 132.15$kg, $m_8' = 308.39$kg, $m_9' = 505.82$kg, $m_4' = 225.87$kg, $m_7' = 144.63$kg, $m_6' = 234.49$kg, $m_5' = 106.93$kg。

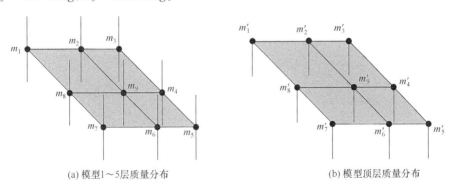

(a) 模型1～5层质量分布　　　　　　　　(b) 模型顶层质量分布

图 5.21　模型质量分布

5.5.4　瑞利阻尼在非线性分析中的应用

最一般的与振型正交的阻尼矩阵是柯西阻尼矩阵[88]。柯西阻尼矩阵的形

式为

$$[C] = [M] \sum_{l=0}^{J-1} a_l [[M]^{-1}[K]]^l \qquad (5.90)$$

式中，J 为常数；a_l 为待定系数；$[M]$ 和 $[K]$ 分别为系统的质量矩阵和刚度矩阵；$1 \leqslant J \leqslant n, n$ 为系统的自由度。

由于 $[M]$ 和 $[K]$ 与振型正交，所以柯西阻尼矩阵也满足与振型正交的条件。系数 a_l 的选取是使系统的 J 个振型的阻尼比等于所给出的阻尼比 $\xi_i (i=1,2,3,\cdots,J)$，由此可得到 a_l 应满足的矩阵方程如下：

$$\begin{bmatrix} 1 & \omega_1^2 & \omega_1^4 & \cdots & \omega_1^{2(J-1)} \\ 1 & \omega_2^2 & \omega_2^4 & \cdots & \omega_2^{2(J-1)} \\ \vdots & \vdots & \vdots & & \vdots \\ 1 & \omega_J^2 & \omega_J^4 & \cdots & \omega_J^{2(J-1)} \end{bmatrix} \begin{bmatrix} a_0 \\ a_1 \\ \vdots \\ a_{J-1} \end{bmatrix} = \begin{bmatrix} 2\xi_1\omega_1 \\ 2\xi_2\omega_2 \\ \vdots \\ 2\xi_J\omega_J \end{bmatrix} \qquad (5.91)$$

当确定了 J 个振型的阻尼比 ξ_i 和系统的自振频率 $\omega_i (i=1,2,3,\cdots,J)$ 后，就可以由式（5.91）来确定待定系数 a_l；对于 $(n-J)$ 个振型的阻尼比由式（5.92）确定：

$$\xi_r = \frac{1}{2} \sum_{l=0}^{J-1} a_l (\omega_r)^{2l-1}, \quad J < r \leqslant n \qquad (5.92)$$

可以看出，柯西阻尼在满足与振型正交的同时，可以指定系统的 $J(1 \leqslant J \leqslant n)$ 个振型的阻尼比。当 $J=2$，即指定系统的两个振型的阻尼比时，就是瑞利阻尼（rayleigh damping）。瑞利阻尼是柯西阻尼的特定简化形式。

瑞利阻尼是由结构质量分布和刚度分布确定的具有黏滞耗能形式的耗能机制。在多自由度体系中，瑞利阻尼以矩阵形式表述如下：

$$[C] = \alpha[M] + \beta[K] \qquad (5.93)$$

式中，$[C]$ 为瑞利阻尼矩阵；$[M]$ 为质量矩阵；$[K]$ 为刚度矩阵；α 和 β 为比例常数。由于质量矩阵和刚度矩阵具有对振型的正交性，所以瑞利阻尼矩阵也具有正交性。其中 α 和 β 与振型阻尼比之间应符合以下关系式：

$$\xi_i = \frac{\alpha}{2\omega_i} + \frac{\beta\omega_i}{2}, \quad i=1,2,\cdots,n \qquad (5.94)$$

若已知对应两阶自振频率 ω_i 和 ω_j 的阻尼比 ξ_i 和 ξ_j，由式（5.94）可确定比例常数：

$$\alpha = 2\omega_i\omega_j \frac{\xi_i\omega_j - \xi_j\omega_i}{\omega_j^2 - \omega_i^2} \qquad (5.95)$$

$$\beta = 2 \frac{\xi_j\omega_j - \xi_i\omega_i}{\omega_j^2 - \omega_i^2} \qquad (5.96)$$

其余振型的阻尼比由式（5.94）确定。

当 $\alpha=0$ 或 $\beta=0$ 时,只有一个与刚度成比例或与质量成比例的阻尼可以选定。

当 $\alpha=0$ 时,$[C]=\beta[K]$,称为刚度比例阻尼,此时阻尼比为

$$\xi_i=\frac{\beta\omega_i}{2} \tag{5.97}$$

不难看出,振型越高,阻尼比越大,削弱了高阶振型对结构反应的影响。

当 $\beta=0$ 时,$[C]=\alpha[M]$,称为质量比例阻尼,此时阻尼为

$$\xi_i=\frac{\alpha}{2\omega_i} \tag{5.98}$$

可以看出,振型越高,阻尼比越小,突出了高阶振型对结构反应的贡献。

瑞利阻尼除紧靠指定阻尼比的少数几个振型外,其他振型的阻尼比增加得很快[89],即瑞利阻尼突出指定振型及其附近振型对结构反应的影响,而一般结构的地震反应正是由几个主振型控制的,这是瑞利阻尼得到广泛应用的原因之一。

瑞利阻尼用于非线性动力时程分析时,由于系统刚度矩阵随时间的变化,瑞利阻尼矩阵可以具有多种不同的形式,其一般表达式可以写成以下形式:

$$[C]=\alpha[M]+\beta[K_t]+\beta_0[K_0] \tag{5.99}$$

式中,$[K_t]$ 为系统瞬时切线刚度矩阵;$[K_0]$ 为系统初始刚度矩阵;α、β 和 β_0 为比例系数,β 和 β_0 不同时在式中出现。

根据公式(5.99)中比例系数计算方式的不同,瑞利阻尼可以分为以下三类不同的形式[90]:

(1) $\beta=0$,系数 α 和 β_0 由系统的初始刚度求得。把阻尼矩阵记为 C_1,C_1 共有 $C_1(\alpha,\beta_0)$、$C_1(\alpha)$ 和 $C_1(\beta)$ 三种形式,括号内的参数表示矩阵具体所包含的项。C_1 是常阻尼系数矩阵,实际上这三种形式分别代表弹塑性分析时的瑞利阻尼、质量比例阻尼和刚度比例阻尼。

(2) $\beta_0=0$,系数 α 和 β 是由系统的初始刚度求得的,把阻尼矩阵记为 C_2,C_2 共有 $C_2(\alpha,\beta)$ 和 $C_2(\beta)$ 两种形式。C_2 的特点是比例系数为常数,但刚度矩阵是时变的,因此,阻尼矩阵也是时变的。

(3) $\beta_0=0$,系数 α 和 β 是由系统的瞬时切线刚度求得的,把阻尼矩阵记为 C_3,C_3 共有 $C_3(\alpha_t,\beta_t)$、$C_3(\alpha_t)$ 和 $C_3(\beta_t)$ 三种形式。括号中参数的下标 t 表明比例系数是随时间变化的,C_3 的特点是比例系数和刚度矩阵均是时变的。

C_1 的比例系数和刚度矩阵均不随时间变化,因而各振型的阻尼系数也不变,是常系数阻尼矩阵,但系统刚度的变化可能使指定振型的阻尼比发生较大的改变;C_2 的比例系数是常数,但刚度矩阵是时变的,其振型阻尼比和阻尼系数都是随时间变化的;C_3 的比例系数和刚度矩阵均随时间变化,所以在整个反应过程中能始终保持系统指定振型的阻尼比不变,是常阻尼比矩阵,但阻尼系数是随时间发生变化的。

5.5.5　动力分析的输入

　　为了和振动台试验结果相校核,在非线性动力分析中,地震波的输入方式和试验相同,采用振动台试验所采集的台面加速度记录作为输入地震波进行动力时程分析。OpenSees 进行时程分析的分析步与地震波时程记录的时间间隔相同,均为0.0736s。与振动台试验一样,时程分析过程共分为 9 个分析阶段,即 0.066g（7度多遇）、0.130g（8 度多遇）、0.185g（7 度基本）、0.264g（9 度多遇）、0.370g（8 度基本）、0.415g（7 度罕遇）、0.550g（8 度罕遇弱）、0.750g（8 度罕遇）、1.170g（9 度罕遇）分析阶段。各个分析阶段的地震动加速度幅值是逐渐增加的,在每个阶段依次输入 WCW、ELW 和 SHW,然后进行模态分析,求出每个阶段结构的自振频率和自振周期。为了考虑累积损伤的效果,在分析过程中,采用地震波串联输入,即在每个工况对模型结构进行非线性分析时,台面地震波输入时,把前面各个工况的输入地震波也依次连接在一起,形成新的地震波作为输入。以 1.170g（9 度罕遇）地震试验阶段第 34 工况（T34）ELW 输入为例,工况 34 的输入地震波为前面所有工况的输入地震波串联在一起得到的台面加速度记录。各工况之间加入一段零加速度时间段,以消除自由振动的影响,反映后续的输入地震波试验都是在结构完全静止以后进行的,对每一工况下得到的动力响应进行非线性模拟时,将前一工况试验结束时的结构应力和变形状态作为后一工况动力分析的初始条件,并利用这样的模拟分析方法来考虑结构在多次地震作用下的累积损伤。图 5.22 表示在1.170g 地震试验中,未考虑结构累积损伤的 ELW 输入;图 5.23 表示在 1.170g地震试验中,考虑结构累积损伤的 ELW 输入。多次地震作用会对结构造成一定的累积损伤,在 5.6.5 节,将分别介绍考虑结构累积损伤和不考虑结构累积损伤这两种情况下的地震响应分析。

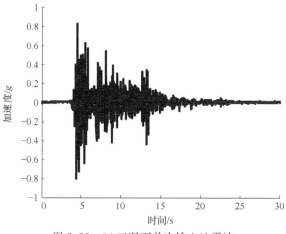

图 5.22　34 工况下单次输入地震波

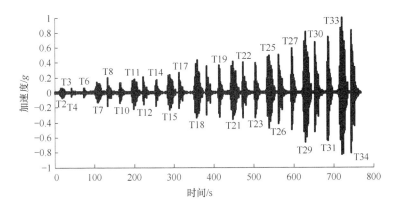

图 5.23　34 工况下累积输入地震波

5.5.6　分析手段

有限元模型建立好以后,程序将开始正式的结构非线性分析工作。为此需要通过命令设置相应的一些分析选项,这一系列子命令将构建有限元分析相应的分析子对象,并由它们组合得到最终的有限元分析求解对象(Analysis objects)。这些分析子对象主要包括加载方式或积分法则(Integrator)、结构整体分析的迭代准则(Algorithm)、容差判敛的精度(Test)、节点自由度编号优化(Numberer)、非线性方程组的约束处理方式(Constraints)、非线性方程组存储计算方法(System)。

1. Integrator 积分法则

Integrator 对象是整个分析求解对象中比较重要的部分,它在不同的分析类型中有不同的选项。在静力非线性分析时,Integrator 对象主要控制外部荷载各级“增量”的施加方式。OpenSees 程序求解非线性方程组统一采用增量迭代法进行[2,91]。增量迭代法又称为混合法,它将外加荷载分成若干级增量,但荷载分级数可比单纯的增量法大为减少;同时在每一级增量荷载作用下,又进行迭代计算,从而使得每一级增量中的计算误差控制在很小的范围内。增量迭代法吸收了增量法和迭代法各自的优点,减小了两者的不足,是分析非线性问题的非常有效的方法,在结构分析中得到了广泛的采用。在 OpenSees 程序中有四种控制外荷载“增量”的施加方式,即荷载控制、位移控制、荷载-位移综合控制以及弧长法控制。在本章中,进行一般静力分析时,采用按荷载控制分级加载(Integrator load control);对于 Pushover 和 reversed cycles 分析,则采用按位移控制分级加载(Integrator displacement control),这种方式按结构上某控制节点每步的目标位移来确定每次的荷载增量,这样在 Pushover 分析时就能使结构控制点达到所需的目标位移。

在动力非线性分析时,Integrator 对象主要控制在求解动力微分方程时采用的逐步积分法的类型。动力非线性分析均需要对建立的动力微分方程进行求解,而常用的数值求解思路一般是先采用逐步积分法,将相应的常微分方程组转化为增量形式的线性代数方程组,然后再迭代求解。这也是分析任何非线性体系唯一普遍适用的方法[2]。逐步积分法将整个时程分为一系列短的时段,然后假定在每一个时段中位移、速度、加速度满足一定的关系,并且结构的特性如刚度等保持不变,直至该时段结束,再根据反应进行新的调整,这样就可以把动力非线性分析化为一系列相继改变结构特性的线性体系进行分析。OpenSees 程序提供了 Central Difference、Newmark Method 以及 Hilbert-Hughes-Taylor Method 等不同的积分方法。本章中模型非线性动力分析主要使用的是 Newmark-β 法,它是线性加速度法的推广,具有良好的稳定性。类似于线性加速法的推导,应用增量理论可得到 Newmark-β 法的拟静力方程:

$$[\widetilde{K}_i]\{\Delta u\}_i = \{\Delta \widetilde{P}\}_i \tag{5.100}$$

式中,

$$[\widetilde{K}]_i = \frac{1}{\beta \Delta t^2}[M] + \frac{\alpha}{\beta \Delta t}[C] + [K] \tag{5.101}$$

$$\{\Delta \widetilde{P}\}_i = -[M]\{\Delta \ddot{u}_g\}_i + [M]\left(\frac{1}{\beta \Delta t}\{\dot{u}\}_i + \frac{1}{2\beta}\{\ddot{u}\}_i\right)$$
$$+ [C]\left[\frac{\alpha}{\beta}\{\dot{u}\}_i + \Delta t\left(\frac{\alpha}{2\beta} - 1\right)\{\ddot{u}\}_i\right] \tag{5.102}$$

在 Newmark-β 法中,位移增量$\{\Delta u\}_i$和速度增量$\{\Delta \dot{u}\}_i$可以分别表示为

$$\{\Delta u\}_i = \{\dot{u}\}_i \Delta t + \left(\frac{1}{2} - \beta\right)\{\ddot{u}\}_i(\Delta t)^2 + \beta\{\ddot{u}\}_{i+1}(\Delta t)^2 \tag{5.103}$$

$$\{\Delta \dot{u}\}_i = (1-\alpha)\{\ddot{u}\}_i \Delta t + \alpha\{\ddot{u}\}_{i+1}\Delta t \tag{5.104}$$

对公式(5.103)和公式(5.104)进行简化,可得

$$\{\Delta u\}_i = \{\dot{u}\}_i \Delta t + \frac{1}{2}\{\ddot{u}\}_i(\Delta t)^2 + \beta\{\Delta \ddot{u}\}_i(\Delta t)^2 \tag{5.105}$$

$$\{\Delta \dot{u}\}_i = \{\ddot{u}\}_i \Delta t + \alpha\{\Delta \ddot{u}\}_i \Delta t \tag{5.106}$$

由公式(5.105)可得

$$\{\Delta \ddot{u}\}_i = \frac{1}{\beta(\Delta t)^2}\left[\{\Delta u\}_i - \{\dot{u}\}_i \Delta t - \frac{1}{2}\{\ddot{u}\}_i(\Delta t)^2\right] \tag{5.107}$$

将式(5.107)代入式(5.106),可得

$$\{\Delta \dot u\}_i = \frac{\alpha}{\beta \Delta t}\left[\{\Delta u\}_i - \{\dot u\}_i \Delta t + \left(\frac{\beta}{\alpha}-\frac{1}{2}\right)\{\ddot u\}_i(\Delta t)^2\right] \qquad (5.108)$$

加速度增量$\{\Delta \ddot u\}_i$采用式(5.109)来确定:

$$\{\Delta \ddot u\}_i = -\{\Delta \ddot u_g\}_i - [M]^{-1}([C]\{\Delta \dot u\}_i + [K]\{\Delta u\}_i) \qquad (5.109)$$

t_{i+1}时刻的位移、速度和加速度可表示为

$$\begin{aligned}
\{u\}_{i+1} &= \{u\}_i + \{\Delta u\}_i \\
\{\dot u\}_{i+1} &= \{\dot u\}_i + \{\Delta \dot u\}_i \\
\{\ddot u\}_{i+1} &= \{\ddot u\}_i + \{\Delta \ddot u\}_i
\end{aligned} \qquad (5.110)$$

2. Algorithm 迭代准则

从上面的介绍可以发现,无论是静力非线性分析还是动力非线性分析,最终方程组的数值求解都需要进行迭代。而分析子对象中的 algorithm 对象就是用来控制迭代方式的。OpenSees 程序提供了多种迭代方法供使用者选择,其中包括线性迭代、Newton-Raphson 迭代、牛顿-线性迭代、改进的 Newton-Raphson 迭代、Krylov-Newton 迭代和 Broyden、BFGS 两种拟牛顿迭代法等。本章分析中主要采用 Newton-Raphson 法与改进的 Newton-Raphson 法相结合的方式进行迭代,在一般情况下使用 Newton-Raphson 法进行迭代,对于收敛性不理想的情况使用改进的 Newton-Raphson 迭代法。

3. Test 对象

方程组进行迭代求解时,需根据设定的容差精度要求(tolerance)判定是否收敛。OpenSees 程序提供 Test 命令来控制方程组求解的计算收敛性,收敛准则包括基于增量位移准则、不平衡力准则以及能量控制准则等。本章中方程组求解时采用能量控制判定收敛情况,当第 j 次迭代的能量增量值($j>1$)与第 1 次迭代时的能量相比较满足式(5.111)时,认为结构此时的内外力达到平衡,方程组完成该次求解。

$$\frac{[\{\Delta u\}_i^j]^{\mathrm{T}}[K]_i^{j-1}\{\Delta u\}_i^j}{[\{\Delta u\}_i^{j=1}]^{\mathrm{T}}[K]_i^{j=0}\{\Delta u\}_i^{j=1}} \leqslant \mathrm{Tol}, \quad j>1 \qquad (5.111)$$

4. Numberer 对象

在非线性分析工作正式开始前,本章根据程序分析选项 Numberer 对象采用节点编号方法即 Cuthill-McKee 算法(RCM 算法)对编制的结点编号进行事先优化,以减小结构整体刚度矩阵的带宽和数据存储总量,提高数值计算的效率。

5. Constraints 对象

Constraints 对象根据有限单元建模过程中所施加的外部约束情况确定,用于决定在非线性方程组求解过程中如何处理受约束自由度所对应的行列分量。结构体系中存在多点约束的情况时,可以采用 Penalty Method、Transformation Method 以及 Lagrange Multipliers 等方法进行处理。本章中使用 Transformation Method 处理约束对象。

6. 非线性方程组存储计算方法

针对方程组中矩阵的数据疏密情况、带宽大小和对称正定与否,选择比较恰当的数据存储方式和相应的求值方法,一般可以提高数值分析的计算效率[92]。因此,OpenSees 程序提供了相应的 system 命令,该命令涵盖了数值分析中刚度矩阵可能呈现的多种样式,用户可根据实际情况具体判断并选择使用。

7. 计算结果的输出控制

OpenSees 程序提供输出控制对象(Recorder objects)实现对计算结果的记录、输出。程序可输出和记录的结果主要包括结点位移、速度、加速度、位移增量,单元的杆端力、杆端变形以及单元上每个控制截面的抗力、变形和刚度变化情况等,可根据研究的目的进行有选择的数据记录和输出。

对本章采用的纤维截面非线性梁柱单元进行分析时,程序还可同时输出用户指定位置处的钢筋和混凝土纤维的应力、应变值。

5.6　结构非线性分析

5.6.1　再生混凝土模型参数

约束再生混凝土材料模型参数见表 5.2～表 5.5,f_{clc} 表示约束混凝土受压峰值应力,可由式(5.10)确定;ε_0 表示受压峰值应力对应的应变,由式(5.11)确定;f_{c2c} 表示约束再生混凝土极限抗压强度,由式(5.12)确定;ε_{20} 表示极限抗压强度对应的应变,由式(5.13)确定;E_c 表示抗压弹性模量,可通过表 4.3 中的试验数据确定。受约束混凝土考虑了约束箍筋对混凝土强度和极限压应变的提高作用,保护层混凝土按无约束混凝土材料考虑。对于外围保护层混凝土,考虑到在强地震动作用下,可能发生脱落或压碎,故取非约束混凝土极限抗压强度值为 0。

表 5.2　角柱各层再生混凝土模型参数

性能指标		f_{c1c}/MPa	$\varepsilon_0/10^{-3}$	f_{c2c}/MPa	$\varepsilon_{20}/10^{-3}$	E_c/GPa
样本	1F	39.54	3.08	7.91	38.43	24.38
	2F	46.59	3.38	9.32	38.41	26.18
	3F	40.19	3.15	8.04	38.46	24.25
	4F	36.09	2.95	7.22	38.53	23.24
	5F	32.12	2.89	6.42	38.82	21.13
	6F	40.05	3.29	8.01	38.61	23.16

表 5.3　边柱和中柱各层再生混凝土模型参数

性能指标		f_{c1c}/MPa	$\varepsilon_0/10^{-3}$	f_{c2c}/MPa	$\varepsilon_{20}/10^{-3}$	E_c/GPa
样本	1F	38.48	3.00	7.70	30.00	24.38
	2F	45.53	3.30	9.11	29.97	26.18
	3F	39.13	3.07	7.83	30.03	24.25
	4F	35.03	2.86	7.01	30.10	23.24
	5F	31.06	2.79	6.21	30.40	21.13
	6F	38.99	3.20	7.80	30.17	23.16

表 5.4　X 方向框架梁各层再生混凝土模型参数

性能指标		f_{c1c}/MPa	$\varepsilon_0/10^{-3}$	f_{c2c}/MPa	$\varepsilon_{20}/10^{-3}$	E_c/GPa
样本	1F	38.02	2.96	7.60	20.65	24.38
	2F	45.07	3.27	9.01	20.62	26.18
	3F	38.67	3.03	7.73	20.68	24.25
	4F	34.57	2.83	6.91	20.76	23.24
	5F	30.60	2.75	6.12	21.06	21.13
	6F	38.53	3.16	7.71	20.82	23.16

表 5.5　Y 方向框架梁各层再生混凝土模型参数

性能指标		f_{c1c}/MPa	$\varepsilon_0/10^{-3}$	f_{c2c}/MPa	$\varepsilon_{20}/10^{-3}$	E_c/GPa
样本	1F	38.96	3.04	7.79	22.66	24.38
	2F	46.01	3.34	9.20	22.63	26.18
	3F	39.61	3.10	7.92	22.69	24.25
	4F	35.51	2.90	7.10	22.76	23.24
	5F	31.54	2.84	6.31	23.06	21.13
	6F	39.47	3.24	7.89	22.83	23.16

5.6.2　钢筋模型参数

钢筋材料本构模型采用单轴材料 Hysteretic 滞回模型,如图 5.11 所示。采用考虑捏缩效应的三折线模型,其中,应变捏缩因子 $P_X=0.5$,应力捏缩因子 $P_Y=0.5$,与延性相关的材料破坏参数 $f_{dam1}=0.0$,与能量相关的材料破坏系数 $f_{dam2}=0.0$。表 5.6 列出了钢筋材料模型相关参数,表中 S_{1p}、e_{1p} 分别为骨架曲线正方向上的第一点的应力和应变,由表 4.4 中的实测值确定;S_{2p}、e_{2p} 分别为骨架曲线正方向上的第二点的应力和应变,这里,应力 S_{2p} 取为 $1.1S_{1p}$,应变 e_{2p} 取为 $1.2e_{1p}$;S_{3p}、e_{3p} 分别为骨架曲线正方向上的第三点的应力和应变,这里,应力 S_{3p} 取为 $0.75S_{1p}$,应变 e_{3p} 取为 $1.5e_{1p}$。另外骨架曲线负方向上应力、应变取值与正方向大小相等。D 为钢筋直径,由表 4.4 中的实测值确定;E_s 为钢筋的弹性模量,由表 4.4 中实测弹性模量确定。

表 5.6　钢筋材料模型参数

性能指标		D/mm	S_{1p}/MPa	$e_{1p}/10^{-3}$	S_{2p}/MPa	$e_{2p}/10^{-3}$	S_{3p}/MPa	$e_{3p}/10^{-3}$	E_s/GPa
型号	8#	4.01	274.11	1.51	301.52	1.81	205.58	2.26	182.01
	10#	3.53	247.00	1.67	271.70	2.00	185.25	2.50	148.00

5.6.3　截面延性分析

材料模型参数确定后,通过对构件截面进行非线性分析,研究截面形状、配筋率、轴压比等参数对再生混凝土构件截面延性的影响。选用 2 种不同形式和尺寸的再生混凝土构件截面(GJ-1～GJ-2),采用循环加载方式(cycle),分析再生混凝土构件截面弯矩和截面曲率延性受各种影响因素的变化规律。不同构件截面尺寸和纤维单元划分情况如图 5.24 所示。表 5.7 列出了截面设计参数。

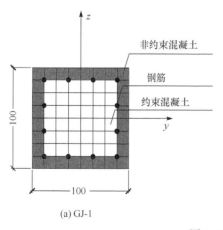

(a) GJ-1

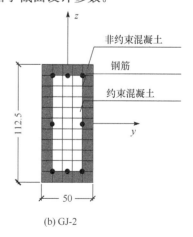

(b) GJ-2

图 5.24　构件截面

表 5.7　构件截面设计参数

构件截面	f_{clc}/MPa	$\varepsilon_0/10^{-3}$	S_{1p}/MPa	$e_{1p}/10^{-3}$	轴压比 n	全部纵向配筋率 ρ/%
	38.48	3.00	274.11	1.51	0.60	1.52
GJ-1	38.48	3.00	274.11	1.51	0.48	1.02
	38.48	3.00	274.11	1.51	0.31	1.02
	38.48	3.00	274.11	1.51	0.60	1.52
GJ-2	38.48	3.00	274.11	1.51	0.48	1.02
	38.48	3.00	274.11	1.51	0.31	1.02

1. 截面形式的影响

由图 5.25 中的曲线和表 5.8 中的数据不难看出,在轴压比和纵向配筋率均相同的条件下,截面形式对弯矩-曲率(M-φ)曲线的影响非常明显,方形截面(GJ-1)的屈服弯矩、最大弯矩和极限弯矩明显大于矩形截面(GJ-2)相应的弯矩。在 $n=$ 0.48,$\rho=1.02$ 时,GJ-1 截面最大弯矩 M_m 为 6.33kN·m,相应曲率的延性系数 μ_m 为 3.71,而 GJ-2 截面最大弯矩 M_m 为 4.09kN·m,相应曲率的延性系数 μ_m 为 2.29,前者的延性系数大于后者。通过分析说明,在相同条件下,在进行再生混凝土构件设计时,采用方形截面比采用矩形截面在一定程度上能改善构件的截面延性,解决再生混凝土延性比普通混凝土延性偏低的问题。

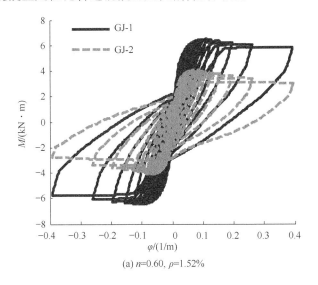

(a) n=0.60, ρ=1.52%

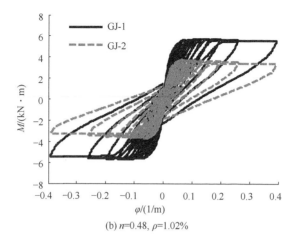

(b) n=0.48，ρ=1.02%

图 5.25　不同截面形式的 $M\text{-}\varphi$ 曲线

表 5.8　不同截面形式 $M\text{-}\varphi$ 曲线特征点参数

特征点参数	$n=0.60,\rho=1.52\%$		$n=0.48,\rho=1.02\%$	
	GJ-1	GJ-2	GJ-1	GJ-2
屈服弯矩 M_y/(kN·m)	5.66	3.54	5.07	3.25
最大弯矩 M_m/(kN·m)	6.33	4.09	5.73	3.68
极限弯矩 M_u/(kN·m)	5.97	3.84	5.61	3.58
屈服曲率 φ_y/(1/m)	0.05	0.04	0.05	0.04
最大弯矩对应的曲率 φ_m/(1/m)	0.20	0.10	0.15	0.15
极限弯矩对应的曲率 φ_u/(1/m)	0.60	0.39	0.39	0.39
最大弯矩对应的延性系数 μ_m	3.71	2.29	3.29	3.73

2. 轴压比的影响

由图 5.26 中分别给出的 GJ-1 和 GJ-2 在不同轴压比下的 $M\text{-}\varphi$ 曲线，可以看出，随着轴压比的增大，构件截面屈服弯矩、最大弯矩和极限弯矩均随之提高，但增长幅度不大。表 5.9 给出了不同轴压比下再生混凝土构件截面 $M\text{-}\varphi$ 曲线的特征点参数值，由表中的数据不难看出，在截面形式和纵向配筋率均相同的条件下，随着轴压比的增加，构件截面延性随之降低，其减小幅度明显大于截面弯矩的增长幅度。对于构件 GJ-1 和 GJ-2，当轴压比降低到约 1/2 时，相应的屈服曲率延性系数增加了约 1 倍。通过分析表明，轴压比的变化对再生混凝土构件截面承载力的影响不是很大，但对截面的延性影响显著，随着轴压比的提高，再生混凝土构件截面延性明显降低。

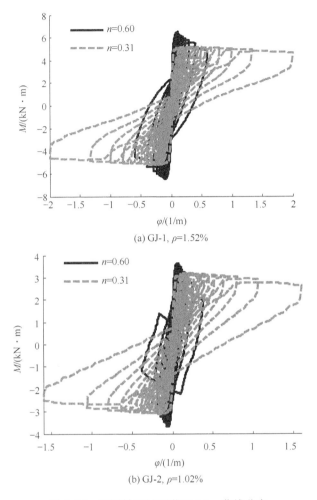

(a) GJ-1, ρ=1.52%

(b) GJ-2, ρ=1.02%

图 5.26　不同轴压比下截面 M-φ 曲线分布

表 5.9　不同轴压比下 M-φ 曲线特征点参数

特征点参数	GJ-1, ρ=1.52%		GJ-2, ρ=1.02%	
	n=0.60	n=0.31	n=0.60	n=0.31
屈服弯矩 M_y/(kN·m)	5.66	4.93	3.22	2.94
最大弯矩 M_m/(kN·m)	6.33	5.23	3.69	3.18
极限弯矩 M_u/(kN·m)	6.18	4.84	3.41	2.98
屈服曲率 φ_y/(1/m)	0.05	0.05	0.04	0.04
最大弯矩对应的曲率 φ_m/(1/m)	0.23	0.37	0.10	0.20
极限弯矩对应的曲率 φ_u/(1/m)	0.39	2.00	0.39	1.50
最大弯矩对应的延性系数 μ_m	4.24	7.18	2.55	5.58

3. 配筋率的影响

由图 5.27 中分别给出的 GJ-1 和 GJ-2 在不同纵向钢筋配筋率下的 M-φ 曲线,可以看出,随着配筋率 ρ 的增加,构件截面的屈服弯矩、最大弯矩和极限弯矩均随之提高,但增长幅度不大。表 5.10 给出了不同配筋率下再生混凝土构件截面 M-φ 曲线的特征点参数值。在截面形式和轴压比均相同条件下,构件的纵向配筋率由 1.02% 增加到 1.52%,增加了约 50%,而构件 GJ-1 相应的延性系数增加了约 6%,构件 GJ-2 相应的延性系数增加了约 2%。分析表明,随着配筋率的增加,构件截面延性随之提高,但增长幅度不大。

再生混凝土构件的截面性能与普通混凝土的很相似[93,94],截面延性系数与截面形状、构件纵向配筋率、构件箍筋配筋率、轴压比等有很大的关系。通过对再生混凝土构件截面延性分析发现:轴压比对截面延性的影响最为明显,依次是截面形式、配筋率;截面形式对构件截面承载能力的影响最为明显,依次是轴压比和配筋率。另外,虽然改变了构件截面的轴压比和纵向钢筋配筋率,但是 GJ-1 和 GJ-2 截面屈服弯矩相应的曲率并没有随之发生变化,前者的屈服曲率 φ_y 为 0.05,后者的屈服曲率 φ_y 为 0.04。

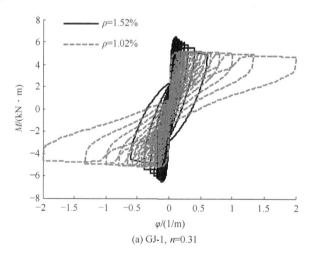

(a) GJ-1, n=0.31

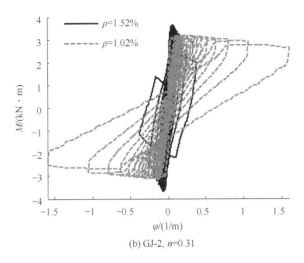

(b) GJ-2, $n=0.31$

图 5.27　不同配筋率下截面 M-φ 曲线分布

表 5.10　不同配筋率下 M-φ 曲线特征点参数

特征点参数	GJ-1, $n=0.31$		GJ-2, $n=0.31$	
	$\rho=1.52\%$	$\rho=1.02\%$	$\rho=1.52\%$	$\rho=1.02\%$
屈服弯矩 $M_{y}/(\mathrm{kN \cdot m})$	4.93	4.41	3.31	2.94
最大弯矩 $M_{m}/(\mathrm{kN \cdot m})$	5.23	4.84	3.47	3.18
极限弯矩 $M_{u}/(\mathrm{kN \cdot m})$	4.84	4.43	3.27	2.98
屈服曲率 $\varphi_{y}/(1/\mathrm{m})$	0.05	0.04	0.04	0.04
最大弯矩对应的曲率 $\varphi_{m}/(1/\mathrm{m})$	0.37	0.30	0.22	0.20
极限弯矩对应的曲率 $\varphi_{u}/(1/\mathrm{m})$	2.00	2.00	1.60	1.50
最大弯矩对应的延性系数 μ_{m}	7.18	6.78	5.68	5.58

5.6.4　结构动力特性

1. 频率

在 OpenSees 非线性分析中,每次地震模拟时程分析后,都对模型结构进行模态分析,然后通过输出控制对象对结构自振频率数据进行记录和输出。表 5.11 表示试验模型在不同工况的前 2 阶自振频率计算值与实测结果的比较。图 5.28 表示在不同试验阶段由计算得到的模型自振频率变化曲线与实测结果的比较。图中以模型在振动台试验前测得的自振频率 f_0 作为标准。通过对表 5.11 中数值和图 5.28 中曲线的比较可以看出,在试验前,通过模态分析得到的模型 X 主方向 1 阶平动自振频率为 3.755Hz,比试验值大 0.04Hz,计算相对误差为 1%;Y 方向 1

阶平动自振频率为 3.391Hz,比试验值小 0.059Hz,计算相对误差为 1.7%。计算频率和由白噪声试验得到的结果吻合很好,X 方向的刚度要大于 Y 方向。在 0.130g(开裂阶段)~0.264g(开裂阶段)试验阶段,结构计算自振频率下降速度比试验值大,说明计算模型比实际模型的地震反应强烈,这在下面的模型地震反应分析里有所体现。在 0.370g(屈服阶段)、0.415g(极限阶段)以及 0.550g 试验阶段,计算频率与试验结果吻合较好。在 0.750g 和 1.170g 试验阶段,模型遭受到更为强烈的地震波激励,结构内部损伤严重,发生较大的层间位移变形。在严重弹塑性阶段,计算频率和试验结果的差值略大,模拟精度降低。从图 5.28 中的曲线可以看出,计算频率变化曲线较为平滑,说明随着地震强度的增大,结构塑性变形不断发展,整体抗侧移刚度衰减比较均匀,没有明显的刚度突变。

结构的计算自振频率和试验结果出现不一致的原因可能与混凝土和钢筋材料本模型参数的选取、纤维截面单元划分、非线性梁柱单元选取、钢筋与混凝土界面之间的黏结滑移影响、阻尼比取值等因素有关。

表 5.11　模型实测频率与计算结果的比较

试验阶段		频率 f/Hz			
		Y 方向		X 方向	
		实测值	计算值	实测值	计算值
试验前		3.450	3.391	3.715	3.755
0.130g	WCW	—	3.169	2.919	2.483
	ELW	—	3.140	2.919	2.193
	SHW	—	3.040	2.654	2.008
0.185g	WCW	—	3.040	2.654	2.009
	ELW	—	3.040	2.521	2.005
	SHW	—	2.987	2.256	1.915
0.264g	WCW	—	2.987	2.123	1.915
	ELW	—	2.987	2.123	1.914
0.370g	WCW	—	2.924	1.990	1.821
	ELW	—	2.922	1.858	1.825
	SHW	—	2.836	1.725	1.729
0.415g	WCW	—	2.836	1.725	1.727
	ELW	—	2.837	1.725	1.730
	SHW	—	2.808	1.592	1.712

试验阶段		频率 f/Hz			
		Y 方向		X 方向	
		实测值	计算值	实测值	计算值
试验前		3.450	3.391	3.715	3.755
0.550g	WCW	—	2.804	1.592	1.701
	ELW	—	2.805	1.592	1.709
	SHW	—	2.728	1.194	1.676
0.750g	WCW	—	2.683	1.194	1.647
	ELW	—	2.686	1.194	1.658
	SHW	—	2.624	1.061	1.623
1.170g	WCW	—	2.618	0.929	1.636
	ELW	—	2.624	0.796	1.622

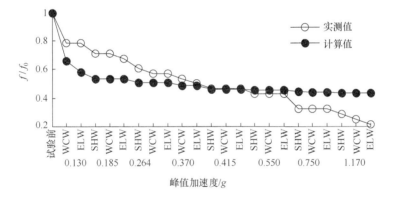

图 5.28　计算自振频率和试验结果的比较

2. 等效刚度

由公式

$$f = \frac{1}{2\pi}\sqrt{\frac{k}{m}}$$

可以看出结构刚度 k 和自振频率 f 的平方成正比,因此模型结构自振频率的变化反映了结构刚度的变化。表 5.12 列出了模型结构在不同试验阶段的等效刚度。图 5.29 表示随着模型混凝土开裂程度的加剧,结构计算等效刚度的变化规律,图中同样给出了试验等效刚度变化曲线,图中以试验前的结构等效刚度 K_0 作为标准。表 5.12 和图 5.29 的数值和曲线表明:在 0.130g(开裂阶段)~0.264g

（开裂阶段）试验阶段,结构计算等效整体刚度下降速度比试验值大。在 0.370g
（屈服阶段）、0.415g（极限阶段）以及 0.550g 试验阶段,计算刚度与试验结果吻合
较好。在 0.750g 和 1.170g 试验阶段,模型遭受到更为强烈的地震波激励,结构
内部损伤严重,发生较大的层间位移变形。在严重弹塑性阶段,计算等效刚度和试
验结果的差值略大,模拟精度降低。计算等效刚度曲线和试验曲线的变化趋势基
本上是一致的:随着混凝土裂缝的发展,模型结构等效刚度随之下降,输入不同地
震波时,结构等效刚度的变化不一样,SHW 地震波下结构等效刚度退化最明显。

表 5.12　模型计算等效刚度和试验结果的比较　　（单位:kN/mm）

试验阶段	WCW		ELW		SHW	
	计算值	试验值	计算值	试验值	计算值	试验值
试验前	7.74	7.58	7.74	7.58	7.74	7.58
0.130g	3.39	4.68	2.64	4.68	2.21	3.87
0.185g	2.22	3.87	2.21	3.49	2.01	2.80
0.264g	2.01	2.48	2.01	2.48	—	—
0.370g	1.82	2.18	1.83	1.90	1.64	1.63
0.415g	1.64	1.63	1.64	1.63	1.61	1.39
0.550g	1.59	1.39	1.60	1.39	1.54	0.78
0.750g	1.49	0.78	1.51	0.78	1.45	0.62
1.170g	1.47	0.47	1.45	0.35	—	—

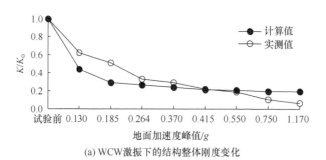

(a) WCW激振下的结构整体刚度变化

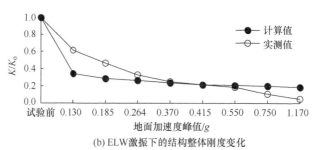

(b) ELW激振下的结构整体刚度变化

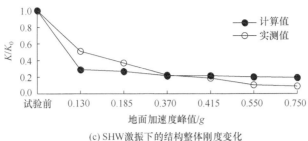

(c) SHW 激振下的结构整体刚度变化

图 5.29　地震试验中模型计算等效刚度和试验结果的比较

3. 振型

　　在结构动力非线性分析中,对模型进行模态分析得到了结构的振型曲线。本小节中把振型曲线计算结果与试验结果进行了分析比较。模型 X 方向和 Y 方向在震前由计算得到的振型系数与试验结果的比较分别列于表 5.13 和表 5.14 中。图 5.30 表示震前通过模态分析得到的结构振型曲线,图中同样给出了通过白噪声扫频得到的实测结构振型曲线。通过对表 5.13 和表 5.14 中数据及图 5.30 中曲线的比较可以看出,计算结果和实测结果吻合较好,振型系数最大相对误差小于19%,最大绝对误差仅为 0.06。一般来讲,结构的变形曲线以 1 阶振型为主,1 阶振型对了解结构的振动变形曲线具有重要的参考价值。计算模型和试验模型的基本振型曲线都属于剪切型。

表 5.13　X 方向振型系数计算结果和试验结果的比较

楼层	1 阶平动					2 阶平动				
	频率/Hz		振型系数			频率/Hz		振型系数		
	实测值	计算值	实测值	计算值	误差[*]/%	实测值	计算值	实测值	计算值	误差/%
基础	3.715	3.756	0.00	0.00	0.00	11.540	11.432	0.00	0.00	0.00
1	3.715	3.756	0.18	0.16	−11.11	11.540	11.432	0.56	0.49	−12.50
2	3.715	3.756	0.38	0.38	0.00	11.540	11.432	1.00	0.94	−6.00
3	3.715	3.756	0.58	0.59	1.72	11.540	11.432	0.96	0.93	−3.13
4	3.715	3.756	0.78	0.78	0.00	11.540	11.432	0.33	0.39	18.18
5	3.715	3.671	0.91	0.92	1.11	11.540	11.432	−0.44	−0.41	6.82
6	3.715	3.756	1.00	1.00	0.00	11.540	11.432	−1.00	−1.00	0.00

* 误差＝(计算值−试验值)/试验值×100%

表 5.14 Y 方向振型系数计算结果和试验结果的比较

楼层	1阶平动					2阶平动				
	频率/Hz		振型系数			频率/Hz		振型系数		
	实测值	计算值	实测值	计算值	误差*/%	实测值	计算值	实测值	计算值	误差/%
基础	3.450	3.392	0.00	0.00	0.00	10.750	10.486	0.00	0.00	0.00
1	3.450	3.392	0.17	0.14	−17.65	10.750	10.486	0.54	0.46	−14.81
2	3.450	3.392	0.37	0.36	−2.70	10.750	10.486	0.96	0.92	−4.17
3	3.450	3.392	0.56	0.58	3.57	10.750	10.486	0.94	0.93	−1.06
4	3.450	3.392	0.76	0.77	1.32	10.750	10.486	0.35	0.41	17.14
5	3.450	3.392	0.91	0.92	1.11	10.750	10.486	−0.42	−0.39	7.14
6	3.450	3.392	1.00	1.00	0.00	10.750	10.486	−1.00	−1.00	0.00

* 误差＝(计算值−试验值)/试验值×100%

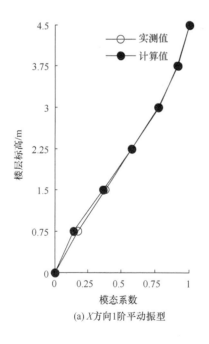

(a) X方向1阶平动振型

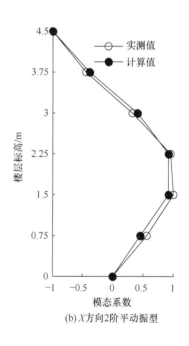

(b) X方向2阶平动振型

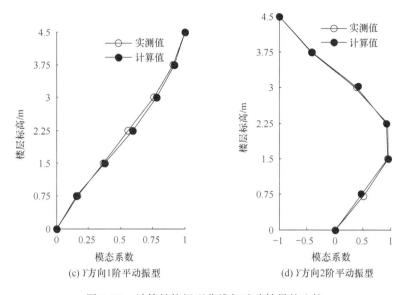

(c) Y 方向 1 阶平动振型　　　　　　　(d) Y 方向 2 阶平动振型

图 5.30　计算结构振型曲线与试验结果的比较

5.6.5　理论计算结果与试验结果对比

1. 加速度时程曲线对比

图 5.31 为再生混凝土框架在不同试验阶段的顶层绝对加速度反应的计算时程曲线与试验时程曲线的对比图。非线性分析所选用的地震波和试验完全相同，WCW 持时为 37.6758s，ELW 持时为 30.1392s，SHW 持时为 22.6026s。为了便于比较，分别截取计算时程曲线和试验时程曲线的一个部分来进行对比。图 5.31 中的曲线表明，在 0.130g 和 0.185g 试验阶段，两曲线吻合很好，振动形式完全一致，计算峰值点加速度略大于相应的试验结果。在 0.370g（屈服阶段）和 0.415g（极限荷载阶段）阶段，除在个别时间段内计算时程曲线与实测结果不一致外，其他时段吻合较好，振动形式一致。进入破坏阶段（0.550g～1.170g）后，计算加速度值和试验结果出现一定的误差，随着地震强度的不断增大，计算误差值也随之增大。但模型的计算时程曲线与试验时程曲线具有基本相同的振动趋势。计算加速度反应与试验结果具有相同的变化趋势：在同一地震水准作用下，3 条地震波在同一测点处的加速度反应大小不同，上海人工波引起的动力反应最大，其次是汶川地震波，El-Centro 波最小，造成这种差别的主要原因是不同的地震波相应的频谱特性不同。随着地震加速度峰值的提高，加速度反应在总的趋势上是逐渐降低的，随着结构破坏的加剧，结构周期逐渐加大，结构受高阶振型的影响随之增大，在一定的周期范围内，结构的加速度反应可能会出现随着结构周期的增大而提高的现象。

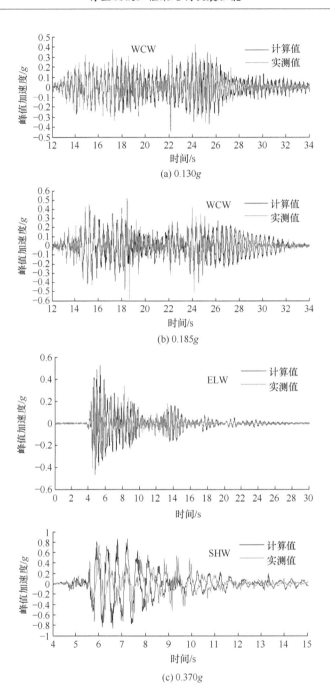

(a) 0.130g

(b) 0.185g

(c) 0.370g

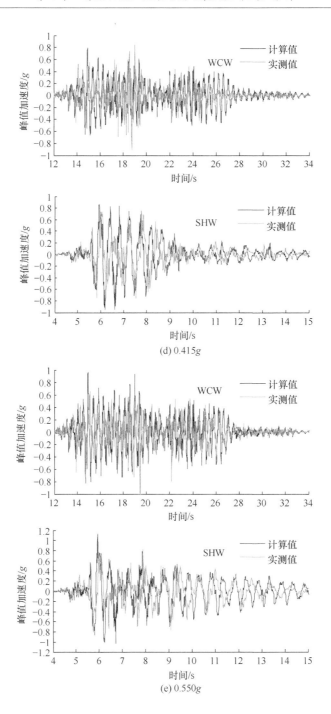

(d) 0.415g

(e) 0.550g

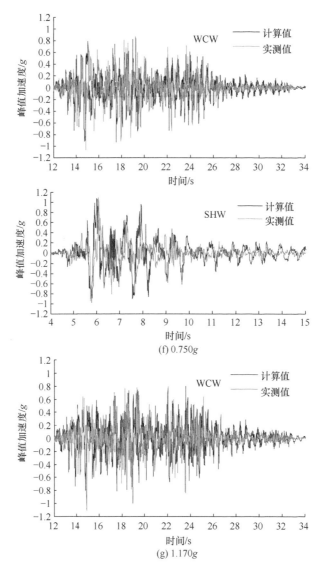

图 5.31　各试验阶段顶层加速度计算值和实测值时程曲线比较

2. 加速度放大系数对比

表 5.15 给出了模型加速度放大系数的计算值和试验结果以及它们之间的差值。图 5.32 表示框架在线弹性阶段($\leqslant 0.066g$)、开裂阶段($0.130g\sim0.185g$)、屈服阶段($0.370g$)、极限阶段($0.415g$)和破坏阶段($0.415g\sim1.170g$)计算加速度放大系数与试验结果的对比图。由表 5.15 中的数值和图 5.32 中的曲线可以看出，

除个别测点的加速度放大系数的计算值与试验结果的误差有明显差异外,大部分加速度放大系数的计算值和试验结果的吻合度很好。

在 0.066g(线弹性阶段)试验阶段,加速度放大系数计算值和试验结果吻合很好,曲线分布形式一致。在 0.130g～0.185g(开裂阶段)试验阶段,加速度放大系数计算值与试验结果接近,最大误差为－36.8%,发生在 0.185g 试验阶段 ELW 激励下的模型顶层,其他工况下的各楼层加速度放大系数计算误差都小于30%,加速度放大系数计算曲线和试验曲线分布形式一致。在 0.370g(屈服阶段)、0.415g(极限荷载阶段)以及 0.550g～1.170g(破坏阶段)试验阶段,计算加速度放大系数和试验结果吻合稍差,随着地震强度的不断增大,计算误差值也随之增大。但模型的计算加速度放大系数与试验加速度放大系数曲线具有基本相同的分布特征。

随着台面输入地震波加速度峰值的提高,模型损伤加剧,结构抗侧移刚度退化,结构自振频率下降,阻尼比增大,计算加速度放大系数和实测加速度放大系数在总的趋势上都是逐渐降低的。结构受高阶振型的影响随之增大,在一定的周期范围内,结构的加速度放大系数可能会出现随着结构周期的增大而提高的现象。在同一工况中,各个测点的计算加速度放大系数总体上沿楼层高度方向逐渐增大,这与试验结论是一致的。1 层顶部的计算加速度放大系数在 1.076～1.893,相应试验值在 0.798～1.602;2 层顶部的计算加速度放大系数在 0.914～2.318,相应试验值在 0.938～2.318;3 层顶部的计算加速度放大系数在 0.792～2.865,相应试验值在 0.892～2.827;4 层顶部的计算加速度放大系数在 0.778～3.326,相应试验值在 0.758～3.257;5 层顶部的计算加速度放大系数在 0.814～3.865,相应试验值在 0.870～3.858;模型顶层的计算加速度放大系数在 1.014～4.049,相应试验值在 1.187～3.998。加速度放大系数不仅与层间刚度和各层强度有关,同时与非弹性变形的发展以及台面输入地震波的频谱特性等因素有关。结构的加速度放大系数可能会出现沿楼层高度方向减小的现象,在同一地震水准作用下,3 条地震波在同一测点处的加速度放大系数不同,上海人工波引起的动力反应最大,其次是汶川地震波,El-Centro 波最小,这和框架模型振动台试验结论是一致的。

以上分析表明,OpenSees 地震反应非线性数值模拟能较好地反映结构在地震中的反应情况,具有很高的模拟精度。加速度反应出现计算值和试验结果之间不一致的原因可能与钢筋和混凝土材料本构模型特征参数选取、纤维截面单元划分、非线性梁-柱单元选取、梁和柱构件上的单元划分、钢筋与混凝土界面之间的黏结滑移影响、阻尼比取值等因素有关。

表 5.15　模型 X 方向加速度放大系数

PGA/g		1 层			2 层			3 层		
		计算	实测	误差*	计算	实测	误差	计算	实测	误差
0.066	WCW	1.081	1.059	0.021	1.916	2.113	−0.093	2.808	2.725	0.030
	ELW	1.084	0.836	0.297	1.482	1.477	0.003	1.884	1.826	0.032
	SHW	1.402	1.343	0.044	2.318	2.204	0.052	2.865	2.827	0.013
0.130	WCW	1.309	1.379	−0.051	1.501	1.918	−0.217	1.619	2.054	−0.212
	ELW	1.451	1.279	0.135	1.839	1.849	−0.005	1.870	2.126	−0.120
	SHW	1.893	1.538	0.231	2.244	2.318	−0.032	2.459	2.645	−0.070
0.185	WCW	1.435	1.169	0.227	1.602	1.652	−0.030	1.626	1.846	−0.119
	ELW	1.401	1.208	0.160	1.455	1.456	0.000	1.423	1.654	−0.139
	SHW	1.713	1.602	0.069	2.304	2.213	0.041	2.535	2.490	0.018
0.264	WCW	1.548	1.486	0.042	1.831	2.13	−0.140	1.723	2.788	−0.382
	ELW	1.256	0.968	0.297	1.154	1.046	0.103	1.242	1.405	0.116
0.370	WCW	1.351	1.302	0.038	1.574	1.458	0.079	1.491	1.573	−0.052
	ELW	1.199	0.821	0.460	1.171	1.167	0.003	1.221	1.138	0.073
	SHW	1.250	1.163	0.075	1.640	1.700	−0.035	1.840	1.836	0.002
0.415	WCW	1.230	1.407	−0.126	1.453	1.749	−0.169	1.318	1.774	−0.257
	ELW	1.218	0.803	0.517	1.123	1.027	0.093	1.165	1.019	0.144
	SHW	1.346	1.290	0.043	1.544	1.802	−0.143	1.633	1.924	−0.151
0.550	WCW	1.451	1.053	0.378	1.485	1.508	−0.015	1.486	1.352	0.099
	ELW	1.195	1.016	0.177	1.229	1.080	0.138	1.281	1.001	0.280
	SHW	1.435	0.865	0.659	1.355	1.133	0.196	1.321	1.287	0.027
0.750	WCW	1.160	0.798	0.454	1.181	0.938	0.259	1.039	0.892	0.165
	ELW	1.202	1.092	0.101	0.937	1.032	−0.092	0.828	1.001	−0.173
	SHW	1.707	1.236	0.381	1.318	1.122	0.175	1.439	1.035	0.390
1.170	WCW	1.076	0.653	0.648	1.051	0.709	0.482	0.798	0.751	0.063
	ELW	1.209	0.934	0.295	0.914	1.122	−0.186	0.792	0.819	−0.033

续表

PGA/g		4 层			5 层			6 层		
		计算	试验	误差	计算	试验	误差	计算	试验	误差
0.066	WCW	2.993	2.981	0.004	3.131	3.082	0.016	3.404	3.379	0.007
	ELW	2.056	1.974	0.042	2.206	2.186	0.009	2.905	2.867	0.013
	SHW	3.326	3.257	0.021	3.865	3.858	0.002	4.049	3.998	0.013
0.130	WCW	1.975	2.372	−0.167	2.099	2.369	−0.114	2.491	3.189	−0.219
	ELW	1.732	2.066	−0.162	1.837	2.389	−0.231	2.266	3.098	−0.269
	SHW	2.984	2.742	0.088	3.074	3.123	−0.016	3.466	3.608	−0.039
0.185	WCW	1.483	1.994	−0.256	1.709	1.916	−0.108	1.915	2.748	−0.303
	ELW	1.491	1.851	−0.194	1.520	2.068	−0.265	1.736	2.748	−0.368
	SHW	2.728	2.972	−0.082	2.830	3.161	−0.105	3.078	3.983	−0.227
0.264	WCW	1.819	1.925	−0.055	2.032	—	—	2.505	2.794	−0.103
	ELW	1.367	1.201	0.138	1.493	—	—	1.599	1.771	0.097
0.370	WCW	1.456	1.653	−0.119	1.488	1.728	−0.139	1.858	2.519	−0.263
	ELW	1.277	1.011	0.263	1.340	0.934	0.434	1.506	1.218	0.236
	SHW	2.022	2.087	−0.031	2.222	1.864	0.192	2.343	2.052	0.142
0.415	WCW	1.288	1.437	−0.104	1.535	1.432	0.072	1.913	2.213	−0.136
	ELW	1.121	0.758	0.478	1.151	0.870	0.323	1.225	1.187	0.032
	SHW	2.093	2.033	0.029	2.255	1.838	0.227	2.416	2.216	0.090
0.550	WCW	1.375	1.125	0.222	1.550	1.448	0.070	1.949	2.031	−0.041
	ELW	1.231	0.869	0.416	1.257	0.973	0.292	1.370	1.527	−0.103
	SHW	1.468	1.255	0.169	1.697	1.269	0.337	1.915	1.659	0.154
0.750	WCW	1.068	0.792	0.348	1.131	1.109	0.020	1.155	1.333	−0.133
	ELW	0.778	0.772	0.008	0.920	1.104	−0.167	1.064	1.789	−0.405
	SHW	1.277	1.101	0.160	1.285	1.251	0.027	1.469	1.499	−0.020
1.170	WCW	0.856	0.757	0.130	0.814	0.684	0.190	1.014	1.127	−0.100
	ELW	0.817	0.871	−0.062	0.848	0.724	0.171	1.058	1.571	−0.326

* 误差＝(计算值－试验值)/试验值×100%

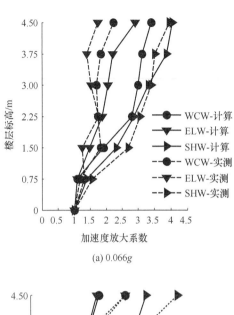

(a) 0.066g

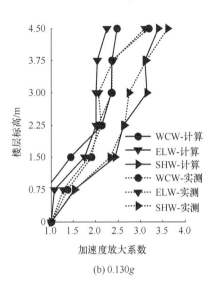

(b) 0.130g

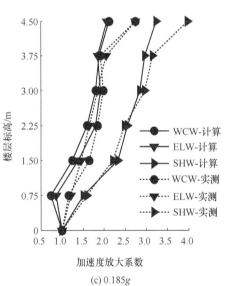

(c) 0.185g

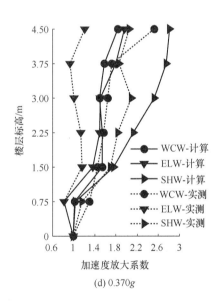

(d) 0.370g

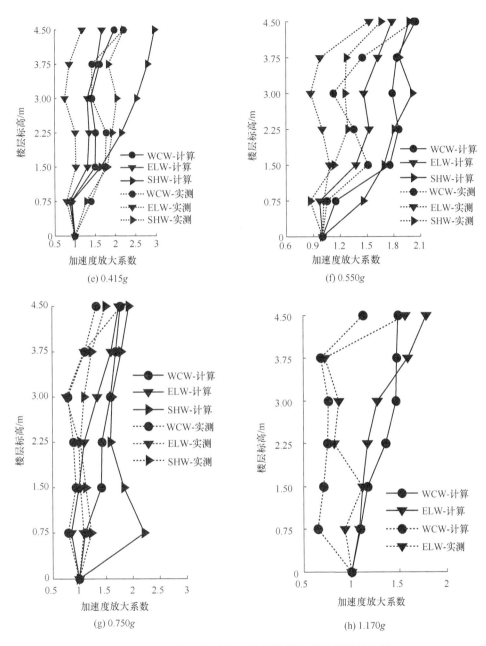

图 5.32　楼层加速度放大系数计算值和试验结果的比较

3. 楼层位移时程曲线对比

图 5.33 表示再生混凝土框架在不同试验阶段顶层相对位移计算时程曲线与试验时程曲线的对比图。为了便于比较,分别截取计算时程曲线和试验时程曲线的一个部分来进行对比,从图 5.33 中曲线可以看出:在 $0.130g$ 和 $0.185g$ 试验阶段,两曲线吻合很好,振动形式完全一致,计算峰值点相对位移略大于相应试验结果。在 $0.370g$(屈服阶段)、$0.415g$(极限荷载阶段)和 $0.550g$ 试验阶段,除在个别时间段内计算时程曲线与实测结果不一致外,其他时段吻合较好,曲线振动形式一致,计算峰值点相对位移略小于相应试验结果。结构位移反应在一定程度上也反映了结构自振频率的变化。在 $0.130g \sim 0.264g$(开裂阶段)试验阶段,结构计算自振频率下降速度比试验值大,在 $0.370g$(屈服阶段)、$0.415g$(极限阶段)以及 $0.550g$ 试验阶段,计算频率与试验结果较接近。在 $0.750g$ 和 $1.170g$ 破坏阶段,计算位移值和试验结果出现一定的误差,随着地震强度的不断增大,计算误差值也随之增大。但模型的计算时程曲线与试验时程曲线具有基本相同的振动趋势。随着地震强度不断加大,模型楼层位移也随之增大,在地震试验中输入同一条地震波时,结构位移时程曲线的形状大致相同,这和试验结果是一致的。在同一地震水准作用下,3 条地震波在同一测点处的加速度反应大小不同,上海人工波引起的动力反应最大,其次是汶川地震波,El-Centro 波最小。这与模型振动台试验得到的结论是一致的。通过与加速度反应对比可以看出,结构位移的计算精度要高于加速度的计算精度。

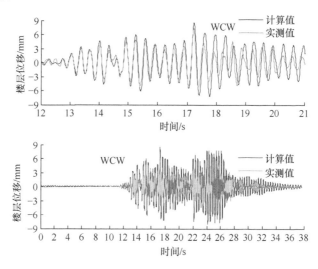

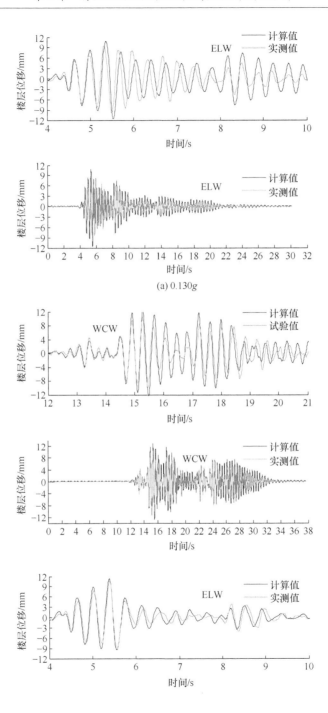

(a) 0.130g

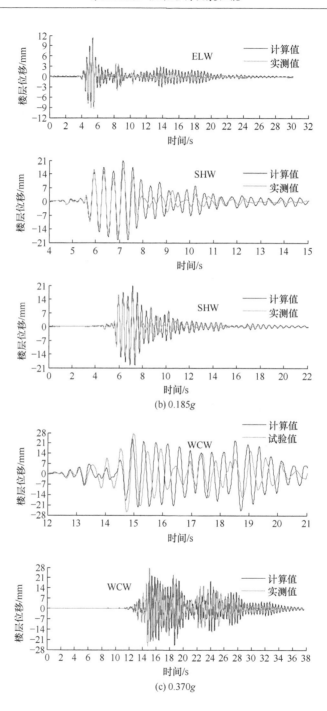

(b) 0.185g

(c) 0.370g

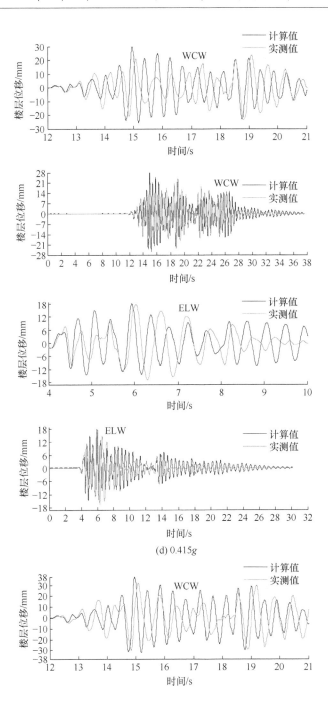

(d) 0.415g

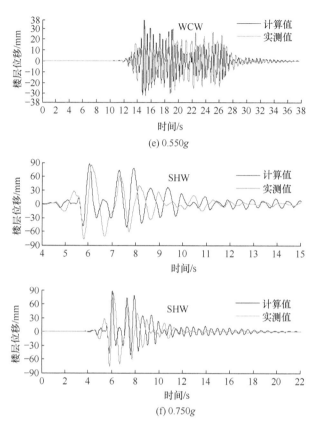

图 5.33　计算位移时程曲线和试验结果的比较

4. 最大楼层位移对比

表 5.16 列出了输入不同加速度峰值时楼层相对于基础的最大位移计算值与试验结果以及它们之间的差值。图 5.34 是根据表 5.16 中的数据绘制的模型楼层最大位移反应对比图。通过表 5.16 中数据和图 5.34 中曲线的比较可以看出,在 0.066g(弹性阶段)、0.130g~0.185g(开裂阶段)的系列地震试验中,最大楼层位移的计算值和实测结果基本吻合,计算值比试验结果偏大,除个别误差外,大部分误差值都小于 30%。0.185g 随后的系列地震试验中,最大楼层位移反应值基本上都比试验结果偏小。结构楼层位移反应在一定程度上也反映了结构自振频率的变化。在 0.130g(开裂阶段)~0.264g(开裂阶段)试验阶段,结构计算自振频率下降速度比试验值大,在 0.370g(屈服阶段)、0.415g(极限阶段)以及 0.550g 试验阶段,计算频率与试验结果较接近。在 0.750g 和 1.170g 破坏阶段,计算位移值和试验结果出现一定的误差,随着地震强度的不断增大,计算误差值也随之增大,但

模型的计算位移曲线与试验曲线具有相同的分布形式。图 5.35 表示模型在不同地震强度下的各楼层计算位移曲线分布。由图 5.35 中的曲线可以看出,计算相对位移曲线和试验曲线有相同的分布规律:相同地震强度下,楼层位移沿模型高度逐渐增大;除 1.170g 试验阶段外,随着地震强度不断加大,模型各楼层相对位移也随之增大。1.170g(很严重破坏阶段)试验阶段的楼层位移模拟精准度有所下降,该阶段的最大楼层相对位移反而比 0.750g 试验阶段小,出现这种现象的原因可能与地震波的频谱特性以及有限元材料模型的选取有关,在框架结构的地震反应非线性分析以及振动台试验中,均可看出 SHW 对结构造成的破坏程度最为严重,特别是在非线性分析中,表现得更为明显。

在地震试验中输入同一条地震波时,结构计算位移变形曲线的形状大致相同,计算位移变形值随地震动幅值的增加而变大;结构的位移曲线与模型的 1 阶振型接近,总体上,模型楼层位移曲线是很光滑的,位移曲线上没有明显的弯曲点,这表明结构的等效抗侧刚度沿模型高度方向的分布是合理的。从楼层位移曲线的形状可以看出,计算结构变形曲线和试验曲线都呈剪切型分布。输入加速度峰值大小相同的 3 条地震波,结构位移曲线形状近似,但是结构位移大小不同,SHW 地震波引起的结构位移反应最大,除 0.130g 地震试验中,ELW 引起的结构位移反应大于 WCW 外,其他地震试验中,ELW 下结构位移反应最小,这与模型振动台试验得到的结论是一致的。通过与加速度反应的对比可以看出,模型楼层位移的计算精度要好于加速度放大系数。

在基于 OpenSees 程序计算平台的地震反应非线性分析中,所使用的非线性单元类型、截面类型、截面基本假定、混凝土材料模型、钢筋材料模型以及分析计算方法等较合理、准确地反映了结构在动力荷载作用下的反应状态。

表 5.16　不同试验阶段楼层最大位移计算值和试验结果的比较

PGA/g		1 层顶/mm			2 层顶/mm			3 层顶/mm		
		计算	实测	误差[*]	计算	实测	误差	计算	实测	误差
0.066	WCW	0.66	0.67	−0.015	1.58	1.58	0.000	2.42	2.40	0.008
	ELW	0.42	0.41	0.024	1.01	0.98	0.031	1.61	1.52	0.059
	SHW	0.66	0.64	0.031	1.56	1.54	0.013	2.48	2.41	0.029
0.130	WCW	1.301	1.11	0.172	3.11	2.72	0.143	4.95	4.38	0.130
	ELW	2.08	1.51	0.377	4.81	3.64	0.321	7.13	5.69	0.253
	SHW	2.64	1.85	0.427	6.35	4.50	0.411	9.97	7.04	0.416

续表

PGA/g		1 层顶/mm			2 层顶/mm			3 层顶/mm		
		计算	实测	误差*	计算	实测	误差	计算	实测	误差
0.185	WCW	1.94	1.78	0.090	4.71	4.32	0.090	7.42	6.57	0.129
	ELW	1.88	1.63	0.153	4.51	3.87	0.165	6.97	6.34	0.099
	SHW	3.62	3.55	0.020	8.44	7.85	0.075	12.95	11.64	0.113
0.264	WCW	2.58	3.49	−0.261	6.00	7.89	−0.240	9.43	11.91	−0.208
	ELW	2.29	2.08	0.101	5.55	4.75	0.168	8.72	7.31	0.193
0.370	WCW	4.58	6.15	−0.255	10.55	13.17	−0.199	15.93	19.19	−0.170
	ELW	2.49	2.77	−0.101	6.12	6.20	−0.013	9.81	9.03	0.086
	SHW	6.48	8.44	−0.232	14.84	18.42	−0.194	22.54	25.55	−0.118
0.415	WCW	5.14	6.04	−0.149	11.83	12.77	−0.074	17.95	18.05	−0.006
	ELW	3.08	4.68	−0.342	7.24	9.81	−0.262	11.09	13.64	−0.187
	SHW	7.55	11.16	−0.323	16.37	24.01	−0.318	23.90	32.56	−0.266
0.550	WCW	7.23	8.09	−0.106	15.96	17.42	−0.084	23.55	23.98	−0.018
	ELW	4.60	7.66	−0.399	10.32	15.88	−0.350	15.42	21.47	−0.282
	SHW	16.44	19.96	−0.176	30.01	41.66	−0.280	39.96	54.55	−0.267
0.750	WCW	15.52	15.38	0.009	28.25	34.24	−0.175	37.32	45.71	−0.184
	ELW	8.27	15.04	−0.450	14.86	33.07	−0.551	19.56	43.77	−0.553
	SHW	33.38	25.59	0.304	53.30	50.71	0.051	65.70	67.56	−0.028
1.170	WCW	21.28	25.66	−0.171	31.87	55.28	−0.423	37.64	73.21	−0.486
	ELW	20.39	22.01	−0.073	36.62	42.22	−0.132	36.24	53.50	−0.322

PGA/g		4 层顶/mm			5 层顶/mm			屋顶/mm		
		计算	试验	误差	计算	试验	误差	计算	试验	误差
0.066	WCW	3.17	3.07	0.033	3.72	3.57	0.042	4.02	3.84	0.047
	ELW	2.01	1.98	0.015	2.40	2.36	0.017	2.75	2.60	0.058
	SHW	3.31	3.19	0.038	3.86	3.81	0.013	4.45	4.14	0.075
0.130	WCW	6.64	6.04	0.099	7.88	7.13	0.105	8.53	7.72	0.105
	ELW	9.03	7.73	0.168	10.67	9.33	0.144	11.59	10.01	0.158
	SHW	12.95	9.57	0.353	15.11	11.12	0.359	16.29	11.89	0.370
0.185	WCW	9.88	8.72	0.133	11.76	9.98	0.178	12.78	10.30	0.241
	ELW	9.03	8.74	0.033	10.48	10.23	0.024	11.29	10.66	0.059
	SHW	16.74	14.55	0.151	19.47	16.23	0.200	20.90	16.70	0.251

续表

PGA/g		4 层顶/mm			5 层顶/mm			屋顶/mm		
		计算	试验	误差	计算	试验	误差	计算	试验	误差
0.264	WCW	12.37	15.18	−0.185	14.64	17.13	−0.145	15.97	17.56	−0.091
	ELW	11.48	9.64	0.191	13.55	11.10	0.221	14.68	11.45	0.282
0.370	WCW	20.28	24.23	−0.163	23.31	27.17	−0.142	24.93	27.57	−0.096
	ELW	13.24	11.06	0.197	15.94	12.27	0.299	17.49	12.48	0.401
	SHW	29.02	31.80	−0.087	33.82	35.15	−0.038	36.51	35.27	0.035
0.415	WCW	23.22	21.77	0.067	27.38	23.95	0.143	29.86	23.72	0.259
	ELW	14.32	16.18	−0.115	16.69	17.64	−0.054	18.05	17.76	0.016
	SHW	29.92	39.46	−0.242	35.30	42.97	−0.178	38.39	42.90	−0.105
0.550	WCW	29.90	28.52	0.048	34.80	31.58	0.102	37.83	32.27	0.172
	ELW	19.72	25.19	−0.217	22.94	28.30	−0.189	24.78	28.44	−0.129
	SHW	47.21	62.95	−0.250	52.40	67.03	−0.218	55.60	65.51	−0.151
0.750	WCW	43.62	53.80	−0.189	48.11	58.06	−0.171	50.85	58.17	−0.126
	ELW	22.88	50.88	−0.550	25.24	54.63	−0.538	26.69	54.68	−0.512
	SHW	75.03	79.58	−0.057	82.32	85.20	−0.034	87.34	83.93	0.041
1.170	WCW	41.72	84.27	−0.505	44.89	90.66	−0.505	47.23	91.70	−0.485
	ELW	40.11	61.51	−0.347	43.00	65.83	−0.347	45.04	66.14	−0.319

＊ 误差＝(计算值−试验值)/试验值×100％

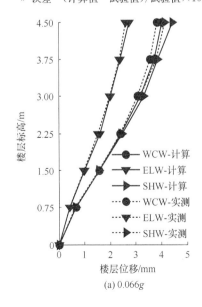

(a) 0.066g

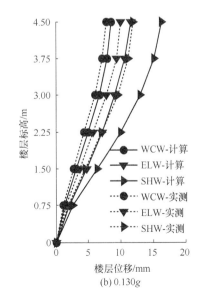

(b) 0.130g

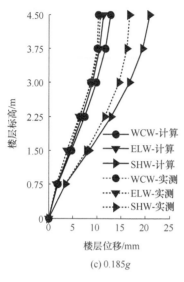

(c) 0.185g

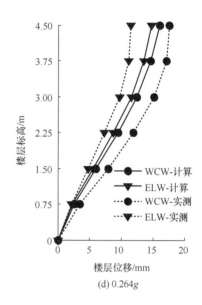

(d) 0.264g

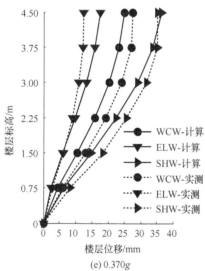

(e) 0.370g

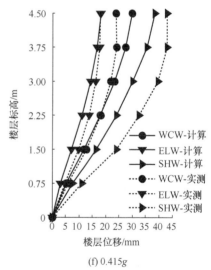

(f) 0.415g

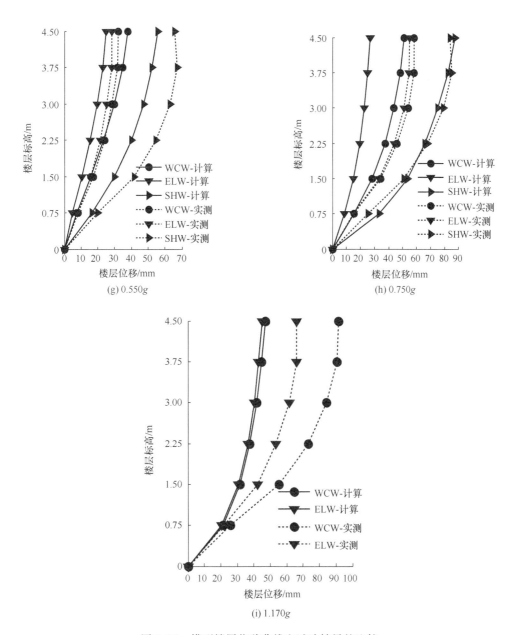

(g) 0.550g

(h) 0.750g

(i) 1.170g

图 5.34　模型楼层位移曲线和试验结果的比较

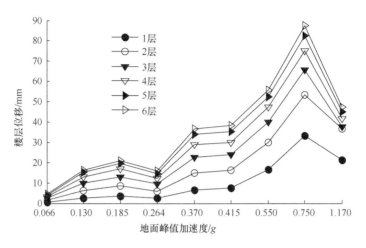

图 5.35　各楼层最大相对位移反应计算值

5. 最大层间位移对比

图 5.36 表示不同试验阶段实测的模型楼层层间最大位移分布曲线,图 5.36 中同样给出了地震反应非线性数值计算的结果。表 5.17 和图 5.37 表示层间最大位移角计算值与实测结果的比较,由表 5.17 中数值及图 5.36 和图 5.37 中的曲线可以看出:在 0.066g(弹性阶段),最大层间位移的计算值和实测结果吻合较好,0.130g~0.185g(开裂阶段)的系列地震试验中,最大层间位移反应计算值比试验结果偏大。从 0.264g(中等破坏)~0.550g(很严重破坏)系列地震试验中,最大计算层间位移反应值基本上都比试验结果偏小,这和楼层最大位移反应计算值与试验结果比较得出的结论是一致的。结构层间位移反应在一定程度上也反映了结构自振频率的变化。在 0.130g~0.264g(开裂阶段)试验阶段,结构计算自振频率下降速度比试验值大,在 0.370g(屈服阶段)、0.415g(极限阶段)以及 0.550g 试验阶段,计算频率与试验结果较接近。在 0.750g 试验阶段,当对结构输入 SHW 时,计算层间位移达到最大值,最大层间位移值为 33.39mm,比试验结果大 7.8mm。在非线性分析中,1.170g(很严重破坏阶段)试验阶段的层间位移模拟精准度有所下降,该阶段的最大层间位移反而比 0.750g 试验阶段小,出现这种现象的原因可能与地震波的频谱特性以及有限元材料模型的选取有关,在框架结构的地震反应非线性分析以及振动台试验中,均可看出 SHW 对结构造成的破坏程度最为严重,特别是在非线性分析中,表现得更为明显。

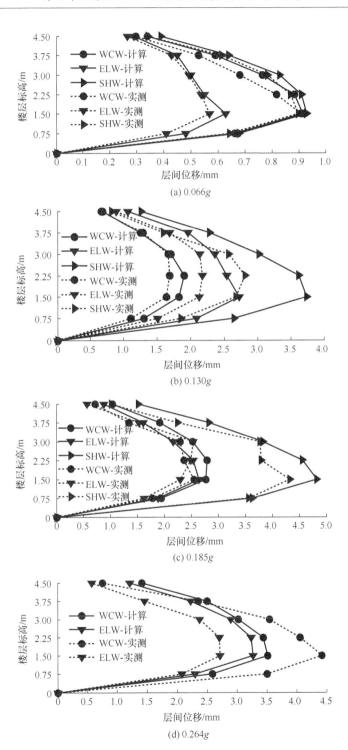

(a) 0.066g

(b) 0.130g

(c) 0.185g

(d) 0.264g

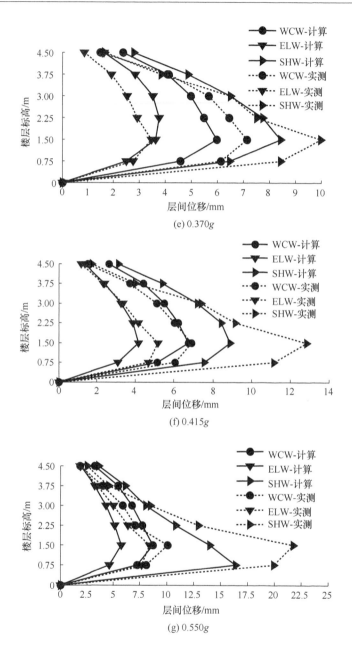

(e) 0.370g

(f) 0.415g

(g) 0.550g

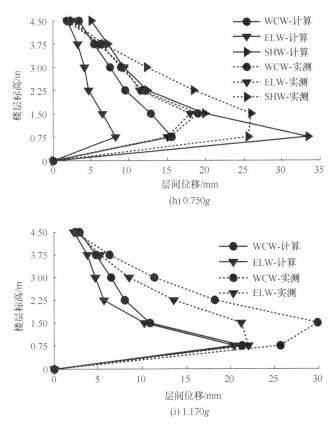

图 5.36　层间位移计算值和试验结果的比较

表 5.17　模型最大层间位移角计算值和试验结果的比较

PGA/g	最大层间位移角(层间位移/层间高度)		
	计算	试验	误差
0.066	1/806	1/824	0.022
0.130	1/201	1/266	0.323
0.185	1/156	1/174	0.115
0.264	1/213	1/170	−0.202
0.370	1/89	1/75	−0.157
0.415	1/84	1/58	−0.310
0.550	1/45	1/34	−0.244
0.750	1/22	1/29	0.318
1.170	1/35	1/25	−0.286

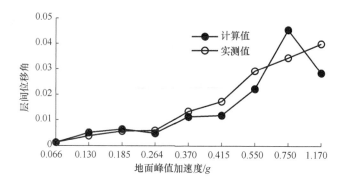

图 5.37　层间最大位移角计算值与实测结果的比较

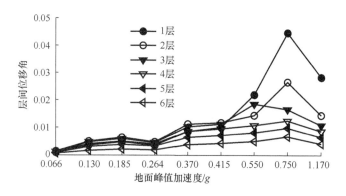

图 5.38　各楼层最大层间位移角计算值

在各试验阶段,楼层层间计算位移曲线的分布形式和试验结果比较接近。随着地震强度的不断加大,楼层层间最大位移也不断增大;在地震试验中输入同一条地震波时,结构层间位移变形曲线的形状大致相同,层间位移变形值随地震动幅值的增加而变大。图 5.38 表示模型在不同地震强度下的各层间最大位移角计算曲线分布,由图 5.38 中曲线可以看出,在 $0.066g$(线弹性阶段)~$0.450g$(极限荷载阶段)试验阶段,结构的 2 层层间位移都要比其他各层的层间位移值大,占屋顶总位移的 $20\%\sim40\%$,其次是 1 层层间位移,2 层以上各楼层层间位移关系为:3 层>4 层>5 层>6 层,这与试验结果是一致的。$0.550g\sim1.170g$ 结构很严重破坏阶段,在非线性分析中,最大层间位移发生在模型底层,而在振动台试验中,模型最大层间位移发生在 2 层。除 $0.130g$ 试验阶段外,3 条地震波中,SHW 对结构的层间位移反应最大,WCW 次之,ELW 最小。在 $0.130g$ 地震试验中,ELW 对模型结构的层间位移反应大于 WCW,这与模型振动台试验得到的结论是一致的。通过与加速度反应的对比可以看出,模型楼层层间位移的计算精度要好于加速度反应。

0.066g 试验阶段,模型层间最大计算位移发生在第2层,为 0.93 mm,相应层间位移角为 1/806。小于《建筑抗震设计规范》(GB 50011—2010)[95] 的弹性层间位移角限值,结构处于弹性工作状态。0.130g 地震试验中,模型层间最大计算位移发生在第 2 层,为 3.73mm,相应层间位移角为 1/201,小于 1/200,按照表 4.17,模型发生很轻微破坏,结构进入弹塑性阶段。0.185g 地震试验中,模型层间最大计算位移发生在第 2 层,为 4.82mm,相应层间位移角为 1/156,小于 1/140,按照表 4.17,模型发生轻微破坏。0.264g 地震试验中,模型层间最大计算位移发生在第 2 层,为 3.51mm,相应层间位移角为 1/213,小于 1/140,按照表 4.17,模型发生轻微破坏。0.370g 地震试验中,模型层间最大计算位移发生在第 2 层,为 8.43mm,相应层间位移角为 1/89,小于 1/70,按照表 4.17,模型发生中等破坏。0.415g 地震试验中,模型层间最大计算位移发生在第 2 层,为 8.901mm,相应层间位移角为 1/84,小于 1/70,按照表 4.17,模型发生中等破坏。0.550g 地震试验中,模型层间最大计算位移发生在底层,为 16.44mm,相应层间位移角为 1/45,小于 1/40,按照表 4.17,模型发生严重破坏。0.750g 地震试验中,模型层间最大计算位移发生在底层,为 33.39mm,相应层间位移角为 1/22,小于 1/20,按照表 4.17,模型发生很严重破坏。1.170g 地震试验中,仅进行了 WCW 地震波和 ELW 地震波的试验。ELW 下结构的位移反应小于 WCW 下结构的位移反应。模型层间最大计算位移发生在底层,为 21.28 mm,相应层间位移角为 1/35,小于 1/20,按照表 4.17,模型发生很严重破坏。通过层间位移角的比较不难看出,根据表 4.17 的破坏等级划分,在 0.066g~0.370g、0.750g 以及 1.170g 试验阶段,层间位移角计算值和试验结果处在相同破坏状态的层间位移角限值范围内。在 0.415g 试验阶段,层间位移角计算结果表明结构在中等破坏状态,而试验结果把结构划分为严重破坏状态。在 0.550g 试验阶段,层间位移角计算结果表明结构在严重破坏状态,而试验结果把结构划分为很严重破坏状态。

比较各楼层的层间位移误差可以发现,层间位移最大误差基本上都发生在结构严重破坏阶段。1 层的最大层间位移误差为 -0.45%,发生 0.750g 试验阶段;2 层的最大层间位移误差为 -63.5%,发生在 1.170g 试验阶段;3 层的最大层间位移误差为 -58.3%,发生在 0.750g 试验阶段;4 层的最大层间位移误差为 -55.4%,发生在 0.750g 试验阶段;5 层的最大层间位移误差为 52.5%,发生在 0.264g 试验阶段;模型顶层的最大层间位移误差为 110.0%,发生在 0.264g 试验阶段。在 0.264g 试验阶段,由计算得到的结构地震反应和试验结果的误差较大,可能的原因是在 0.264g 地震试验过程中,位移传感器和加速度传感器受到了外界环境的干扰而引起的采集数据失准。

6. 恢复力曲线对比

1) 滞回曲线

图 5.39 表示模型结构的基底剪力-顶层位移计算滞回曲线,图 5.39 同样给出了由试验分析得到的结构基底剪力-顶层位移滞回曲线。由图 5.39 中曲线可以看出,在弹性阶段(0.066g),计算曲线的峰值点及曲线形状都和试验结果吻合很好,计算模型和试验模型的整体动力抗侧移刚度很接近。0.130g～0.185g(开裂阶段)系列地震试验中,计算曲线的峰值点及曲线形状和试验结果基本吻合,试验模型的整体动力抗侧移刚度比计算值略大,说明计算模型抗侧移刚度退化较快,地震反应比试验模型更为强烈。0.370g(屈服阶段)～0.415g(极限荷载阶段)系列地震试验中,计算曲线形状和试验曲线分布形式一致,计算模型的整体动力抗侧移刚度与试验结果接近。在 0.550g 试验阶段,计算曲线的峰值点和试验结果出现一定的偏差,但它们的分布形式是一致的。在 0.750g 试验阶段,模型结构顶层产生很大的位移变形,计算曲线和试验分析曲线都变得很杂乱,曲线峰值点的剪力和位移基本吻合,曲线形状出现明显差别,模型的整体动力抗侧移刚度计算值大于试验结果,结合结构的动力特性分析可以看出,结构整体抗侧移刚度的退化与结构自振频率的变化趋势是一致的。

计算滞回曲线和试验曲线具有相同的变化趋势,随着地震强度的不断增大,峰值点基底剪力和顶层位移都随之增大。在试验前期,框架结构的滞回曲线基本上为直线,表明结构处于弹性工作状态,裂缝出现后,滞回曲线逐渐弯曲,向位移轴靠拢,滞回环面积增大,且有"捏缩"效应,形状由原来的梭形向反 S 形转化。随着地震强度的增大,模型抗侧移刚度、强度和耗能能力随之退化,结构滞回环"捏缩"效应更加明显。整个试验过程中,再生混凝土框架结构的滞回曲线都比较饱满,表明再生混凝土与普通混凝土一样[93,94,96,97],具有良好的耗能能力。

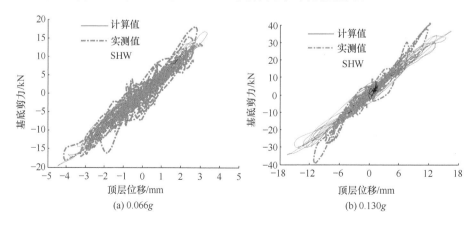

(a) 0.066g　　　　　　　　　　　　　　　(b) 0.130g

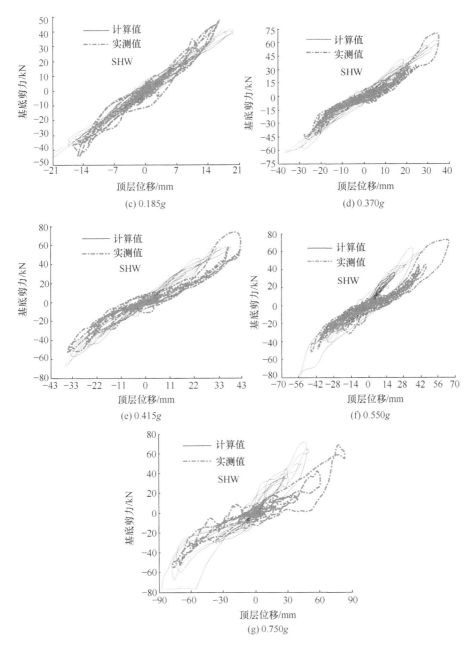

图 5.39　计算滞回曲线和试验结果的比较

2) 骨架曲线

根据各地震水准作用下的基底总剪力-顶层水平位移滞回曲线(图 5.40),取各曲线中最大反应循环内并考虑各工况,依次将模型结构产生残余变形影响后的各个反应值绘制在同一坐标图中[98]，采用指数函数形式进行拟合得到结构的计算骨架曲线，如图 5.40 所示，图 5.40 中同样给出了由试验数据分析得到的试验骨架曲线。图 5.40 中的每个数据点代表一个试验阶段，数据点旁边的标注为振动台台面实际输入的峰值加速度。能力曲线能够反映结构抗侧移能力的变化，曲线的斜率为模型结构的整体抗侧移刚度。通过对图 5.41(a)中的计算数据进行曲线拟合，得到如下关系式：

$$S(\Delta)=1214e^{-0.01207\Delta}-1213e^{-0.0144\Delta}-1, \quad 0\leqslant\Delta\leqslant135 \quad (5.112)$$

式中，S 为基底总剪力(kN)；Δ 为框架模型顶层相对于基础的位移(mm)。分析图 5.41(a)中的曲线可以看出以下结论：

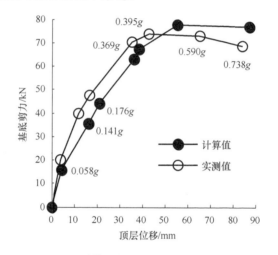

图 5.40 计算骨架曲线与试验结果的比较

（1）在 0.066g 试验阶段，模型顶层计算最大相对位移为 4.450mm，比相应的试验结果大 0.31mm，计算最大底部剪力约为结构最大承载力的 20%，由 4.5.3 节的试验分析可知，和相应试验值所占的比例相同。结构反应是弹性的，模型保持完好，和试验分析结论一致。

（2）在 0.130g 试验阶段，模型顶层计算最大相对位移为 16.290mm，比相应的试验结果大 4.40mm，计算最大底部剪力约为结构最大承载力的 45%。与试验结果相比，比相应试验值所占的比例低 5%，该试验阶段结构开始进入弹塑性状态，模型发生很轻微损伤，和试验分析结论一致。

（3）在 0.185g 试验阶段，模型顶层计算最大相对位移为 20.90mm，比相应的试验结果大 4.20mm，计算最大底部剪力约为最大承载力的 57%，与试验结果相比，比相应试验值所占的比例低 7%，模型开裂程度加剧，和试验分析结论一致。

(4) 在 $0.370g$ 试验阶段,模型顶层计算最大相对位移为 $36.51mm$,比相应的试验结果大 $1.2mm$,计算最大底部剪力约为最大承载力的 80%,与试验结果相比,比相应试验值所占的比例低 13%,由计算结果可以判定,模型开裂程度进一步加剧,仍没有进入屈服阶段,而试验分析中模型开始进入屈服阶段。

(5) 在 $0.415g$ 试验阶段,模型顶层计算最大相对位移为 $38.39mm$,比相应的试验结果小 $4.5mm$,计算最大底部剪力约为最大承载力的 87%,与试验结果相比,比相应试验值所占的比例低 11%,由计算结果可以判定,模型开始进入屈服阶段,而试验分析中模型的最大底部剪力已接近结构的最大承载能力。

(6) 在 $0.550g$ 的试验阶段,模型顶层计算最大相对位移为 $55.60mm$,比相应的试验结果小 $9.9mm$,计算最大底部剪力接近结构的最大承载能力。在试验分析中,模型的基底剪力进入下降阶段。

(7) 在 $0.750g$ 试验阶段,框架模型结构顶层计算最大相对位移为 $87.34mm$,比相应的试验结果大 $3.4mm$,模型的基底剪力进入下降阶段。

由图 5.41(a)中的计算骨架拟合曲线和图 5.41(b)试验骨架拟合曲线,采用通用屈服弯矩法,分别得到了骨架曲线主要特征点的计算值和试验值,见表 5.18。表中极限剪力取为最大剪力的 85%,由表 5.18 中的数值和图 5.41 中的曲线可以看出:由计算骨架曲线拟合得到的最大剪力对应的位移延性系数为 1.862,相应的试验分析得到的位移延性为 2.392,试验值比计算值大 28.46%;由计算骨架曲线拟合得到的极限剪力对应的位移延性系数为 3.150,相应的试验分析得到的位移延性为 4.218,试验值比计算值大 33.90%。

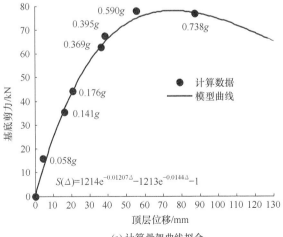

(a) 计算骨架曲线拟合

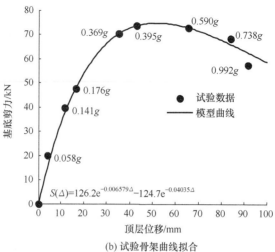

(b) 试验骨架曲线拟合

图 5.41　骨架曲线拟合

表 5.18　顶层位移骨架曲线主要特征点的计算值和试验值的比较

特征点参数	计算值	试验值
屈服剪力 V_y/kN	66.432	57.510
屈服位移 D_y/mm	40.273	21.740
最大剪力 V_m/kN	78.062	74.360
最大剪力对应的位移 D_m/mm	75.000	52.000
极限剪力 V_u/kN	66.352	65.950
极限剪力对应的位移 D_u/mm	126.854	91.700
最大剪力对应的延性系数 u_m	1.862	2.392
极限剪力对应的延性系数 u_u	3.150	4.218

7. 折算刚度对比

由结构楼层剪力、顶层相对位移以及层间位移可以计算出结构的总体折算刚度和层间折算刚度。折算刚度计算公式可表示为

$$K = \frac{V}{\Delta} \tag{5.113}$$

$$K_i = \frac{V}{\Delta_i} \tag{5.114}$$

式中，V 为模型基底剪力；Δ 为模型顶点位移；Δ_i 为模型 i 层层间位移。图 5.42 表示由非线性分析得到的模型总体抗折刚度退化曲线，图 5.42 中同样给出了由试验分析得到的总体抗折刚度退化曲线。由于框架结构的底层和第 2 层破坏程度相对严重，图 5.43 仅给出了模型底层和 2 层层间抗折刚度计算值与试验结果的比较。分析图 5.42 和图 5.43 可以看出以下结论：

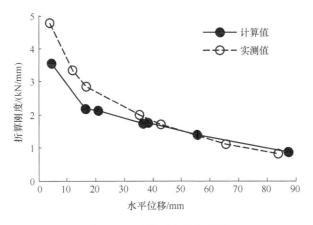

图 5.42　总体刚度退化曲线

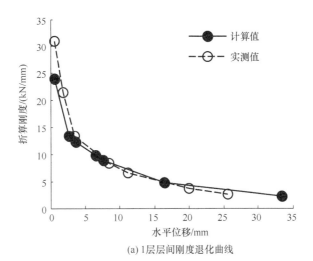

(a) 1 层层间刚度退化曲线

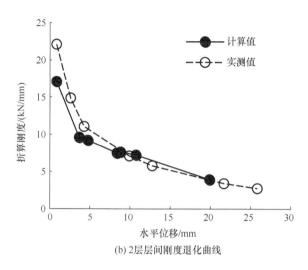

(b) 2层层间刚度退化曲线

图 5.43　模型层间刚度退化曲线

（1）模型总体初始刚度计算值为 3.552kN/mm，试验值为 4.786kN/mm，计算总体初始刚度小于试验结果。计算刚度曲线和试验刚度曲线的退化趋势相近，框架模型在试验初期刚度退化较快，当混凝土出现开裂时，结构试验整体抗侧移刚度降到初始刚度的 69.7%，结构计算整体抗侧移刚度降到初始刚度的 61.3%。随着地震强度的增大，结构塑性变形不断发展，刚度退化速度变慢，整个刚度衰减比较均匀，没有明显的刚度突变。

（2）底层层间初始刚度计算值为 23.951kN/mm，试验值为 30.990kN/mm。2层层间初始刚度计算值为 16.997kN/mm，试验值为 22.037kN/mm。底层和 2 层层间的计算初始刚度均分别小于相应的试验结果，每层的计算刚度曲线和试验刚度曲线的退化趋势相近。

（3）通过地震反应非线性分析得到的底层层间刚度相对较大，2 层层间刚度相对较小，这和试验结论是一致的。

8. 阻尼比对结构反应的影响

在结构非线性分析中，阻尼比的正确选取对结构的动力反应起着很重要的作用，OpenSees 程序采用 Rayleigh 原理考虑阻尼的影响。为了比较阻尼比对结构反应的影响，选用 0.185g 试验阶段的台面输入地震波 SHW 对模型结构进行激励，分析分别采用 2%、8% 和 16.7% 阻尼比时的基频大小、加速度和相对位移反应，计算结果见表 5.19。

表 5.19　计算模型在不同阻尼比下的地震反应

楼层数	阻尼比 $\xi=2\%$			阻尼比 $\xi=8\%$			阻尼比 $\xi=16.7\%$		
	基频/Hz	加速度/g	位移/mm	基频/Hz	加速度/g	位移/mm	基频/Hz	加速度/g	位移/mm
1 层	2.578	0.348	5.268	2.034	0.300	3.905	2.032	0.219	2.624
2 层	2.578	0.541	11.734	2.034	0.425	9.035	2.032	0.336	6.260
3 层	2.578	0.597	17.399	2.034	0.471	13.856	2.032	0.375	9.787
4 层	2.578	0.606	22.311	2.034	0.526	17.905	2.032	0.432	12.838
5 层	2.578	0.658	26.056	2.034	0.559	20.775	2.032	0.482	15.016
6 层	2.578	0.699	28.205	2.034	0.595	22.303	2.032	0.544	16.130

由表 5.19 中数据可以看出,模型的自振频率、加速度和位移都随着阻尼比的增大而减小。阻尼比对结构的影响是非常明显的,当采用 2% 的阻尼比时,模型的顶层位移为 28.205mm,要比采用 16.7% 阻尼比时的顶层位移大 12mm。作者在该框架模型振动台试验中,所测的阻尼比在中小震中为 4.4%~13.5%,在大震中由于结构损伤程度的加剧,模型阻尼比在 17.4%~23%。计算中所选用阻尼比的大小根据振动台试验数据来确定,本章的试算结果表明,计算阻尼比若按照试验取值是合适的。

9. 累积损伤对结构反应的影响

连续的强烈地震会在结构中引起累积损伤,从而造成结构的自振频率下降,抗水平侧移刚度退化。在本章中所采用的约束混凝土 Kent-Scott-Park 模型和钢筋 Hysteretic 材料模型的滞回规则考虑了重复加载的刚度退化和滞回耗能现象,因此将连续的地震波连续接成一个地震波输入文件,输入三维计算模型中计算,可以在一定程度上考虑累积损伤的影响。

图 5.44 表示 0.370g 试验阶段 SHW 激励时的单次输入地震波和从 0.066g 试验阶段第一次地震波输入一直到 0.370g 试验阶段第一次地震波输入的累积地震波,由于白噪声测试的地震强度较小(0.050g 左右),一次来累积地震波没有考虑地震试验间的白噪声试验。表 5.20 列出了累积地震波输入和单次地震波输入的计算结果。由表 5.20 中的数据可以看出,当采用累积地震波输入时,由于累积损伤的影响,计算得到的模型基本频率要低于单次地震波输入的结果。对于楼层层间累积耗能,累积地震波输入得到的各楼层层间累积耗能都要大于单次地震波输入的计算结果。采用累积地震波作为输入地震波可以部分考虑累积损伤所引起的刚度退化,减小计算结果误差。

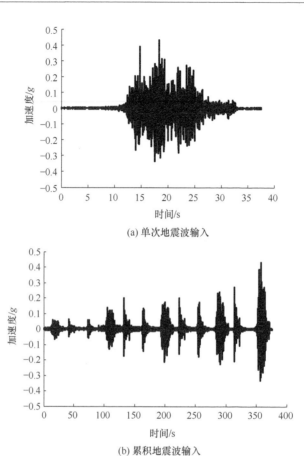

(a) 单次地震波输入

(b) 累积地震波输入

图 5.44　工况 17 中的单次地震波和累积输入地震波

表 5.20　累积地震波输入计算值与单次地震波输入计算值的比较

楼层数	单次波输入计算值		累积波输入计算值	
	基频/Hz	层间累积耗能/(kN·mm)	基频/Hz	层间累积耗能/(kN·mm)
1 层	2.055	294.26	1.821	295.96
2 层	2.055	581.46	1.821	784.05
3 层	2.055	609.60	1.821	930.58
4 层	2.055	494.36	1.821	802.35
5 层	2.055	357.97	1.821	572.38
6 层	2.055	204.39	1.821	311.62

5.7 本 章 小 结

本章引入开放式地震工程模拟系统和软件开发框架 OpenSees。介绍了 OpenSees 程序的发展、突出特点、程序构架。详细叙述了约束混凝土模型、钢筋材料模型、纤维截面模型、非线性纤维梁-柱单元分析模型。基于 OpenSees 计算平台建立了 3-D 再生混凝土框架有限元模型,确定了分析模型的质量分布、分析模型的阻尼比、动力分析的输入方式、非线性分析的积分法则、迭代准则、收敛控制准则、数据存储方式等。通过非线性数值模拟结果与试验结果的对比分析,验证了 OpenSees 计算程序的可靠性。通过对再生混凝土框架结构模型非线性动力反应分析,利用该再生混凝土框架有限元模型研究了阻尼比、累积损伤等因素对计算精准度的影响,主要得到如下结论:

(1) 再生混凝土框架结构梁、柱构件的截面反应与普通混凝土结构很相似。截面延性系数与截面形状、构件纵向配筋率、构件箍筋配筋率、轴压比等有很大的关系。通过对再生混凝土构件截面延性分析发现:轴压比对截面延性的影响最为明显,依次是截面形式、配筋率;截面形式对构件截面承载能力的影响最为明显,依次是轴压比和配筋率。

(2) 通过模态分析得到模型 X 主方向 1 阶平动自振频率为 $3.755\mathrm{Hz}$,比试验值大 $0.04\mathrm{Hz}$,计算相对误差为 1%;Y 方向 1 阶平动自振频率为 $3.391\mathrm{Hz}$,比试验值小 $0.059\mathrm{Hz}$,计算相对误差为 1.7%。计算频率和由白噪声试验得到的结果吻合很好,X 方向的刚度大于 Y 方向。

(3) 在 $0.370g$(屈服阶段)、$0.415g$(极限阶段)以及 $0.550g$ 试验阶段,计算刚度与试验结果吻合较好。在 $0.750g$ 和 $1.170g$ 试验阶段,模型遭受到更为强烈的地震波激励,结构内部损伤严重,发生较大的层间位移变形。在严重弹塑性阶段,计算等效刚度和试验结果的差值较大。计算等效刚度曲线和试验曲线的变化趋势基本上是一致的。

(4) 在结构动力非线性分析中,对模型进行模态分析得到了结构的振型曲线。计算结果和实测结果吻合较好,一般来讲,结构的变形曲线以 1 阶振型为主,1 阶振型对了解结构的振动变形曲线具有重要的参考价值。计算模型和试验模型的基本振型曲线都属于剪切型。

(5) 在 $0.130g$ 和 $0.185g$ 试验阶段,加速度计算时程曲线和试验结果吻合很好,振动形式完全一致,计算峰值点加速度略大于相应试验结果。在 $0.370g$(屈服阶段)和 $0.415g$(极限荷载阶段)阶段,除在个别时间段内计算时程曲线与实测结果不一致外,其他时段吻合较好,振动形式一致。进入破坏阶段($0.550g \sim 1.170g$)后,计算加速度值和试验结果出现一定的误差,随着地震强度的不断增大,计算误差也随之增大。但模型的计算时程曲线与试验时程曲线具有基本相同的振动趋势。计算加速度反应与试验结果具有相同的变化趋势,随着地震加速度峰值的提高,加速度反应在总的趋势上是逐渐降低的。

(6) 在 $0.066g$(线弹性阶段)试验阶段,加速度放大系数计算值和试验结果吻合很好,曲线分布形式一致。在 $0.130g \sim 0.185g$(开裂阶段)试验阶段,加速度放大系数计算值与试验结果接近,加速度放大系数计算曲线和试验曲线分布形式一致。在 $0.370g$(屈服阶段)、$0.415g$(极限荷载阶段)以及 $0.550g \sim 1.170g$(破坏阶段)试验阶段,计算加速度放大系数和试验结果相比吻合稍差,但模型的计算加速度放大系数与试验加速度放大系数曲线具有基本相同的分布特征。随着台面输入地震波加速度峰值的提高,计算加速度放大系数和实测加速度放大系数在总的趋势上都是逐渐降低的。在同一工况中,各个测点的计算加速度放大系数和试验结果总体上沿楼层高度方向逐渐增大。

(7) 在 $0.130g$ 和 $0.185g$ 试验阶段,位移计算时程曲线和试验曲线吻合很好,振动形式完全一致,计算峰值点相对位移略大于相应试验结果。在 $0.370g$(屈服阶段)、$0.415g$(极限荷载阶段)和 $0.550g$ 试验阶段,除在个别时间段内计算时程曲线与实测结果不一致外,其他时段吻合较好,曲线振动形式一致,计算峰值点相对位移略小于相应的试验结果。

(8) 在 $0.066g$(弹性阶段)、$0.130g \sim 0.185g$(开裂阶段)的系列地震试验中,最大楼层位移的计算值和实测结果基本吻合,计算值比试验结果偏大,除个别误差外,大部分误差值都小于 30%。$0.185g$ 随后系列的地震试验中,最大楼层位移反应值基本上都比试验结果偏小。在 $0.750g$ 和 $1.170g$ 破坏阶段,计算位移值和试验结果出现一定的误差,随着地震强度的不断增大,计算误差值也随之增大,但模型的计算位移曲线与试验曲线具有相同的分布形式。结构的位移曲线与模型的 1 阶振型接近,总体上,模型楼层位移曲线是很光滑的。

(9) 在 $0.066g$(弹性阶段)、最大层间位移的计算值和实测结果吻合较好,$0.130g \sim 0.185g$(开裂阶段)的系列地震试验中,最大层间位移反应计算值比试验结果偏大。$0.264g$(中等破坏)$\sim 0.550g$(很严重破坏)系列地震试验中,最大计算层间位移反应值基本上都比试验结果偏小。通过与加速度反应对比可以看出,模型楼层层间位移的计算精度要好于加速度反应。在 $0.066g \sim 0.370g$、$0.750g$ 以及 $1.170g$ 试验阶段,层间位移角计算值和试验结果处在相同破坏状态的层间位移角限值范围内。在 $0.415g$ 试验阶段,层间位移角计算结果表明结构在中等破坏状态,而试验结果把结构划分为严重破坏状态。在 $0.550g$ 试验阶段,层间位移角计算结果表明结构在严重破坏状态,而试验结果把结构划分为很严重破坏状态。

(10) 计算滞回曲线和试验曲线具有相同的变化趋势,随着地震强度的不断增大,峰值点基底剪力和顶层位移都随之增大。在试验前期,框架结构的滞回曲线基本上为直线,表明结构处于弹性工作状态,裂缝出现后,滞回曲线逐渐弯曲,向位移轴靠拢,滞回环面积增大,且有"捏缩"效应,形状由原来的梭形向反 S 形转化。随着地震强度的增大,模型抗侧移刚度、强度和耗能能力随之退化,结构滞回环"捏缩"效应更加明显。

(11) 根据滞回曲线获得了结构的计算骨架曲线,采用通用屈服弯矩法得到了骨架曲线的特征点参数。结构的总体位移延性系数计算值和试验结果比较接近。

(12) 计算刚度曲线和试验刚度曲线的退化趋势相近,框架模型在试验初期刚度退化较快,当混凝土出现开裂时,结构试验整体抗侧移刚度降到初始刚度的 69.7%,结构计算整体抗侧移刚度降到初始刚度的 61.3%。随着地震强度的增大,结构塑性变形不断发展,刚度退化速度变慢,整个刚度衰减比较均匀,没有明显的刚度突变。

(13) OpenSees 程序采用 Rayleigh 原理考虑阻尼的影响,计算中所选用阻尼比的大小根据振动台试验数据来确定,试算结果表明,计算阻尼比若按照试验取值是合适的。

(14) 所采用的约束混凝土 Kent-Scott-Park 模型和钢筋 Hysteretic 材料模型的滞回规则考虑了重复加载的刚度退化和滞回耗能现象,在分析过程中,采用地震波串联输入,即在每个工况对模型结构非线性分析,台面地震波输入时,把前面各个工况的输入地震波依次连接在一起,形成新的地震波作为输入。对每一工况下得到的动力响应进行非线性模拟时,将前一工况试验结束时的结构应力和变形状态作为后一工况动力分析的初始条件,并利用这样的模拟分析方法来考虑结构在多次地震作用下的累积损伤。

参 考 文 献

[1] 常兆中. 混凝土砌块结构非线性地震反应分析及基于性能的抗震设计方法[D]. 北京:中国建筑科学研究院,2005.

[2] Mazzoni S,Mckenna F,Fenves G L. Open system for earthquake engineering simulation user command language manual:Version 2.3.2,Pacific Earthquake Engineering Research Center,(http://opensees.berkeley.edu),University of California,Berkeley,2011.

[3] Archer G C,Fenves G,Thewalt C. A new object-oriented finite element analysis program architecture[J]. Computers and Structures,1999,70(1):63-75.

[4] 齐虎. 结构三维非线性分析软件 OpenSees 的研究及应用[D]. 哈尔滨:中国地震局工程力学研究所,2007.

[5] 马高,李惠,欧进萍. 基于构件拆除法的 RC 框架结构动力反应和抗倒塌能力分析[J]. 震灾防御技术,2010,5(1):62-72.

[6] Ousterhout J K. Tcl/Tk 入门经典[M]. 2 版. 张无章,译. 北京:清华大学出版社,2010.

[7] Gregory L F,Frank M,Michael H S,et al. An object-oriented software environment for col-

laborative network simulation[C]. 13th World Conference on Earthquake Engineering Van-
couverm,B. C. ,2004.

[8] Lowes L N,Mitra N,Altoontash A. A beam-column joint model for simulating the earth-
quake response of reinforced concrete frames[R]. Peer report No. 2003/10,Pacific Earth-
quake Engineering Research Center College of Engineerng,University of California,Berke-
ley,2004.

[9] Tauce F F,Spacone E,Filippou F C. A fiber beam-column element for seismic response analy-
sis of reinforced concrete structures[R]. Report No. UCB/EERC-91/17. Earthquake Engi-
neering Research Center,College of Engineering,University of California,Berkeley. Decem-
ber 1991.

[10] Scott M H,Fenves G L. Plastic hinge integration methods for force-based beam-column
elements[J]. Journal of Structural engineering,ASCE,2006,132(2):244-252.

[11] Jones S L,Fry G T,Engelhardt M D. Experimental evaluation of cyclically loaded reduced
beam section moment connections[J]. Journal of Structural Engineering, ASCE, 2002,
128(4):441-451.

[12] Yassin M,Hisham M. Nonlinear analysis of prestressed concrete structures under mono-
tonic and cyclic loads[D]. Berkeley:University of California,1994.

[13] Filippou F C,Popov E P,Bertero V V. Effects of bond deterioration on hysteretic behavior
of reinforced concrete joints[J]. Report EERC 83-19,Earthquake Engineering Research
Center,University of California,Berkeley. 1983.

[14] Gomes A,Appleton J. Nonlinear cyclic stress-strain relationship of reinforcing bars inclu-
ding buckling[J]. Engineering Structures,1997,19(10):822-826.

[15] Lowes L N,Altoontash A. Modeling reinforced-concrete beam-column joints subjected to
cyclic loading[J]. Journal of Structural Engineering,ASCE,2003,129(12):1686-1697.

[16] Aviram A,Mackie K R,Stojadinovic B. Effect of abutment modeling on the seismic re-
sponse of bridge structures[J]. Earthquake Engineering and Engineering Vibration,2008,
7(4):395-402.

[17] Dodd L L,Restrepoposada J I. Model for predicting cyclic behavior of reinforcing steel[J].
Journal of Structural Engineering,ASCE,1995,121(3):433-445.

[18] Nathan M,Newmark F. A method of computation for structural dynamics[J]. Structural
Dynamics,ASCE,1959:67-95.

[19] Frank M,Michael H S,Gregory L F. Nonlinear finite-element analysis software architec-
ture using object composition[J]. Journal of Computing in Civil Engineering,ASCE,2010,
24(1):95-107.

[20] Scott M H,Filippou F C. Response gradients for nonlinear beam-column elements under
large displacements[J]. Journal of Structural Engineering,ASCE,2007,133(2):155-165.

[21] Scott M H,Fenves G L,McKenna F,et al. Software patterns for nonlinear beam-column
models[J]. Journal of Structural Engineering,ASCE,2008,134(4):562-571.

[22] Charney F A. Unintended consequences of modeling damping in structures[J]. Journal of Structural Engineering,ASCE,2008,134(4):581-592.

[23] Takeda T,Sozen M A,Nielson N N. Reinforced concrete response to simulated earthquakes [J]. Journal Structural Division,ASCE,1970,96(12):2557-2573.

[24] Topcu I B. Physical and mechanical properties of concrete produced with waste concrete [J]. Cement and Concrete Research,1997,27(12):1817-1823.

[25] 陈宗平,徐金俊,郑华海,等. 再生混凝土基本力学性能试验及应力应变本构关系[J]. 建筑材料学报,2013,16(1):24-32.

[26] 宋灿. 再生混凝土抗压力学性能及显微结构分析[D]. 哈尔滨:哈尔滨工业大学,2003.

[27] 曾莎洁,李杰. 混凝土单轴受压动力全曲线试验研究[J]. 同济大学学报:自然科学版, 2013,41(1):7-10.

[28] 过镇海,张秀琴,张达成,等. 混凝土应力-应变全曲线的试验研究[J]. 建筑结构学报, 1982,(1):1-12.

[29] Xiao J Z,Li J B,Zhang C. Mechanical properties of recycled aggregate concrete under uni-axial loading[J]. Cement and Concrete Research,2005,35:1187-1194.

[30] 李佳彬. 再生混凝土基本力学性能研究[D]. 上海:同济大学,2004.

[31] 肖建庄. 再生混凝土[M]. 北京:中国建筑工业出版社,2008.

[32] 肖建庄. 再生混凝土单轴受压应力-应变全曲线试验研究[J]. 同济大学学报:自然科学版,2007,35(11):1445-1449.

[33] Xiao J Z,Li L,Shen L M,et al. Compressive behaviour of recycled aggregate concrete under impact loading[J]. Cement and Concrete Research,2015,71:46-55.

[34] Lu Y B,Chen X,Teng X,et al. Dynamic compressive behavior of recycled aggregate concrete based on split Hopkinson pressure bar tests[J]. Latin American Journal of Solids and Structures,2014,11(1):131-141.

[35] Scott B D,Park R,Priestley M J N. Stress-strain behavior of concrete confined by overlapping hoops at low and high strain rates[J]. ACI Journal,1982,79(2):13-27.

[36] 石庆轩,王南,田园,等. 高强箍筋约束高强混凝土轴心受压应力-应变全曲线研究[J]. 建筑结构学报,2013,34(4):144-151.

[37] 陈滔. 基于有限元柔度法的钢筋混凝土框架三维非弹性地震反应分析[D]. 重庆:重庆大学,2003.

[38] 韩军,李英民,陈伟贤,等. 基于 ABAQUS 三维梁单元的混凝土材料子程序二次开发[J]. 建筑结构,2011,41(5):111-114.

[39] 江见鲸. 关于钢筋混凝土数值分析中的本构关系[J]. 力学进展,1994,24(1):117-123.

[40] 郭少华. 混凝土破坏理论研究进展[J]. 力学进展,1993,23(4):520-529.

[41] 高路彬. 混凝土变形与损伤的分析[J]. 力学进展,1993,23(4):510-519.

[42] 刘西拉,籍孝广. 混凝土本构模型的研究[J]. 土木工程学报,1989,22(3):55-62.

[43] Mander J B,Priestley M J N,Park R. Theoretical stress-strain model for confined concrete [J]. Journal of Structural Engineering,ASCE,1988,114(8):1804-1826.

[44] Karsan I D, Jirsa J O. Behavior of concrete under compressive loadings[J]. Journal of the Structural Division, ASCE, 1969, 95(ST 12): 2543-2563.

[45] Mander J B, Priestley M J N, Park R. Observed stress-strain behavior of confined concrete [J]. Journal of Structural Engineering, ASCE, 1988, 114(8): 1827-1849.

[46] Sheikh S A, Uzumeri S M. Analytical model for concrete confinement in tied columns[J]. Journal of the Structural Division, ASCE, 1982, 108(12): 2703-2722.

[47] Cusson D, Paultre P. Stress-strain model for confined high-strength concrete[J]. Journal of Structural Engineering, ASCE, 1995, 121(3): 468-477.

[48] Madas P, Elnashai A S. A new passive confinement model for the analysis of concrete structures subjected to cyclic and transient dynamic loading[J]. Earthquake Engineering & Structural Dynamics, 1992, 21(5): 409-431.

[49] Menegotto M, Pinto P E. Method of analysis for cyclically loaded behavior concrete plane frames including changes in geometry and non-elastic behavior of elements under combined normal force and bending[C]. Proceedings, IABSE Symposium on Resistance and Ultimate Deformability of Structures Acted on by Well-Defined Repeated Loads, Lisbon, 15-22.

[50] 陈学伟,韩小雷,林生逸. 基于宏观单元的结构非线性分析方法、算例及工程应用[J]. 工程力学,2010,27(S1):59-67.

[51] 陈剑. 考虑空间效应的 RC 框架地震反应规律及塑性铰耗能机构研究[D]. 重庆:重庆大学,2006.

[52] 叶燎原. 考虑 RC 框架节点钢筋滑移影响的附加节点力方法[J]. 云南工业大学学报,1996,12(2):9-13.

[53] Gupta A K, Maestrini S R. Tension-stiffness model for reinforced concrete bars[J]. Journal of Structural Engineering, ASCE, 1990, 116(3): 769-790.

[54] Kaklauskas G, Ghaboussi J. Stress-strain relations for cracked tensile concrete from RC beam tests[J]. Journal of Structural Engineering, ASCE, 2001, 127(1): 64-73.

[55] 刘南科,周基岳,肖允徽,等. 钢筋混凝土框架的非线性全过程分析[J]. 土木工程学报,1990,23(4):2-14.

[56] 沈聚敏,翁义军,冯世平. 周期反复荷载下钢筋混凝土压弯构件的性能[J]. 土木工程学报,1982,15(2):53-64.

[57] 杜修力,尹之潜,李小军. RC 框架结构地震倒塌反应分析[J]. 哈尔滨建筑大学学报,1992,25(3):7-13.

[58] 杜修力,李小军,尹之潜. 极限后负刚度模型对 RC 框架结构地震倒塌反应的影响[J]. 计算结构力学及其应用,1993,10(2):179-186.

[59] Filippou F C, Ambrisi A D, Issa A. Effects of reinforcement slip on hysteretic behavior of reinforced concrete frame members[J]. ACI Structural Journal, 1999, 96(3): 327-335.

[60] 朱伯龙,董振祥. 钢筋混凝土非线性分析[M]. 上海:同济大学出版社,1985.

[61] Kim J K, Yang J K. The behaviour of reinforced concrete columns subjected to axial force and biaxial bending[J]. Engineering Structures, 2000, 23: 1518-1528.

[62] Zhao J,Sritharan S. Modeling of strain penetration effects in fiber-based analysis of rein-forced concrete structures[J]. ACI Structural Journal,2007,104(2):133-141.

[63] 冯世平,沈聚敏. 钢筋混凝土框架结构的地震倒塌反应[J]. 地震工程与工程振动,1989,9(1):67-78.

[64] 徐有邻. 钢筋混凝土黏结锚固性能的试验研究[J]. 建筑结构学报,1994,14(3):26-37.

[65] Filippou F C,Popov E P,Bertero V V. Modeling of reinforced concrete joints under cyclic excitations[J]. Journal of Structural Engineering,ASCE,1983,109(11):2666-2684.

[66] Tassios T P,Yannopoulos P J. Analytical studies on reinforced concrete members under cy-clic loading based on bond stress-slip relationships[J]. ACI Structural Journal, 1981, 78(3):206-216.

[67] Mirza S M,Houde J. Study of bond stress-slip relationships in reinforced concrete[J]. ACI Structural Journal,1979,76(1):19-46.

[68] Somayaji S,Shah S P. Bond stress versus slip relationships and cracking response of tension members[J]. ACI Structural Journal,1981,78(3):217-225.

[69] Yankelevsky D Z. New finite element for bond-slip analysis[J]. Journal of Structural Engi-neering,ASCE,1985,111(7):1533-1542.

[70] Monti G,Filippou F C,Spacone E. Analysis of hysteretic behavior of anchored reinforcing bars[J]. ACI Structural Journal,1997,94(2):248-261.

[71] Monti G,Filippou F C,Spacone E. Finite element for anchored bars under cyclic load rever-sals[J]. Journal of Structural Engineering,ASCE,1997,123(5):614-623.

[72] Monti G,Spacone E. Reinforced concrete fiber beam element with bond-slip[J]. Journal of Structural Engineering,ASCE,2000,126(6):654-661.

[73] Limkatanyu S,Spacone E. Reinforced concrete frame element with bond interfaces I:Dis-placement-based,force-based and mixed formulations[J]. Journal of Structural Enginee-ring,ASCE,2002,128(3):346-355.

[74] Limkatanyu S,Spacone E. Reinforced concrete frame element with bond interfaces Ⅱ:State determinations and numerical validation[J]. Journal of Structural Engineering, ASCE, 2002,128(3):356-364.

[75] Clough R W,Benuska K L. Nonlinear earthquake behavior of tall buildings[J]. Journal of Mechanical Engineering,ASCE,1967,93(3):129-146.

[76] Giberson M F. Two nonlinear beams with definitions of ductility[J]. Journal of the Struc-tural Division,ASCE,1969,95(2):137-157.

[77] Lai S,Will G,Otani S. Model for inelastic biaxial bending of concrete members[J]. Journal of Structural Engineering,ASCE,1984,110(ST 11):2563-2584.

[78] Otani S. Inelastic analysis of R/C frame structures[J]. Journal of the Structural Division,ASCE,1974,100(ST7):1422-1449.

[79] Mahasuverachai M,Powell G H. Inelastic analysis of piping and tubular structures[R]. Technical Report UCB-EERC 82/27,Earthquake Engineering Research Center,University

　　　of California,Berkeley,CA,1982.

[80] Kaba M,Mahin S A. Refined modeling reinforced concrete columns for seismic analysis
　　　[R]. Technical Report UCB-EERC 84/03,Earthquake Engineering Research Centre,Uni-
　　　versity of California Berkeley,CA,USA. 1984.

[81] Zeris C A,Mahin S A. Analysis of reinforced concrete beam-columns under uniaxial excita-
　　　tion[J]. Journal of Structural Engineering,ASCE,1988,114(ST 4):804-820.

[82] Ciampi V,Carlesimo L. A nonlinear beam element for seismic analysis of structures[C].
　　　8th European Conference on Earthquake Engineering,Lisbon,1986.

[83] Taucer F F,Spacone E,Fillippou F C. A fiber beam-column element for seismic response
　　　analysis of RC structures[R]. EERC Report 91/17,Earthquake Engineering Research Cen-
　　　ter,University of California,Berkeley,CA. 1991.

[84] Neuenhofer A,Filippou F C. Evaluation of nonlinear frame finite element models[J]. Jour-
　　　nal of Structural Engineering,ASCE,1997,123:958-966.

[85] 汪梦甫. 钢筋混凝土框架结构非线性地震反应分析[J]. 工程力学,1999,16(4):136-143.

[86] Spacone E,Filippou F C,Taucer F F. Fiber beam-column model for non-linear analysis of
　　　R/C frame:Part 1. formulation[J]. Earthquake Engineering and Structural Dynamics,
　　　1995,25:711-725.

[87] Spacone E,Filippou F C,Taucer F F. Fiber beam-column model for non-linear analysis of
　　　R/C frame:Part 2. applications[J]. Earthquake Engineering and Structural Dynamics,
　　　1995,25:727-742.

[88] Caughey T K. Classical normal normal models in damped linear dynamic systems[J]. Jour-
　　　nal of Applied Mechanicas,1960,27(2):269-271.

[89] Makris N,Zhang J. Time-domain viscoelastic analysis of earth structure[J]. Earthquake
　　　Engineering and Structure Dynamics,2000,29(6):745-768.

[90] 文捷. 钢筋混凝土及钢管混凝土材料阻尼研究[D]. 北京:北京交通大学,2006.

[91] Ciampi V,Eligehausen R,Bertero V,et al. Analytical model for concrete anchorages of rein-
　　　forcing bars under generalized excitations. UCB/EERC-82/23,Earthquake Engineering Re-
　　　search Center,University of California,Berkeley,1982.

[92] Legeron F,Paultre P. Uniaxial confinement model for normal and high-strength concrete
　　　columns[J]. Journal of Structural Engineering,ASCE,FEB,2003,129(2):241-245.

[93] 史庆轩. 钢筋混凝土结构基于性能的抗震研究及破坏评估[D]. 西安:西安建筑科技大
　　　学,2002.

[94] 李应斌. 钢筋混凝土结构基于性能的抗震设计理论与应用研究[D]. 西安:西安建筑科技
　　　大学,2004.

[95] GB 50011—2010 建筑抗震设计规范[S].

[96] 朱伯龙. 结构抗震试验[M]. 北京:地质出版社,1989.

[97] 杜宏彪,沈聚敏. 空间钢筋混凝土框架结构模型的振动台试验研究[J]. 建筑结构学报,
　　　1995,16(1):60-69.

[98] JGJ/T 101—2015 建筑抗震试验规程[S].

第6章 再生混凝土和普通混凝土框架结构抗震性能比较

通过第 5 章数值模拟与试验结果的分析和比较可以看出,在基于 OpenSees 程序计算平台的地震反应非线性分析中,所使用的非线性单元类型、截面类型、截面基本假定、混凝土材料模型、钢筋材料模型以及分析计算方法等较合理、准确地反映了结构在动力荷载作用下的反应状态,具有很高的模拟精度。为了进一步研究再生混凝土结构的抗地震能力,在已建立的有限元模型的基础上,对混凝土材料模型的特征参数进行了调整。调整后的有限元模型用来模拟普通混凝土框架结构的地震反应非线性。分析和比较普通混凝土框架结构与再生混凝土框架结构的抗地震能力。

6.1 本构模型参数调整

近年来,国内外学者对再生混凝土物理和力学性能进行了大量的试验研究。有些学者[1-9]认为再生混凝土的抗压强度要低于普通混凝土的抗压强度。有些学者的观点[10-13]与上述结论恰好相反,认为再生混凝土的强度可能高于普通混凝土。肖建庄等在同济大学先进土木工程材料教育部重点试验室做了 635 个试块的再生混凝土立方体抗压强度试验[14-16]。试验分析表明再生混凝土抗压强度的影响因素较多,再生粗骨料取代率、水灰比、砖含量、再生粗骨料的来源以及所用再生细骨料等都对再生混凝土的抗压强度产生不小的影响。对于再生混凝土的应力-应变关系,早在 20 世纪 80 年代就开始有人研究,由于再生骨料的复杂性,不同的学者[17-20]之间仍然存在不少分歧。肖建庄等的试验分析表明[21],再生混凝土的峰值应变比普通混凝土大,是因为再生粗骨料的弹性模量较低、骨料自身的变形较大。随再生粗骨料取代率的增加,再生混凝土的峰值应变增大,当再生粗骨料的取代率为 100% 时,峰值应变比普通混凝土增加约 20%。混凝土应力-应变关系全曲线下降段中应力值等于峰值应力 85% 时对应的应变为极限应变。再生混凝土的极限应变低于普通混凝土,但是随着再生粗骨料取代率的增加,再生混凝土的极限应变反而增大。当再生粗骨料的取代率为 100% 时,其极限应变与普通混凝土基本相同。试验结果分析还表明,当再生粗骨料取代率为 100% 时,再生混凝土的弹性模量比普通混凝土降低 45%。

基于对再生混凝土材料本构关系的研究成果,对再生混凝土框架结构有限元模型进行变参数分析,调整混凝土模型特征参数,将图 5.7 中的特征点 A 点的应变降低 20%,特征点 B 点的应变保持不变,特征点 O 点的弹性模量提高 45%。对调整后的有限元模型输入与试验相同的地震波,并且地震波的输入方式、地震波时程记录的时间间隔也与振动台试验完全一样。下面对普通混凝土框架结构非线性分析结果与再生混凝土框架结构计算结果进行分析比较。

6.2　动力特性比较

表 6.1 表示再生混凝土(RAC)框架模型和普通混凝土(NAC)框架模型在不同工况的前 2 阶自振频率计算值的比较。图 6.1 表示在不同试验阶段由计算得到的两个模型自振频率变化曲线的比较。图 6.1 中是以模型在振动台试验前测得的自振频率作为标准的。通过表 6.1 中数值和图 6.1 中曲线的比较可以看出,震前,普通混凝土框架模型 X 主方向的 1 阶平动自振频率为 4.935Hz,Y 方向的 1 阶平动自振频率为 4.436Hz,分别比再生混凝土 X 方向和 Y 方向的 1 阶平动自振频率高 31.39% 和 30.78%,表明地震模拟试验前普通混凝土框架结构的抗侧移刚度要高于再生混凝土框架。在各试验阶段,普通混凝土框架结构的自振频率都要大于再生混凝土框架结构,其自振频率的下降率也高于再生混凝土框架结构。从图 6.1 中的曲线可以看出,两个模型的频率变化曲线较为平滑,说明随着地震强度的增大,结构塑性变形不断发展,整体抗侧移刚度衰减比较均匀,没有明显的刚度突变。

表 6.1　再生混凝土框架与普通混凝土框架的自振频率对比

试验阶段		频率/Hz			
		Y 方向		X 方向	
		RAC	NAC	RAC	NAC
试验前		3.391	4.436	3.755	4.935
0.130g	WCW	3.169	4.006	2.483	2.511
	ELW	3.140	4.003	2.193	2.501
	SHW	3.040	4.001	2.008	2.488
0.185g	WCW	3.040	3.988	2.009	2.457
	ELW	3.040	3.988	2.005	2.457
	SHW	2.987	3.961	1.915	2.358
0.264g	WCW	2.987	3.925	1.915	2.285
	ELW	2.987	3.903	1.914	2.267

续表

试验阶段		频率/Hz			
		Y 方向		X 方向	
		RAC	NAC	RAC	NAC
试验前		3.391	4.436	3.755	4.935
0.370g	WCW	2.924	3.732	1.821	2.051
	ELW	2.922	3.732	1.825	2.050
	SHW	2.836	3.667	1.729	1.963
0.415g	WCW	2.836	3.667	1.727	1.963
	ELW	2.837	3.665	1.730	1.964
	SHW	2.808	3.619	1.712	1.931
0.550g	WCW	2.804	3.615	1.701	1.928
	ELW	2.805	3.590	1.709	1.926
	SHW	2.728	3.470	1.676	1.864
0.750g	WCW	2.683	3.449	1.647	1.861
	ELW	2.686	3.442	1.658	1.857
	SHW	2.624	3.382	1.623	1.810
1.170g	WCW	2.618	3.380	1.636	1.793
	ELW	2.624	3.364	1.622	1.791

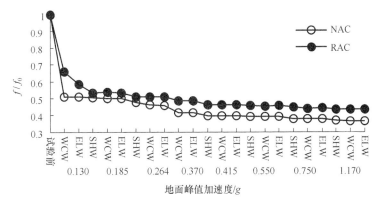

图 6.1 再生与普通混凝土框架的自振频率变化曲线对比

通过模态分析得到了普通混凝土框架结构的振型曲线。对普通框架结构的振型曲线与再生混凝土框架结构的振型曲线进行了分析比较。震前再生混凝土框架模型和普通混凝土框架模型在 X 方向和 Y 方向的振型系数的比较分别列于表 6.2 和表 6.3 中。图 6.2 表示震前通过模态分析得到的结构振型曲线,通过

表 6.2 和表 6.3 中数据及图 6.2 中曲线的比较可以看出,再生混凝土框架模型与普通混凝土框架模型的振型曲线十分接近,表明它们在水平方向有相同的振动趋势。结构的变形曲线以 1 阶振型为主,1 阶振型对了解结构的振动变形曲线具有重要的参考价值,两个模型的 1 阶振型曲线都属于剪切型。

表 6.2　X 方向振型系数的比较

楼层	1 阶平动					2 阶平动				
	频率/Hz		振型系数			频率/Hz		振型系数		
	RAC	NAC	RAC	NAC	差值*	RAC	NAC	RAC	NAC	差值
基础	3.756	4.935	0.000	0.000	0.000	11.432	15.006	0.000	0.000	0.000
1	3.756	4.935	0.155	0.155	0.000	11.432	15.006	0.486	0.484	0.002
2	3.756	4.935	0.377	0.377	0.000	11.432	15.006	0.944	0.942	0.002
3	3.756	4.935	0.592	0.592	0.000	11.432	15.006	0.925	0.925	0.000
4	3.756	4.935	0.779	0.779	0.000	11.432	15.006	0.388	0.390	−0.002
5	3.756	4.935	0.921	0.921	0.000	11.432	15.006	−0.412	−0.411	−0.001
6	3.756	4.935	1.000	1.000	0.000	11.432	15.006	−1.00	−1.00	0.000

* 差值＝计算值−试验值

表 6.3　Y 方向振型系数的比较

楼层	1 阶平动					2 阶平动				
	频率/Hz		振型系数			频率/Hz		振型系数		
	RAC	NAC	RAC	NAC	差值	RAC	NAC	RAC	NAC	差值
基础	3.392	4.436	0.000	0.000	0.000	10.486	13.708	0.000	0.000	0.000
1	3.392	4.436	0.144	0.143	0.001	10.486	13.708	0.458	0.455	0.003
2	3.392	4.436	0.364	0.362	0.002	10.486	13.708	0.924	0.922	0.002
3	3.392	4.436	0.581	0.580	0.001	10.486	13.708	0.927	0.928	−0.001
4	3.392	4.436	0.771	0.769	0.002	10.486	13.708	0.407	0.411	−0.004
5	3.392	4.436	0.916	0.915	0.001	10.486	13.708	−0.388	−0.386	−0.002
6	3.392	4.436	1.000	1.000	0.000	10.486	13.708	−1.000	−1.000	0.000

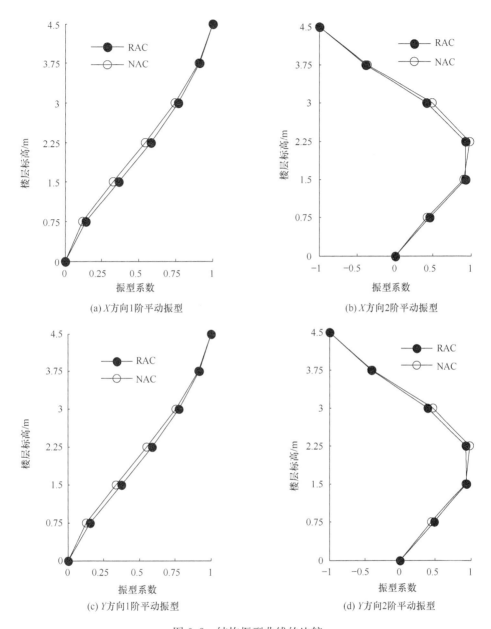

(a) X方向1阶平动振型

(b) X方向2阶平动振型

(c) Y方向1阶平动振型

(d) Y方向2阶平动振型

图 6.2　结构振型曲线的比较

6.3　加速度反应比较

表 6.4 给出了再生混凝土框架模型和普通混凝土框架模型加速度放大系数的计算值以及它们之间的差值。图 6.3 表示框架在线弹性阶段(≤0.066g)、开裂阶段(0.130g～0.264g)、屈服阶段(0.370g)、极限阶段(0.415g)和破坏阶段(0.415g～1.170g)两个模型计算加速度放大系数的对比图。

表 6.4　再生混凝土框架与普通混凝土框架的加速度放大系数对比

PGA/g		1层			2层			3层		
		RAC	NAC	差值*	RAC	NAC	差值	RAC	NAC	差值
0.066	WCW	1.081	1.237	−0.156	1.916	2.530	−0.614	2.808	3.334	−0.526
	ELW	1.084	1.013	0.071	1.482	1.419	0.063	1.884	2.203	−0.319
	SHW	1.402	1.196	0.206	2.318	2.214	0.104	2.865	2.699	0.166
0.130	WCW	1.309	1.580	−0.271	1.501	2.060	−0.559	1.619	2.770	−1.151
	ELW	1.451	1.215	0.236	1.839	1.699	0.14	1.870	1.573	0.297
	SHW	1.893	1.606	0.287	2.244	2.074	0.17	2.459	2.226	0.233
0.185	WCW	1.435	1.145	0.29	1.602	1.685	−0.083	1.626	1.793	−0.167
	ELW	1.401	1.100	0.301	1.455	1.495	−0.04	1.423	1.414	0.009
	SHW	1.713	1.738	−0.025	2.304	2.170	0.134	2.535	2.169	0.366
0.264	WCW	1.548	1.475	0.073	1.831	1.652	0.179	1.723	1.811	−0.088
	ELW	1.256	1.101	0.155	1.154	1.376	0.222	1.242	1.396	0.154
0.370	WCW	1.351	1.237	0.114	1.574	1.315	0.259	1.491	1.341	0.15
	ELW	1.199	1.277	−0.078	1.171	1.619	−0.448	1.221	1.528	−0.307
	SHW	1.250	1.295	−0.045	1.640	1.453	0.187	1.840	1.703	0.137
0.415	WCW	1.230	1.321	−0.091	1.453	1.478	−0.025	1.318	1.275	0.043
	ELW	1.218	1.271	−0.053	1.123	1.533	−0.41	1.165	1.356	−0.191
	SHW	1.346	1.517	−0.171	1.544	1.894	−0.35	1.633	1.793	−0.16
0.550	WCW	1.451	1.475	−0.024	1.485	1.586	−0.101	1.486	1.592	−0.106
	ELW	1.195	1.168	0.027	1.229	1.367	−0.138	1.281	1.532	−0.251
	SHW	1.435	1.679	−0.244	1.355	1.514	−0.159	1.321	1.653	−0.332
0.750	WCW	1.160	1.878	−0.718	1.181	1.251	−0.07	1.039	1.062	−0.023
	ELW	1.202	1.098	0.104	0.937	0.856	0.081	0.828	0.850	−0.022
	SHW	1.707	3.310	−1.603	1.318	2.144	−0.826	1.439	1.628	−0.189

续表

PGA/g		1层			2层			3层		
		RAC	NAC	差值*	RAC	NAC	差值	RAC	NAC	差值
1.170	WCW	1.076	1.579	−0.503	1.051	1.313	−0.262	0.798	1.105	−0.307
	ELW	1.209	1.344	−0.135	0.914	0.823	0.091	0.792	0.808	−0.016

PGA/g		4层			5层			6层		
		RAC	NAC	差值	RAC	NAC	差值	RAC	NAC	差值
0.066	WCW	2.993	3.828	−0.835	3.131	4.117	−0.986	3.404	4.647	−1.243
	ELW	2.056	2.367	−0.311	2.206	2.407	−0.201	2.905	3.292	−0.387
	SHW	3.326	3.588	−0.262	3.865	4.262	−0.397	4.049	4.703	−0.654
0.130	WCW	1.975	3.021	−1.046	2.099	2.831	−0.732	2.491	2.733	−0.242
	ELW	1.732	1.715	0.017	1.837	1.670	0.167	2.266	2.175	0.091
	SHW	2.984	2.354	0.63	3.074	2.654	0.42	3.466	2.722	0.744
0.185	WCW	1.483	1.827	−0.344	1.709	1.757	−0.048	1.915	1.854	0.061
	ELW	1.491	1.484	0.007	1.520	1.563	−0.043	1.736	2.061	−0.325
	SHW	2.728	2.218	0.51	2.830	2.428	0.402	3.078	2.566	0.512
0.264	WCW	1.819	1.870	−0.051	2.032	1.842	0.19	2.505	1.957	0.548
	ELW	1.367	1.378	0.011	1.493	1.598	0.105	1.599	1.689	0.090
0.370	WCW	1.456	1.419	0.037	1.488	1.561	−0.073	1.858	1.662	0.196
	ELW	1.277	1.485	−0.208	1.340	1.565	−0.225	1.506	1.781	−0.275
	SHW	2.022	1.984	0.038	2.222	2.290	−0.068	2.343	2.499	−0.156
0.415	WCW	1.288	1.292	−0.004	1.535	1.472	0.063	1.913	1.593	0.32
	ELW	1.121	1.446	−0.325	1.151	1.495	−0.344	1.225	1.555	−0.33
	SHW	2.093	1.983	0.11	2.255	2.330	−0.075	2.416	2.511	−0.095
0.550	WCW	1.375	1.397	−0.022	1.550	1.546	0.004	1.949	1.787	0.162
	ELW	1.231	1.553	−0.322	1.257	1.614	−0.357	1.370	1.881	−0.511
	SHW	1.468	1.760	−0.292	1.697	2.003	−0.306	1.915	2.400	−0.485
0.750	WCW	1.068	1.158	−0.09	1.131	1.108	0.023	1.155	1.250	−0.095
	ELW	0.778	0.853	−0.075	0.920	0.938	−0.018	1.064	1.015	0.049
	SHW	1.277	1.485	−0.208	1.285	1.270	0.015	1.469	1.677	−0.208
1.170	WCW	0.856	0.910	−0.054	0.814	0.930	−0.116	1.014	1.292	−0.278
	ELW	0.817	0.850	−0.033	0.848	0.961	−0.113	1.058	1.030	0.028

* 差值＝RAC−NAC

　　由表 6.4 中的数值和图 6.3 中的曲线可以看出：0.066g 试验阶段（弹性阶段），普通混凝土框架结构的加速度放大系数要大于再生混凝土框架结构；0.130g～0.264g 试验阶段（开裂阶段），再生混凝土框架结构的加速度放大系数要大于普通混凝土框架结构；0.370g～0.415g 试验阶段（屈服阶段～极限荷载阶段），普通混凝土框架结构的加速度反应与再生混凝土框架结构比较接近，普通混凝土框架结构的最大加速度放大系数稍大于再生混凝土框架结构。0.550g～1.170g 地震试验阶段（破坏阶段），普通混凝土框架结构的最大加速度放大系数明显大于再生混凝土框架结构。两个模型的加速度放大系数随地震强度的变化规律和它们的自振频率变化率类似。

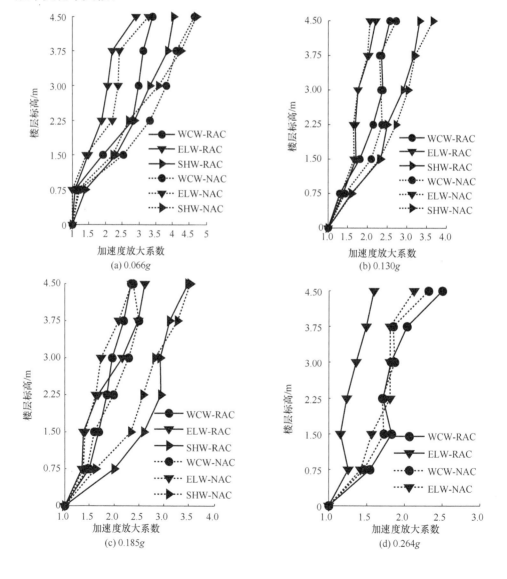

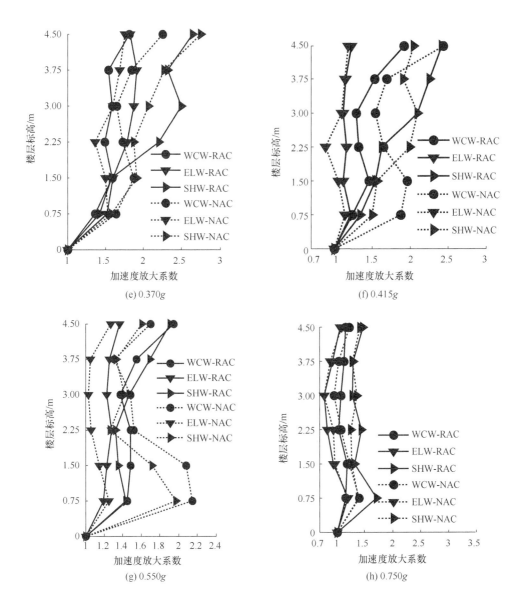

(e) 0.370g

(f) 0.415g

(g) 0.550g

(h) 0.750g

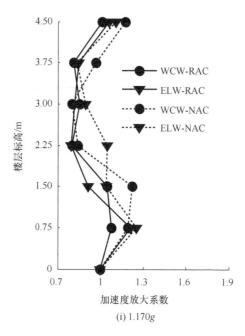

(i) 1.170g

图 6.3　再生混凝土框架与普通混凝土框架的加速度放大系数分布

在各试验阶段,再生混凝土框架结构和普通混凝土框架结构的加速度放大系数分布形式很接近。0.066g～0.185g 地震试验阶段,两个模型的加速度放大系数沿结构高度方向逐渐减小,加速度放大系数不仅与层间刚度和各层强度有关,同时与非弹性变形的发展以及台面输入地震波的频谱特性等因素有关。随着地震加速度峰值的提高,结构开裂程度的加剧,结构的加速度放大系数可能会出现沿楼层高度方向减小的现象,特别是在 0.750g 和 1.170g 结构发生严重破坏的试验阶段,表现得尤为明显。随着台面输入地震波加速度峰值的提高,结构抗侧移刚度退化,结构自振频率下降,阻尼比随之增大,普通混凝土框架结构和再生混凝土框架结构的加速度放大系数在总趋势上都是逐渐降低的。某些楼层测点的加速度放大系数,在一定的周期范围内,可能随着地震强度的增加反而增大,这可能与地震波的频谱特性、结构的破损程度以及高阶振型的影响等因素有关。在普通混凝土框架模型非线性分析中,0.066g 试验阶段,3 条地震波引起的结构楼层加速度反应的大小关系为 WCW＞SHW＞ELW;0.130g～0.37g 试验阶段,3 条地震波引起的结构楼层加速度反应的大小关系为 SHW＞WCW＞ELW;0.415g～0.550g 试验阶段,3 条地震波引起的结构楼层加速度反应的大小关系为 SHW＞ELW＞WCW;0.750g～1.170g 试验阶段,3 条地震波引起的结构楼层加速度反应的大小关系为 SHW＞WCW＞ELW。这与再生混凝土框架结构的分析结果不太一致,造成这种现象的原因可能与地震波的频谱特性、结构的动力特性等因素有关。

6.4　楼层位移反应比较

表 6.5 列出了输入不同加速度峰值时的再生混凝土框架模型和普通混凝土框架模型各楼层相对于基础的最大位移计算值以及它们之间的差值。图 6.4 是根据表 6.5 中的数据绘制的模型楼层最大位移反应对比图。由表 6.5 中的数值和图 6.4 中的曲线可以看出：在 0.066g～0.550g 试验阶段，再生混凝土框架结构的各楼层最大相对位移要大于普通混凝土框架结构。沿模型高度方向，楼层位移差值随之逐渐增大；在 0.066g 地震试验阶段（弹性阶段），再生混凝土框架结构与普通混凝土框架结构的楼层位移差值最小，随着台面输入地震波加速度幅值的提高，楼层位移差值随之增大；在 0.750g 和 1.170g 两个试验阶段，普通混凝土框架的底层顶部相对位移大于再生混凝土框架，表明普通混凝土底层的破坏程度要大于再生混凝土。通过比较各楼层顶的位移差值可以得到：1 层顶的最大楼层位移差值为 -7.16mm，发生在 WCW 激励下的 1.170g 试验阶段；2 层顶的最大楼层位移差值为 8.90mm，发生在 ELW 激励下的 1.170g 试验阶段；3 层顶的最大楼层位移差值为 8.18mm，发生在 WCW 激励下的 0.550g 试验阶段；4 层顶的最大楼层位移差值为 9.67mm，发生在 WCW 激励下的 0.550g 试验阶段；5 层顶的最大楼层位移差值为 10.73mm，发生在 WCW 激励下的 0.550g 试验阶段；模型顶层的最大楼层位移差值为 11.52mm，发生在 WCW 激励下的 0.550g 试验阶段。另外，在各试验阶段，再生混凝土框架结构与普通混凝土框架结构的楼层位移曲线分布形式比较接近，均属于剪切型变形。它们的位移曲线形状与相应的 1 阶平动振型曲线形状相近。在普通混凝土框架模型非线性分析中，0.066g 试验阶段，3 条地震波引起的结构楼层位移反应的大小关系为 WCW＞SHW＞ELW；0.130g～0.37g 试验阶段，3 条地震波引起的结构楼层位移反应的大小关系为 SHW＞WCW＞ELW；0.415g～0.550g 试验阶段，3 条地震波引起的结构楼层位移反应的大小关系为 SHW＞ELW＞WCW；0.750g～1.170g 试验阶段，3 条地震波引起的结构楼层位移反应的大小关系为 SHW＞WCW＞ELW。这与再生混凝土框架结构的分析结果不太一致，造成这种现象的原因可能与地震波的频谱特性、结构的动力特性等因素有关。

再生混凝土框架模型和普通混凝土框架模型具有相同的位移分布形式：相同地震强度下，楼层位移沿模型高度逐渐增大；除 1.170g 试验阶段外，随着地震强度不断加大，模型各楼层相对位移也随之增大。1.170g（很严重破坏阶段）试验阶段的最大楼层相对位移反而比 0.750g 试验阶段小，出现这种现象的原因可能与地震波的频谱特性以及有限元材料模型的选取和阻尼比取值等因素有关，在框架结构的地震反应非线性分析以及振动台试验中，均可看出 SHW 对结构造成的破坏程度最为严重,特别是在非线性分析中,表现得更为明显。

在地震试验中输入同一条地震波时,两个模型的计算位移变形曲线的形状大致相同,计算位移变形值随地震动幅值的增加而变大;两个模型的位移曲线都与它们的1阶振型接近,总体上,模型楼层位移曲线是很光滑的,位移曲线上没有明显的弯曲点,这表明再生混凝土框架和普通混凝土框架的等效抗侧刚度沿模型高度方向的分布是合理的。从楼层位移曲线的形状可以看出,两个模型的计算变形曲线和试验曲线都呈剪切型分布。

表 6.5　再生混凝土框架与普通混凝土框架的楼层最大位移比较

PGA/g		1 层顶/mm			2 层顶/mm			3 层顶/mm		
		RAC	NAC	差值	RAC	NAC	差值	RAC	NAC	差值
0.066	WCW	0.66	0.54	0.12	1.58	1.35	0.23	2.42	2.16	0.26
	ELW	0.42	0.28	0.14	1.01	0.63	0.38	1.61	0.96	0.65
	SHW	0.66	0.45	0.21	1.56	1.01	0.55	2.48	1.59	0.89
0.130	WCW	1.301	1.44	−0.14	3.11	3.45	−0.34	4.95	5.32	−0.37
	ELW	2.08	1.07	1.01	4.81	2.57	2.24	7.13	4.01	3.13
	SHW	2.64	1.44	1.20	6.35	3.44	2.91	9.97	5.35	4.62
0.185	WCW	1.94	1.94	0.00	4.71	4.71	0.00	7.42	7.43	−0.01
	ELW	1.88	1.01	0.87	4.51	2.41	2.10	6.97	3.76	3.21
	SHW	3.62	1.96	1.66	8.44	4.62	3.82	12.95	7.18	5.77
0.264	WCW	2.58	1.89	0.69	6.00	4.49	1.51	9.43	7.04	2.39
	ELW	2.29	2.01	0.28	5.55	4.72	0.83	8.72	7.36	1.36
0.370	WCW	4.58	3.32	1.26	10.55	7.46	3.09	15.93	11.23	4.70
	ELW	2.49	2.50	−0.01	6.12	5.76	0.36	9.81	9.18	0.63
	SHW	6.48	4.64	1.84	14.84	10.69	4.15	22.54	16.31	6.23
0.415	WCW	5.14	3.23	1.91	11.83	7.35	4.48	17.95	11.14	6.81
	ELW	3.08	3.61	−0.53	7.24	8.13	−0.89	11.09	12.09	−1.00
	SHW	7.55	5.34	2.21	16.37	12.27	4.10	23.90	18.66	5.24
0.550	WCW	7.23	4.28	2.95	15.96	9.98	5.98	23.55	15.37	8.18
	ELW	4.60	5.08	−0.48	10.32	11.57	−1.25	15.42	17.35	−1.93
	SHW	16.44	11.65	4.79	30.01	23.02	6.99	39.96	31.94	8.02
0.750	WCW	15.52	15.69	−0.17	28.25	27.01	1.24	37.32	35.68	1.64
	ELW	8.27	8.40	−0.13	14.86	13.17	1.69	19.56	16.83	2.73
	SHW	33.38	40.28	−6.90	53.30	53.57	−0.27	65.70	62.90	2.80
1.170	WCW	21.28	28.44	−7.16	31.87	34.71	−2.84	37.64	39.00	−1.36
	ELW	20.39	22.36	−1.97	36.62	27.72	8.90	36.24	30.86	5.38

PGA/g		4 层顶/mm			5 层顶/mm			屋顶/mm		
		RAC	NAC	差值	RAC	NAC	差值	RAC	NAC	差值
0.066	WCW	3.17	2.87	0.30	3.72	3.39	0.33	4.02	3.66	0.36
	ELW	2.01	1.10	0.91	2.40	1.29	1.11	2.75	1.54	1.21
	SHW	3.31	2.15	1.16	3.86	2.53	1.33	4.45	3.02	1.43
0.130	WCW	6.64	6.80	−0.16	7.88	7.87	0.01	8.53	8.45	0.08
	ELW	9.03	5.24	3.79	10.67	6.09	4.58	11.59	6.52	5.07
	SHW	12.95	6.97	5.98	15.11	8.13	6.98	16.29	8.75	7.54
0.185	WCW	9.88	9.88	0.00	11.76	11.77	−0.01	12.78	12.78	0.00
	ELW	9.03	4.94	4.09	10.48	5.76	4.72	11.29	6.20	5.09
	SHW	16.74	9.36	7.38	19.47	10.93	8.54	20.90	11.76	9.14
0.264	WCW	12.37	9.26	3.11	14.64	10.88	3.76	15.97	11.71	4.26
	ELW	11.48	9.66	1.82	13.55	11.38	2.17	14.68	12.30	2.38
0.370	WCW	20.28	14.67	5.61	23.31	17.38	5.93	24.93	18.90	6.03
	ELW	13.24	12.33	0.91	15.94	14.84	1.10	17.49	16.24	1.25
	SHW	29.02	21.04	7.98	33.82	24.56	9.26	36.51	26.56	9.95
0.415	WCW	23.22	14.36	8.86	27.38	17.03	10.35	29.86	18.56	11.30
	ELW	14.32	15.35	−1.03	16.69	17.69	−1.00	18.05	19.01	−0.96
	SHW	29.92	23.93	5.99	35.30	27.78	7.52	38.39	29.97	8.42
0.550	WCW	29.90	20.23	9.67	34.80	24.07	10.73	37.83	26.31	11.52
	ELW	19.72	22.17	−2.45	22.94	25.72	−2.78	24.78	27.84	−3.06
	SHW	47.21	38.66	8.55	52.40	43.48	8.92	55.60	46.47	9.13
0.750	WCW	43.62	42.35	1.27	48.11	47.13	0.98	50.85	50.18	0.67
	ELW	22.88	19.56	3.32	25.24	21.52	3.72	26.69	22.74	3.95
	SHW	75.03	69.96	5.07	82.32	75.60	6.72	87.34	79.60	7.74
1.170	WCW	41.72	43.28	−1.56	44.89	45.98	−1.09	47.23	47.74	−0.51
	ELW	40.11	33.15	6.96	43.00	34.97	8.03	45.04	36.39	8.65

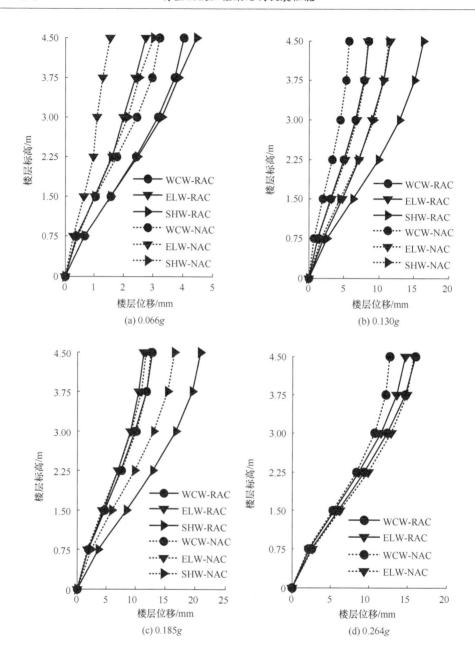

(a) 0.066g

(b) 0.130g

(c) 0.185g

(d) 0.264g

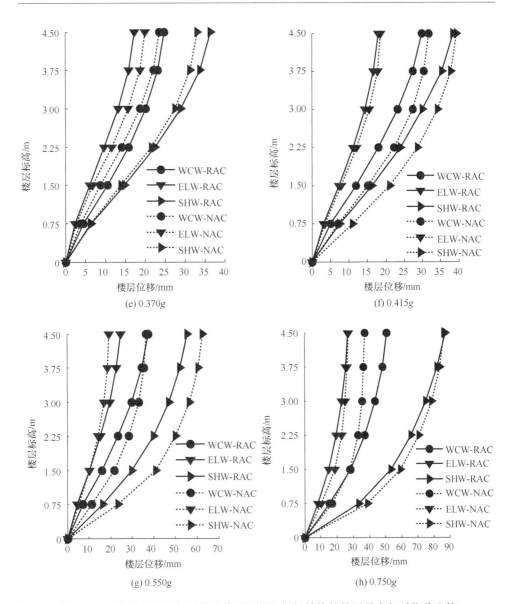

图 6.4　再生混凝土框架结构和普通混凝土框架结构的楼层最大相对位移比较

6.5　层间位移反应比较

　　表 6.6 列出了输入不同加速度峰值时的再生混凝土框架模型和普通混凝土框架模型各楼层层间的最大位移计算值以及它们之间的差值。图 6.5 是根据表 6.6 中的数据绘制的模型楼层层间最大位移反应对比图。表 6.7 和图 6.6 表示两个模型层间最大位移角计算值的比较,由表 6.6 和表 6.7 中的数值及图 6.5 和图 6.6 中的曲线可以看出:0.066g～0.550g 试验阶段,再生混凝土框架结构的各楼层最大层间位移均大于普通混凝土框架结构。0.750g 和 1.170g 试验阶段,再生混凝土框架结构 2 层～顶层的最大层间位移反应大于普通混凝土框架结构,底层的层间位移要小于普通混凝土结构。在 0.750g 试验阶段,当对结构输入 SHW 时,两个模型的层间位移均达到了最大值,再生混凝土框架最大层间位移为 33.39mm,普通混凝土框架的最大层间位移为 40.28mm。1.170g 试验阶段的最大层间位移反而比 0.750g 试验阶段小,出现这种现象的原因可能与地震波的频谱特性以及有限元材料模型的选取有关,在框架结构的地震反应非线性分析以及振动台试验中,均可看出 SHW 对结构造成的破坏程度最为严重,特别是在非线性分析中,表现得更为明显。

表 6.6　再生混凝土框架结构与普通混凝土框架结构的层间最大位移比较

PGA/g		1层/mm			2层/mm			3层/mm		
		RAC	NAC	差值	RAC	NAC	差值	RAC	NAC	差值
0.066	WCW	0.66	0.542	0.118	0.91	0.808	0.102	0.88	0.815	0.065
	ELW	0.42	0.280	0.140	0.63	0.390	0.240	0.55	0.279	0.271
	SHW	0.66	0.452	0.208	0.930	0.585	0.345	0.910	0.576	0.334
0.130	WCW	1.30	1.442	−0.142	1.82	2.018	−0.198	1.90	1.872	0.028
	ELW	2.08	1.067	1.013	2.72	1.502	1.218	2.54	1.481	1.059
	SHW	2.64	1.444	1.196	3.73	1.998	1.732	3.62	1.912	1.708
0.185	WCW	1.94	1.463	0.477	2.77	1.983	0.787	2.79	1.892	0.898
	ELW	1.88	1.013	0.867	2.63	1.397	1.233	2.53	1.395	1.135
	SHW	3.62	1.961	1.659	4.82	2.665	2.155	4.55	2.564	1.986
0.264	WCW	2.58	1.885	0.695	3.51	2.612	0.898	3.43	2.575	0.855
	ELW	2.29	2.007	0.283	3.26	2.715	0.545	3.23	2.634	0.596
0.370	WCW	4.58	3.320	1.260	5.98	4.140	1.840	5.47	4.137	1.333
	ELW	2.49	2.496	−0.006	3.63	3.350	0.280	3.75	3.434	0.316
	SHW	6.48	4.637	1.843	8.43	6.076	2.354	7.73	5.661	2.069

续表

PGA/g		1 层/mm			2 层/mm			3 层/mm		
		RAC	NAC	差值	RAC	NAC	差值	RAC	NAC	差值
0.415	WCW	5.1416	3.230	1.911	6.7256	4.145	2.581	6.2213	3.930	2.291
	ELW	3.0785	3.610	−0.532	4.1611	4.522	−0.361	3.8518	4.033	−0.181
	SHW	7.5540	5.335	2.219	8.9009	7.043	1.857	8.4211	6.428	1.993
0.550	WCW	7.2328	4.285	2.948	8.7248	5.696	3.028	7.7389	5.448	2.291
	ELW	4.6042	5.081	−0.477	5.7222	6.548	−0.826	5.1075	5.960	−0.852
	SHW	16.4361	11.649	4.788	10.7985	11.474	−0.675	13.9799	8.926	5.054
0.750	WCW	15.5226	15.693	−0.170	12.8597	11.531	1.329	9.5205	8.964	0.557
	ELW	8.2742	8.399	−0.125	6.5836	4.906	1.678	4.7464	4.199	0.547
	SHW	33.3892	40.280	−6.891	19.9281	13.442	6.486	12.4275	9.712	2.716
1.170	WCW	21.2844	28.438	−7.153	10.8965	9.384	1.512	8.0587	7.102	0.957
	ELW	20.3927	22.362	−1.969	10.2461	5.753	4.493	5.7135	4.906	0.808

PGA/g		4 层/mm			5 层/mm			顶层/mm		
		RAC	NAC	差值	RAC	NAC	差值	RAC	NAC	差值
0.066	WCW	0.7651	0.723	0.043	0.5915	0.548	0.044	0.3394	0.300	0.039
	ELW	0.50	0.238	0.262	0.45	0.244	0.206	0.29	0.181	0.109
	SHW	0.830	0.565	0.265	0.640	0.463	0.177	0.390	0.303	0.087
0.130	WCW	1.7037	1.529	0.175	1.2509	1.092	0.159	0.6816	0.585	0.097
	ELW	2.3620	1.293	1.069	1.9575	1.000	0.958	1.0629	0.546	0.517
	SHW	3.0243	1.620	1.404	2.2850	1.171	1.114	1.2659	0.621	0.645
0.185	WCW	2.5216	1.625	0.897	1.9249	1.185	0.740	1.0554	0.601	0.455
	ELW	2.1615	1.215	0.946	1.6186	0.935	0.684	0.8871	0.504	0.383
	SHW	3.8196	2.175	1.644	2.8230	1.572	1.251	1.5233	0.829	0.695
0.264	WCW	3.0201	2.226	0.794	2.4984	1.622	0.877	1.4189	0.832	0.587
	ELW	2.8926	2.322	0.571	2.2271	1.755	0.472	1.2179	0.928	0.290
0.370	WCW	4.9822	3.748	1.235	4.0864	2.894	1.193	2.3744	1.615	0.759
	ELW	3.5320	3.161	0.371	2.8465	2.504	0.343	1.6278	1.404	0.223
	SHW	6.4951	4.744	1.751	4.8556	3.588	1.268	2.7722	2.055	0.717
0.415	WCW	5.4856	3.525	1.961	4.4303	2.754	1.676	2.6264	1.594	1.032
	ELW	3.2322	3.342	−0.110	2.3828	2.477	−0.094	1.3528	1.402	−0.050
	SHW	7.2043	5.312	1.892	5.3965	4.089	1.308	3.1130	2.367	0.746

PGA/g		4 层/mm			5 层/mm			顶层/mm		
		RAC	NAC	差值	RAC	NAC	差值	RAC	NAC	差值
0.550	WCW	6.7150	4.866	1.849	5.4345	3.838	1.597	3.2832	2.268	1.015
	ELW	4.3023	5.073	−0.771	3.2419	3.924	−0.682	1.8861	2.302	−0.416
	SHW	8.0129	7.288	0.725	6.1160	5.492	0.624	3.6447	3.375	0.269
0.750	WCW	7.5277	6.944	0.584	5.4909	4.874	0.617	3.4999	3.168	0.332
	ELW	4.1666	3.469	0.697	3.3080	2.475	0.833	1.9302	1.484	0.446
	SHW	9.3626	7.503	1.859	7.2895	5.966	1.323	5.0586	4.301	0.757
1.170	WCW	6.4887	5.446	1.043	4.8562	4.274	0.583	2.9259	2.857	0.068
	ELW	4.7207	4.243	0.477	3.8568	3.206	0.651	2.3022	2.012	0.290

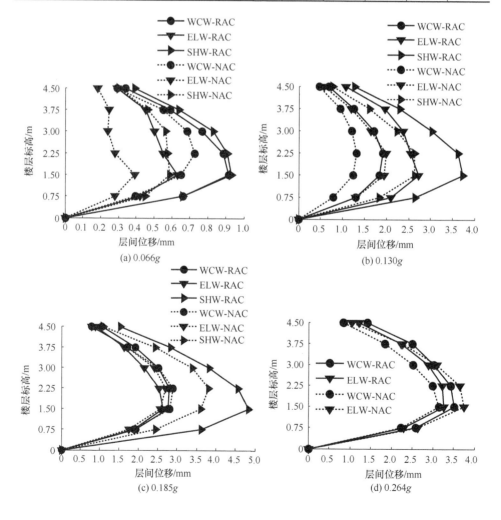

(a) 0.066g

(b) 0.130g

(c) 0.185g

(d) 0.264g

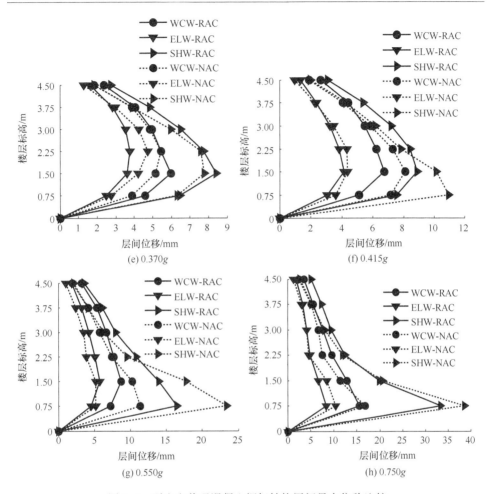

图 6.5 再生和普通混凝土框架结构层间最大位移比较

表 6.7 模型最大层间位移角计算值的比较

PGA/g	最大层间位移角(层间位移/层间高度)		
	RAC	NAC	差值
0.066	1/806	1/920	0.0001
0.130	1/201	1/372	0.0023
0.185	1/156	1/281	0.0028
0.264	1/213	1/276	0.0011
0.370	1/89	1/123	0.0031
0.415	1/84	1/106	0.0025
0.550	1/45	1/64	0.0067
0.750	1/22	1/19	−0.0082
1.170	1/35	1/26	−0.0093

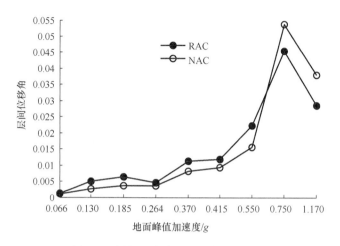

图 6.6　层间最大位移角计算值的比较

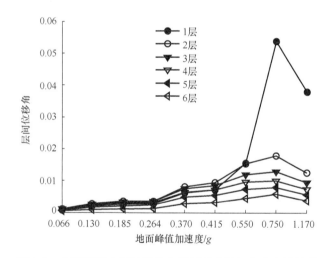

图 6.7　普通混凝土框架结构各楼层最大层间位移角计算值

　　在各试验阶段,再生混凝土框架模型与普通混凝土框架模型的楼层层间计算位移曲线的分布形式比较接近。除 1.170g 试验阶段外,随着地震强度的不断加大,楼层层间最大位移也随之增大;在地震试验中输入同一条地震波时,结构的层间位移变形曲线的形状大致相同,层间位移变形值随地震动幅值的增加而变大。图 6.7 表示模型在不同地震强度下的普通混凝土框架结构各层间最大位移角计算曲线分布,由图 6.7 中曲线可以看出,在 0.066g(线弹性阶段)～0.450g(极限荷载阶段)试验阶段,结构的 2 层层间位移比其他各层的层间位移值都要大,约占屋顶总位移的 20%,其次是 1 层层间位移,2 层以上各楼层层间位移关系为 3 层＞4 层＞

5 层＞6 层,与再生混凝土框架模型的层间位移分布类似。在 0.750g～1.170g 试验阶段的地震反应非线性分析中,两个模型的最大层间位移均发生在结构底层,其次是 2 层,其他各楼层层间位移大小关系不变。在普通混凝土框架模型非线性分析中,0.066g 试验阶段,3 条地震波引起的结构层间位移反应的大小关系为 WCW＞SHW＞ELW;0.130g～0.370g 试验阶段,3 条地震波引起的结构层间位移反应的大小关系为 SHW＞WCW＞ELW;0.415g～0.550g 试验阶段,3 条地震波引起的结构层间位移反应的大小关系为 SHW＞ELW＞WCW;0.750g～1.170g 试验阶段,3 条地震波引起的结构层间位移反应的大小关系为 SHW＞WCW＞ELW。这与再生混凝土框架结构的分析结果不太一致,造成这种现象的原因可能与地震波的频谱特性、结构的动力特性等因素有关。

比较各楼层顶的位移差值可以得到:1 层的最大层间位移差值为－7.15mm,发生在 WCW 激励下的 1.170g 试验阶段;2 层的最大层间位移差值为 6.49mm,发生在 SHW 激励下的 0.750g 试验阶段;3 层的最大层间位移差值为 5.05mm,发生在 SHW 激励下的 0.550g 试验阶段;4 层的最大层间位移差值为 1.96mm,发生在 WCW 激励下的 0.415g 试验阶段;5 层的最大层间位移差值为 1.68mm,发生在 WCW 激励下的 0.415g 试验阶段;模型顶层的最大层间位移差值为 1.03mm,发生在 WCW 激励下的 0.415g 试验阶段。

0.066g 试验阶段,普通混凝土框架模型层间最大计算位移发生在第 2 层,最大位移角为 1/920,小于《建筑抗震设计规范》(GB 50011—2010)[22]的弹性层间位移角限值,结构处于弹性工作状态。0.130g 的地震试验中,普通混凝土框架模型层间最大计算位移发生在第 2 层,最大层间位移角为 1/372,小于 1/200,按照表 4.17,普通混凝土框架模型发生很轻微破坏,结构进入弹塑性阶段。0.185g 地震试验中,普通混凝土框架模型层间最大计算位移发生在第 2 层,最大层间位移角为 1/281,小于 1/200,按照表 4.17,普通混凝土框架模型发生很轻微破坏。0.264g 地震试验中,普通混凝土框架模型层间最大计算位移发生在第 2 层,最大层间位移角为 1/276,小于 1/200,按照表 4.17,普通混凝土框架模型发生很轻微破坏。0.370g 地震试验中,普通混凝土框架模型层间最大计算位移发生在第 2 层,最大层间位移角为 1/123,小于 1/70,按照表 4.17,普通混凝土框架模型发生中等破坏。0.415g 地震试验中,普通混凝土框架模型层间最大计算位移发生在第 2 层,最大层间位移角为 1/106,小于 1/70,按照表 4.17,普通混凝土框架模型发生中等破坏。0.550g 地震试验中,普通混凝土框架模型层间最大计算位移发生在底层,最大层间位移角为 1/64,小于 1/40,按照表 4.17,普通混凝土框架模型发生严重破坏。0.750g 地震试验中,普通混凝土框架模型层间最大计算位移发生在底层,最大层间位移角为 1/19,大于 1/20,按照表 4.17,普通混凝土框架模型已接近倒塌。

通过层间位移角的比较不难看出,根据表4.17破坏等级划分,0.066g试验阶段,两个模型同处于完好状态;0.130g试验阶段,两个模型同处于很轻微破坏状态;0.185g~0.264g试验阶段,再生混凝土框架模型处于轻微破坏状态,而普通混凝土框架模型处于很轻微破坏状态;0.370g~0.415g试验阶段,两个模型同处于中等破坏阶段;0.550g试验阶段,两个模型同处于严重破坏阶段;0.750g试验阶段,再生混凝土框架模型的最大层间位移角为1/22,普通混凝土框架模型的最大层间位移角为1/19,按照表4.17破坏等级划分,两个模型都接近倒塌。

在地震反应非线性分析中,普通混凝土框架结构的抗地震能力总体上要强于再生混凝土框架结构。在线弹性阶段,普通混凝土框架结构的抗侧移刚度明显大于再生混凝土框架结构,其位移反应都明显小于再生混凝土框架结构;随着地震强度的不断增大,普通混凝土框架模型和再生混凝土框架模型地震反应的差值逐渐减小;在0.550g试验阶段,再生混凝土框架结构和普通混凝土框架结构都达到最大承载能力状态,再生混凝土框架模型和普通混凝土框架模型的最大层间位移均发生在底层,普通混凝土各楼层层间位移均小于再生混凝土;在0.750g试验阶段普通混凝土框架底层层间位移开始大于再生混凝土框架结构;1.170g试验阶段,普通混凝土框架和再生混凝土框架底层层间位移的差值进一步加大,普通混凝土框架模型2层~顶层的层间位移要小再生混凝土框架模型。分析表明在0.750g~1.170g试验阶段,普通混凝土框架结构底层的破坏程度大于再生混凝土框架结构,2层~顶层的破坏程度要小于再生混凝土框架结构。总之,在试验前期阶段,普通混凝土框架结构的抗地震能力要强于再生混凝土框架结构,在严重弹塑性阶段,两者的抗地震能力基本接近。

6.6　本章小结

为了进一步研究再生混凝土结构的抗地震能力,在已建立的有限元模型基础上,对混凝土材料本构模型的特征参数进行了调整。比较了再生混凝土框架结构与普通混凝土框架结构的抗地震能力,主要得到如下结论:

(1)震前,普通混凝土模型 X 主方向的1阶平动自振频率为4.935Hz,Y 方向的1阶平动自振频率为4.436Hz,分别比再生混凝土 X 方向和 Y 方向的1阶平动自振频率高31.39%和30.78%,表明地震模拟试验前普通混凝土框架结构的抗侧移刚度要高于再生混凝土框架。在各试验阶段,普通混凝土框架结构的自振频率都要大于再生混凝土框架结构,其自振频率的下降率也高于再生混凝土框架结构。再生混凝土框架模型与普通混凝土框架模型的振型曲线十分接近。

(2)0.066g试验阶段(弹性阶段),普通混凝土框架结构的加速度放大系数要大于再生混凝土框架结构;0.130g~0.264g试验阶段(开裂阶段),再生混凝土框架结构的加速度放大系数要大于普通混凝土框架结构；0.370g～0.415g 试验阶段（屈服阶段～极限荷载阶段），普通混凝土框架结构的加速度反应与再生混凝土框架结构比较接近，普通混凝土框架结构的最大加速度放大系数稍大于再生混凝土框架结构；0.550g～1.170g 地震试验阶段（破坏阶段），普通混凝土框架结构的最大加速度放大系数明显大于再生混凝土框架结构。两个模型的加速度放大系数随地震强度的变化规律和它们的自振频率变化率类似。

（3）在 0.066g～0.550g 试验阶段，再生混凝土框架结构的各楼层最大相对位移要大于普通混凝土框架结构。沿模型高度方向，楼层位移差值随之逐渐增大；在 0.066g 地震试验阶段（弹性阶段），再生混凝土框架结构与普通混凝土框架结构的楼层位移差值最小，随着台面输入地震波加速度幅值的提高，楼层位移差值随之增大；在 0.750g 和 1.170g 两个试验阶段，普通混凝土框架的底层顶部相对位移大于再生混凝土框架。在各试验阶段，再生混凝土框架结构与普通混凝土框架结构的楼层位移曲线分布形式比较接近，均属于剪切型变形。它们的位移曲线形状与相应的 1 阶平动振型曲线形状相近。

（4）0.066g～0.550g 试验阶段，再生混凝土框架结构的各楼层最大层间位移均大于普通混凝土框架结构。0.750g 和 1.170g 试验阶段，再生混凝土框架结构 2 层～顶层的最大层间位移反应大于普通混凝土框架结构，底层的层间位移要小于普通混凝土结构。在各试验阶段，再生混凝土框架模型与普通混凝土框架模型的楼层层间计算位移曲线的分布形式比较接近。除 1.170g 试验阶段外，随着地震强度的不断加大，楼层层间最大位移也随之增大；在地震试验中输入同一条地震波时，结构层间位移变形曲线的形状大致相同，层间位移变形值随地震动幅值的增加而变大。0.066g 试验阶段，两个模型同处于完好状态；0.130g 试验阶段，两个模型同处于很轻微破坏状态；0.185g～0.264g 试验阶段，再生混凝土框架模型处于轻微破坏状态，而普通混凝土框架模型处于很轻微破坏状态；0.370g～0.415g 试验阶段，两个模型同处于中等破坏阶段；0.550g 试验阶段，两个模型同处于严重破坏阶段；0.750g 试验阶段，再生混凝土框架模型的最大层间位移角为 1/22，普通混凝土框架模型的最大层间位移角为 1/19，按照表 4.17 破坏等级划分，两个模型都接近倒塌。

（5）通过变参数分析，比较了再生混凝土框架结构与普通混凝土框架结构的抗地震能力。在地震反应非线性分析中，在试验前期阶段，普通混凝土框架结构的抗地震能力要强于再生混凝土框架结构，在严重弹塑性阶段，两者的抗地震能力基本接近。

参 考 文 献

[1] Nixon P J. Recycled concrete as an aggregate for concrete—A review[J]. Materials and Structures,1978,11(6):371-378.

[2] Ryu J S. An experimental study on the effect of recycled aggregate on concrete properties [J]. Magazine of Concrete Research,2002,54(1):7-12.

[3] Wesche K,Schulz K. Beton aus aufbereitetem[J]. Altberton. Beton,1982,(32):2-3.

[4] Malhotra V M. The use of recycled concrete as a new aggregate[C]. Proceedings of the Symposium on Energy and Resource Conservation in the Cement and Concrete Industry,Canada Center of Mineral and Energy Technology,Ottawa,1976.

[5] Frondistou Y. Waste concrete as aggregate concrete for new concrete[J]. Journal of ACI, 1977:212-219.

[6] Gerardu J J A,Hendriks C F. Recycling of road pavement materials in the Netherlands[R]. Report No. 38,Rijkswaterstaat Communications,1985.

[7] Hansen T C. Recycled aggregates and recycled aggregate concrete second state-of-the-art report developments 1945-1985[J]. Materials and Structures,1986,19(5):201-246.

[8] Ramamurthy K,Gumaste K S. Properties of recycled aggregate concrete[J]. The Indian Concrete Journal,1998,(1):49-53.

[9] Mandal S,Gupta A. Strength and durability of recycled aggregate concrete[C]. IABSE Symposium Melbourne,Melbourne,Australia,2002.

[10] Yoda K,Yoshikane T. Recycled cement and recycled concrete in Japan[C]. Proceedings of the Second International RILEM Symposium on Demolition and Reuse of Concrete and Masonry,Tokyo,Japan,1988:527-536.

[11] Ridzuan A R M,Diah A B M,Hamir R,et al. The influence of recycled aggregate concrete on the early compressive strength and drying shrinkage of concrete[J]. Structural Engineering Mechanics & Computation,2001:1415-1421.

[12] Hansen T C. Strength of recycled aggregate concrete made from crushed concrete coarse aggregate[J]. Concrete International,1983:79-83.

[13] Salem R M. Strength and durability characteristics of recycled aggregate concrete[D]. Knoxvine:University of Tennessee,1996.

[14] 李佳彬,肖建庄,孙振平. 再生粗骨料的基本特性及其对再生混凝土基本性能的影响[J]. 建筑材料学报,2004,7(4):390-395.

[15] 肖建庄,李佳彬,孙振平. 再生混凝土抗压强度研究[J]. 同济大学学报:自然科学版, 2004,32(12):1558-1561.

[16] 李佳彬,肖建庄,黄健. 再生粗骨料取代率对混凝土抗压强度的影响[J]. 建筑材料学报, 2006,9(3):297-301.

[17] Herinchsen A,Jensen B. Styrkeegenskaber for beton med genanvendelsesesmaterialer[R]. Internal report,1989.

[18] Topcu I B. Physical and mechanical properties of concrete produced with waste concrete [J]. Cement and Concrete Research,1997,27(12):1817-1823.

[19] 陈宗平,徐金俊,郑华海,等. 再生混凝土基本力学性能试验及应力应变本构关系[J]. 建筑材料学报,2013,16(1):24-32.

[20] 宋灿. 再生混凝土抗压力学性能及显微结构分析[D]. 哈尔滨:哈尔滨工业大学,2003.

[21] Xiao J Z,Li J B,Zhang C. Mechanical properties of recycled aggregate concrete under uniaxial loading[J]. Cement and Concrete Research,2005,35:1187-1194.

[22] GB 50011—2010 建筑抗震设计规范[S].

第7章 再生混凝土框架结构损伤评估

前面章节详细叙述了再生混凝土框架振动台试验模型的设计和制作、试验方案设计、试验过程以及试验现象,并对试验数据进行了细致地分析和研究。基于OpenSees计算平台,通过地震反应非线性分析对试验进行了验证。作者在所进行的试验研究和理论分析的基础上,初步提出再生混凝土框架结构地震破坏等级的划分标准,并对每级破坏状态进行宏观描述;明确基于结构破坏极限状态的抗震性能水平,并确定性能水平量化指标;建立结构地震破坏等级与量化指标的对应关系;采用本章建议的方法,给出再生混凝土框架结构6个性能水平的量化指标限值;采用变形和能量线性组合的双重破坏准则对再生混凝土框架结构进行抗震能力评估;拟合出地面加速度峰值与结构损伤指数的关系式。分析结果表明,基于变形和能量线性组合的双参数地震损伤模型能够很好地评估地震作用下再生混凝土框架结构体系的损伤发展过程,为基于性能的再生混凝土框架结构抗震优化设计提供依据。

7.1 基于性能的结构抗震设计方法

基于结构性能的抗震设计理论是在基于结构位移的设计理论基础上发展而来的。20世纪90年代初期,美国加利福尼亚大学伯克利分校的Moehle提出了基于位移的抗震设计理论,主张改进目前基于承载力的设计方法,这一全新概念的结构抗震设计方法最早应用于桥梁设计。他提出基于位移的抗震设计要进行结构分析,使结构的塑性变形能力满足在预定地震作用下的变形要求,即控制结构在大震作用下的层间位移角限值。Moehle设计方法的核心思想是从总体上控制结构的位移和层间位移水准。此后,这一理论的构思影响了美国、日本及欧洲土木工程界。这种用量化的位移设计指标来控制建筑物的抗震性能的方法,比以往抗震设计方法中强调力的概念前进了一步。

基于性能的抗震设计代表了未来结构抗震设计的发展方向,引起了各国的广泛重视,美国、日本等都投入了许多力量进行研究。在美国由联邦紧急救援署(FEMA)和国家自然科学基金委员会资助,开展了一项为期6年的研究计划[1-4]。在日本1995年开始进行了为期3年的"建筑结构的新设计框架开发"研究项目,并在研究报告"基于性能的建筑结构设计"中总结了研究成果[5]。日本已于2000年6月实行了新的基于性能的基准法(Building Standard Law)。

目前,我国在基于性能的结构抗震设计方面也积极开展了研究[6-10],一些重大项目的有关专题都涉及这方面的研究。谢礼立等讨论了基于性能的抗震设计的一般理论和方法,并针对当前基于性能的抗震设计和分析方法尚未完全成熟的这一情况,考虑到我国实际条件,提出了一套比较完整的目标性能、性能水平及基于性能的抗震设防原则和方法[9];李刚和程耿东将结构优化设计理论、可靠度分析与基于性能的抗震设计结合起来,采用全概率的方法,着重研究了实施基于性能的结构抗震设计时遇到的一系列问题[11]。

所谓性能水平是指一种有限的破坏状态,性能水平的确定涉及结构构件和非结构构件的破坏、建筑物内的物品损失及场地用途等因素,应综合考虑给定破坏状态所引起的安全、经济和社会等方面的后果,即应全面考虑建筑物内外的人员生命安全、建筑物内财产安全、建筑的正常使用功能。表 7.1 列出了美国有关部门的研究报告 FEMA273、SEAOC Vision 2000、ATC40 和日本建设部建筑研究院的研究报告所规定的结构性能水平。Smith[12] 在总结美国三大研究机构(FEMA、SEAOC、ATC)研究的基础上,给出了以结构顶点位移划分的性能水准,见表 7.2。我国《建筑抗震设计规范》(GB 50011—2010)[13]规定了建筑结构不坏、可修、不倒三种性能水平。目前结构性能水平的划分还没有形成统一的认识,仍有很多问题有待研究解决。

表 7.1　美国和日本研究机构的结构性能水平划分

FEMA 273	SEAOC Vision 2000	ATC40	日本研究报告
—	完全正常使用	—	—
正常使用	正常使用	正常使用	正常使用
立即入住	—	立即入住	易修复
生命安全	生命安全	生命安全	生命安全
防止倒塌	接近倒塌	结构稳定	—

表 7.2　Smith 结构性能水平划分

性能水平	人员安全情况与使用情况	结构破坏情况	顶点位移限制/%
水平一	结构功能完整,人员安全,可以立即使用	基本完好	<0.2
水平二	经过稍微维修就可使用	轻微破坏	<0.5
水平三	结构发生破坏,需要大量的修复	中等破坏	<1.5
水平四	结构发生无法修复的破坏,但没有倒塌	严重破坏	<2.5
水平五	结构发生倒塌	基本倒塌	>2.5

　　基于性能的抗震设计是基于性能的地震工程的一部分内容(设计内容)[11],它包括地震风险水平的确定、性能水平和目标性能的选择、适宜场地的确定、概念设计、初步设计、最终设计、设计过程的可行性检查、设计审核以及结构施工过程中的质量保证和使用过程中的检测维护等。图7.1表示基于性能设计的流程图。基于性能的抗震设计主要包括如下3个步骤[5]:

　　(1) 根据结构的用途、业主和使用者的特殊要求,明确建筑结构的目标性能(可以提出高出规范要求的"个性"化目标要求)。

　　(2) 根据以上目标性能,采用适当的结构体系、建筑材料和设计方法等进行结构设计。

　　(3) 对设计出的建筑结构进行性能评估,如果满足性能要求,则明确给出设计结构的实际性能水平,否则返回第(1)步和业主共同调整目标性能,或者直接返回第(2)步重新设计。

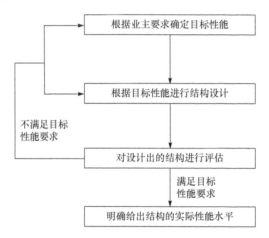

图7.1　基于性能的抗震设计流程

7.2　地震破坏状态的划分

　　根据地震作用下结构的破坏状态,可以将结构的破坏状态划分为若干个等级。地震破坏状态等级划分方法有很多,如以结构破坏程度确定其破坏等级、以结构破坏程度＋破坏修复难易程度评估等级、以结构破坏程度确定其破坏等级＋破坏修复难易程度评价等级等。Park等[14,15]采用的震害等级划分标准见表7.3。该划分方法很容易应用于试验观察和震后检查。

表 7.3　Park 等震害等级划分标准

破坏等级	破坏状态描述
基本完好	在最严重的情况下也是局部微小裂缝
轻微	通长微小裂缝
中等	严重开裂和局部散落
严重	混凝土压碎和钢筋外露
倒塌	倒塌

EERI[16]考虑到非结构构件的破坏、丧失功能的可能持续时间以及人员伤亡等因素,对结构的地震破坏状态等级进行了划分,划分标准见表 7.4。

表 7.4　EERI 震害等级划分标准

破坏等级	破坏状态描述
完好	—
轻微	非结构构件有微小的破坏;房屋重新使用的时间少于 1 周
中等	主要是非结构构件破坏,轻微或无结构破坏;房屋重新使用时间达 3 个月;人员伤亡风险小
严重	结构普遍破坏;房屋长期关闭或可能推倒;人员伤亡风险大
倒塌	结构濒于倒塌或倒塌,不可恢复性的破坏;非常高的人员伤亡风险

中国现行国家标准《中国地震烈度表》(GB/T 17742—2008)[17]将房屋破坏等级划分为 5 类,表 7.5 给出了破坏等级划分标准。

表 7.5　中国地震烈度表震害等级划分标准

破坏等级	破坏状态和使用功能描述
基本完好	承重和非承重构件完好,或个别非承重构件轻微损坏,不加修理可继续使用
轻微破坏	个别承重构件出现可见裂缝,非承重构件有明显裂缝,不需要修理或稍加修理即可继续使用
中等程度破坏	多数承重构件出现轻微裂缝,部分有明显裂缝,个别非承重构件破坏严重,需要一般修理后可使用
严重破坏	多数承重构件破坏严重,非承重构件局部倒塌,房屋修复困难
毁坏	多数承重构件严重破坏,房屋结构濒于崩溃或已倒毁,已无修复可能

虽然国内外专家给出了许多建筑物破坏等级的划分方法和标准,但这些方法和标准有些相近,有些相差很大,未形成统一的标准。中国地震局工程力学研究所负责编制了国家标准《建(构)筑物地震破坏等级划分》(GB/T 24335—2009),并于 2009 年开始实施。里面规定了建(构)物的破坏等级划分标准,共分为 5 个等级: Ⅰ 级为基本完好;Ⅱ 级为轻微破坏;Ⅲ 级为中等程度破坏;Ⅳ 级为严重破坏;Ⅴ 级为毁坏。对砌体房屋、底部框架房屋、钢筋混凝土框架结构、钢筋混凝土框架-剪力墙

(或筒体)结构、钢框架结构以及钢框架-支撑结构等多种结构的破坏等级划分进行了宏观描述。表7.6列出了钢筋混凝土框架结构破坏等级划分的宏观描述。

表7.6　钢筋混凝土框架结构破坏等级划分的宏观描述

破坏等级	破坏状态	破坏状态宏观描述
Ⅰ	基本完好	框架梁、柱构件完好;个别非承重构件轻微破坏,如个别填充墙内部或与框架交接处有轻微裂缝,个别装修有轻微损坏等;结构使用功能正常,不加修理可继续使用
Ⅱ	轻微破坏	个别框架梁、柱构件出现细微裂缝;部分非承重墙构件有轻微损坏,或个别有明显破坏,如部分填充墙内部或与框架交接处有明显裂缝等;结构基本使用功能不受影响,稍加修理或不修理可继续使用
Ⅲ	中等程度破坏	多数框架梁、柱构件有轻微裂缝,部分有明显裂缝,个别梁、柱端混凝土剥落;多数非承重构件有明显破坏,如多数填充墙有明显裂缝,个别出现严重裂缝等;结构基本使用功能受到一定影响,修理后可使用
Ⅳ	严重破坏	框架梁、柱构件破坏严重,多数梁、柱端混凝土剥落,主筋外露,个别柱主筋压曲;非承重构件破坏严重,如填充墙大面积破坏,部分外闪倒塌,或整体结构明显倾斜;结构基本使用功能受到严重影响,甚至部分功能丧失,难以修复或无修复价值
Ⅴ	毁坏	框架梁、柱破坏严重,结构濒临倒塌或已倒塌;结构使用功能不复存在,已无修复可能

　　本章中,根据整个振动台试验过程中结构破坏状态的宏观描述、再生混凝土框结构的动力特性分析(包括自振频率、结构等效刚度退化、结构阻尼、结构振型)、地震反应分析(包括加速度反应、楼层位移反应、层间位移反应、楼层剪力反应、剪力-位移滞回曲线、骨架曲线、恢复力模型),结合我国现行标准[17,18]对一般建(构)筑物的地震破坏等级划分,同时参考相关文献[11,19-21],现将再生混凝土框架结构震害分7级考虑,即Ⅰ级为完好;Ⅱ级为很轻微破坏;Ⅲ级为轻微破坏;Ⅳ级为中等程度破坏;Ⅴ级为严重破坏;Ⅵ级为很严重破坏;Ⅶ级为毁坏。表7.7给出了再生混凝土框架结构地震破坏等级的划分标准。

表7.7　再生混凝土框架结构破坏等级划分标准

破坏等级	破坏状态	破坏状态宏观描述
Ⅰ	完好	框架梁、柱构件完好;非承重构件上无细微裂缝;装修无损坏;结构使用功能正常,无需修理可继续使用

续表

破坏等级	破坏状态	破坏状态宏观描述
Ⅱ	很轻微破坏	框架梁、柱构件完好；个别非承重构件轻微破坏，如个别填充墙内部或与框架交接处有轻微裂缝，个别装修有轻微损坏等；结构使用功能正常，不加修理可继续使用
Ⅲ	轻微破坏	个别框架梁、柱构件出现细微裂缝；部分非承重墙构件有轻微损坏，或个别有明显破坏，如部分填充墙内部或与框架交接处有明显裂缝等；结构基本使用功能不受影响，稍加修理或不修理可继续使用
Ⅳ	中等程度破坏	多数框架梁、柱构件有轻微裂缝，部分有明显裂缝，个别梁、柱端混凝土剥落；多数非承重构件有明显破坏，如多数填充墙有明显裂缝，个别出现严重裂缝等；结构基本使用功能受到一定影响，修理后可使用
Ⅴ	严重破坏	框架梁、柱构件破坏严重，多数梁、柱端混凝土剥落，主筋外露，个别柱主筋压曲；非承重构件破坏严重，如填充墙大面积破坏，部分外闪倒塌；结构基本使用功能受到严重影响，甚至部分功能丧失，需要大量修复或难以修复
Ⅵ	很严重破坏	框架梁、柱构件破坏严重，大部分梁、柱端混凝土剥落，主筋外露，部分柱主筋压曲；非承重构件破坏严重，如填充墙大部分外闪倒塌，或整体结构明显倾斜；结构基本使用功能受到很严重影响，大部分功能丧失，无修复价值
Ⅶ	毁坏	框架梁、柱破坏严重，结构濒临倒塌或已倒塌；结构使用功能不复存在，已无修复可能

7.3　结构性能水平的确定

　　结构的性能水平是一种有限的破坏状态，而且是与不同强度地震下结构期望的最大破坏程度相对应的。根据整个振动台试验过程中结构破坏状态的宏观描述、再生混凝土框架结构的动力特性分析、地震反应分析，同时参考国内外关于结构性能水平的划分[17-22]，本章规定结构的抗震性能水平为完全正常使用、正常使用、可立即使用、生命安全、不易修复、接近倒塌 6 个性能水平。结构的抗震性能是结构本身具有的能够抵抗外荷载效应的一种属性，根据衡量准则的不同，包括承载能力、变形能力、耗能能力等。当采用一个物理量来定义结构的破坏状体时，这个物理量必须能标志结构的抗震能力，称为量化指标，结构的破坏与量化指标有直接的关系。量化指标的取值称为量化指标限值，也称为性能水平限值。表 7.8 列出了不同性能水平与相应的量化指标限值的表示符号。

表 7.8　结构性能水平及量化指标

性能水平	完全正常使用	正常使用	可立即使用	生命安全	不易修复	接近倒塌
要求	结构和非结构构件保持完好	结构和非结构构件不损坏或很小损坏	结构和非结构构件需要少量修复	结构和非结构构件需要一般性修复	结构和非结构构件需要大量修复	结构濒临倒塌,其余破坏在能接受范围
量化指标限值	LS1	LS2	LS3	LS4	LS5	LS6

表 7.8 中 LS1~LS6 分别代表结构不同性能水平时,反映结构抗地震能力量化指标的限值。我国抗震规范用小震不坏、中震可修和大震不倒描述 3 级结构性能水平[13],对于钢筋混凝土结构,规定其弹性变形和弹塑性变形的层间位移角限值分别为 1/500 和 1/50。FEMA273 也采用层间变形定义结构的性能水平[3],对于钢筋混凝土结构,给出对应于结构立即使用、生命安全、防止倒塌三个性能水平的结构最大层间位移角限值分别为 1%、2% 和 4%。

由振动台试验分析,得到了框架模型的楼层剪力-层间位移角关系曲线,将分析中每层构件的破坏状态相应地标记在曲线上,根据每层的极限状态来确定不同性能水平层间位移角的限值。其中具有最小层间位移角限值的楼层位移确定为关键层,即薄弱层,然后用关键层的层间位移角限值作为结构整体性能水平层间位移角限值。本试验研究中,由试验分析可以得到框架模型的底层和 2 层为薄弱层。图 7.2 表示再生混凝土框架模型基底剪力-层间位移角关系曲线。图 7.2 中 LS1、LS2、LS3、LS4、LS5 和 LS6 分别表示 6 个性能水平的层间位移角量化指标限值。

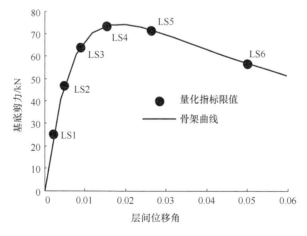

图 7.2　基底剪力-层间位移角关系曲线

表 7.9 给出了本章提出的再生混凝土框架结构的不同震害等级对应的性能水平层间位移角限值。表 7.9 中同样给出了 Wen 和 Kang 规定的与结构破坏状态对应的层间位移角限值[20,21]。

表 7.9　结构地震破坏等级与位移角限值

破坏等级	破坏状态	层间位移角 θ	
		作者	Wen 和 Kang
I	完好	$\theta < 1/468$(LS1)	$\theta < 1/500$(LS1)
II	很轻微破坏	(LS1)$1/468 \leqslant \theta < 1/203$(LS2)	(LS1)$1/500 \leqslant \theta < 1/200$(LS2)
III	轻微破坏	(LS2)$1/203 \leqslant \theta < 1/112$(LS3)	(LS2)$1/200 \leqslant \theta < 7/1000$(LS3)
IV	中等程度破坏	(LS3)$1/112 \leqslant \theta < 1/65$(LS4)	(LS3)$7/1000 \leqslant \theta < 3/200$(LS4)
V	严重破坏	(LS4)$1/65 \leqslant \theta < 1/38$(LS5)	(LS4)$3/200 \leqslant \theta < 1/40$(LS5)
VI	很严重破坏	(LS5)$1/38 \leqslant \theta < 1/20$(LS6)	(LS5)$1/40 \leqslant \theta < 1/20$(LS6)
VII	毁坏	$\theta \geqslant 1/20$(LS6)	$\theta \geqslant 1/20$(LS6)

书中取层间位移角 $< 1/468$ 为完好；$1/468 \sim 1/203$ 为很轻微破坏；$1/203 \sim 1/112$ 为轻微破坏；$1/112 \sim 1/65$ 为中等破坏；$1/65 \sim 1/38$ 为严重破坏；$1/38 \sim 1/23$ 为很严重破坏；$\geqslant 1/20$ 为结构倒塌。与 Wen 和 Kang 提出的层间位移角限值对比可以看出：LS1、LS3、LS4 和 LS5 层间位移角量化指标限值要比 Wen 和 Kang 的偏大。

7.4　损伤指数确定

损伤指数是描述结构或构件地震破坏状态的无量纲指数，特定破坏状态的函数，是对地震后受损建筑物作出处理决策的重要判定依据。由损伤指数可以算出在可能地震作用下建筑物的损伤程度，可以预测可能地震作用下的损失。损伤指数可以用来估计震后的易损性，有助于决策者知道震后哪些房子可以直接入住，从长期来讲，破坏指数可以用来决定哪些房子需要修复，哪些房子直接推倒。

局部损伤指数是定量描述构件或者节点的破坏程度，采用 0～1 表示破损情况，0 表示无损坏，1 表示倒塌。整体损伤指数依赖于局部损伤指数的分布情况和严重性，计算整体损伤指数时可以对结构的各局部损伤指数进行组合，或者考虑一些结构的整体参数。根据计算方法不同，损伤指数可分为不含累积项的损伤、基于变形的累积损伤指数、基于能量的累积损伤指数、组合损伤指数等。本章中采用变形和能量双控的组合损伤指数对再生混凝土框架模型结构的破损情况进行评估。

根据振动台试验中框架结构模型在不同地震强度下的破坏程度，同时参考国内相关标准、文献[23-26]，书中定义了再生混凝土框架结构在不同地震破坏等级的损伤指数限值。表 7.10 给出了再生混凝土框架结构的不同震害等级对应的性能水平损伤指数限值。表 7.10 中同样给出了国内外学者规定的与结构破坏状态对应的性能水平损伤指数限值。

表 7.10 再生混凝土框架结构破坏等级与性能水平限值的关系

破坏等级	损伤程度	损伤指数				
		Park[23]	欧进萍[24]	江近仁[25]	胡聿贤[26]	作者
Ⅰ	完好	—	—	—	—	<0.025
Ⅱ	很轻微破坏	—	0~0.100	0.228	0~0.150	0.025~0.085
Ⅲ	轻微破坏	0~0.400	0.100~0.250	0.254	0.200~0.400	0.085~0.170
Ⅳ	中等程度破坏	—	0.250~0.450	0.420	0.400~0.600	0.170~0.310
Ⅴ	严重破坏	0.4~1.000	0.450~0.650	0.777	0.800~1.00	0.310~0.550
Ⅵ	很严重破坏	—	—	—	—	0.550~1.000
Ⅶ	毁坏	≥1.000	≥0.900	≥1.000	—	≥1.000

基于以上分析，得到了本试验研究中再生混凝土框架结构地震破坏等级与层间位移角和损伤指数的关系，以及结构不同破坏状态的修复难易程度，见表 7.11。

表 7.11 破坏状态与层间位移角及损伤指数的关系

破坏等级	破坏状态	层间位移角	损伤指数	修复难易程度
Ⅰ	完好	<1/468	<0.025	不需修复
Ⅱ	很轻微破坏	1/468~1/203	0.025~0.085	不需修复
Ⅲ	轻微破坏	1/203~1/112	0.085~0.170	稍加修复
Ⅳ	中等程度破坏	1/112~1/65	0.170~0.310	一般修复
Ⅴ	严重破坏	1/65~1/38	0.310~0.550	大修
Ⅵ	很严重破坏	1/38~1/20	0.550~1.000	难修复
Ⅶ	毁坏	≥1/20	≥1.000	不可修复

7.5 结构失效准则

在结构抗地震能力评估中，需要考虑结构不同的失效准则，总体来讲，根据结构失效模式引起的不同后果，可以分为三类失效模式[11]：

（1）人员感受失效模型。主要是由动力荷载作用所引起的结构振动，导致人员感觉不适、影响工作效率甚至损害人体健康。

（2）正常使用失效模式。结构在荷载作用下，出现变形或振动等过大而影响正常使用功能。

（3）结构安全失效模式。包括两种情况：一是在极限荷载作用下结构最大变形或强度超过极限值而引起结构发生重大破坏甚至倒塌；二是在常规荷载作用下结构发生疲劳破坏。

引起结构失效的原因很多，如应力或变形超出允许值、结构振动引起的失效等，结构失效的判别准则主要有：①强度破坏准则；②变形破坏准则；③能量破坏准则；④变形和能量双重破坏准则等。

1. 强度破坏准则

结构破坏是由于最大应力或内力超过允许值引起的，即

$$R_s \geqslant [R_s] \tag{7.1}$$

式中，R_s 为结构最大应力或内力，可以是剪力、弯矩或应力；$[R_s]$ 为相应的容许值。

强度准则使用很方便，但在地震作用下结构常常进入弹塑性状态，此时结构内力或应力值一般增加不多，但结构要发生很大的塑性变形。因此强度准则无法准确地反映和区别结构屈服后在某一阶段的破坏程度。强度破坏准则一般只能反映结构从弹性进入弹塑性的状况。

2. 变形破坏准则

破坏主要是结构变形过大引起的，变形破坏准则可以采用延性系数表示，也可以直接用层间变形来表示。采用结构的延性系数可表示为

$$\mu \leqslant [\mu] \tag{7.2}$$

$$\mu = \frac{\mu_m}{\mu_y} \tag{7.3}$$

式中，μ_m 和 μ_y 分别为结构的最大层间位移和屈服位移；$[\mu]$ 为结构所要求的临界延性系数，可以由试验和地震灾害调查分析得到。

采用结构层间变形来表示的破坏准则为

$$\Delta u \geqslant [\Delta u] \tag{7.4}$$

式中，Δu 和 $[\Delta u]$ 分别为结构层间变形和相应的容许值。

结构层间变形破坏准则，由于其直观方便且可以较好地反映结构的性能水平，得到了广泛应用。变形破坏准则可以较好地反映结构进入非线性后的主要破坏原因，比强度破坏准则更进了一步。但它反映的是结构最大位移反应，还不能区别结构在地震荷载作用下不同持时内的弹塑性反应过程和反复荷载作用下的累积破坏现象。但由于变形破坏准则，特别是层间变形表示的准则，其概念简单、应用方便，并且可以较好地反映结构的性能水平，因而目前依然是实际工程中应用较多的判别准则。

3. 能量破坏准则

从能量的观点看,结构在地震作用下的低周疲劳问题由变形能的积累过程描述更为合适[11]。能量破坏准则认为结构累积的总变形能超过结构允许的吸收能时结构就会破坏。能量准则反映了结构总体的破坏情况,但是结构的破坏往往是局部引起的。结构中的一个能量值可能对应多种破坏情况,能量破坏准则是结构破坏的必要条件,但它不能区分结构的具体破坏形式,所以能量破坏准则一般不单独使用。

4. 变形和能量双重破坏准则

Park 和 Ang 建议用一个变形和能量的线性组合来确定结构的损伤指数[23],该破坏准则反映了极值变形和累积变形能对结构破坏状态的影响。Park 和 Ang 提出的变形和能量双控破坏准则是目前实际工程中应用最为广泛的判别准则。本章中再生混凝土框架结构的抗震能力评估也采用了该破坏准则。本章采用 Park 和 Ang 建议的变形和能量双重破坏准则对再生混凝土框架模型结构的破损情况进行评估。

陈永祁和龚思礼根据我国唐山地震结构的震害情况,提出了以下衡量破坏状态的双控表达式[27]:

延性系数

$$\mu = \frac{X_m}{X_e} \tag{7.5}$$

能量反应

$$\eta = \begin{cases} \dfrac{E_p}{F_e(X_m - X_e)}, & X_m < X_e \\ 1, & X_m \geqslant X_e \end{cases} \tag{7.6}$$

式中,η 为能量指数;E_p 为结构的塑性累计应变能;F_e 为层间屈服剪力;X_m 为最大层间位移;X_e 为层间屈服位移。根据能量指数,对结构延性系数进行修正,然后根据修正后的延性系数 μ' 来判断结构的破坏状态。

秦文欣等考虑了内力、变形和能量多种因素对结构破坏的影响,采用模糊数学中的综合评判方法,提出了结构多重模糊破坏评估方法,并通过权重系数模糊向量区分不同因素在不同类型的结构破坏中所起的作用[28]。

7.6　基于变形和能量组合的双参数地震损伤评估

正确地评估结构的抗地震能力及地震过后房屋的剩余承载力,需要建立一个合理的损伤模型及定量计算结构在地震中的损伤程度指数。损伤指数是用来描述结构、构件或材料破损程度的变量,一般定义为结构或构件反应历程中某一指标累计量与相应指标极限允许量之比,通常用 D 表示:$D=f(X_1,X_2,\cdots,X_n)$。式中,$X_1,X_2,\cdots,X_n$ 为反应结构力学性能变化的参数,称为损伤指数。损伤指数具有如下两个特征[29]:

(1) 损伤指数 D 的范围应在$[0,1]$。当 $D=0$ 时,对应震害情况下结构的完好状态;当 $D\geqslant1$ 时,意味着结构或构件完全破坏。

(2) 损伤指数 D 为单调递增的函数,即结构的损伤向着增大的方向发展且不可逆。

变形与累积耗能的联合效应是引起结构地震破坏的主要原因,因此,合理的地震破坏模型应是变形与耗能的适当组合。Park 等[23,30]基于一大批美国和日本的钢筋混凝土梁柱试验结果,提出的关于最大反应变形和累积耗能线性组合的地震损伤模型,是比较有代表性的钢筋混凝土结构双参数地震损伤模型。该损伤模型的表达形式为

$$D = \frac{\delta_\mathrm{m}}{\delta_\mathrm{n}} + \frac{\beta_\mathrm{L}}{Q_\mathrm{y}\delta_\mathrm{u}}\int \mathrm{d}E \tag{7.7}$$

式中,δ_m 为地震作用下结构的最大变形;δ_u 为单调荷载作用下结构的极限变形;Q_y 为屈服强度的计算值,当极限强度 Q_u 小于屈服强度 Q_y 时,式中的 Q_y 被 Q_u 替代;$\mathrm{d}E$ 为滞回耗能增量;$\int \mathrm{d}E$ 为滞回耗能总量;β_L 为循环荷载影响系数。

对于 β_L 可采用公式(7.8)确定[23]:

$$\beta_\mathrm{L} = \left(-0.447+0.073\,\frac{l}{d}+0.24n_0+0.314\rho_\mathrm{t}\right)\times 0.7^{\rho_\mathrm{w}} \tag{7.8}$$

式中,l/d 为剪跨比;n_0 为轴压比;ρ_t 为纵向钢筋配筋率;ρ_w 为配箍率。

Park 等做了 261 个试验回归统一,认为循环荷载影响系数一般在 0.3~0.12。在本章中,影响循环荷载影响系数的各个参数由试验和计算得到,见表 7.12。将计算数据代入式(7.8),可确定循环荷载影响系数为

$$\beta_\mathrm{L} = (-0.447+0.073\times3.24+0.24\times0.235+0.314\times1.515)\times0.7^{1.394}=0.195 \tag{7.9}$$

表 7.12　计算参数

$\dfrac{l}{d}$	n_0	$\rho_t/\%$	$\rho_w/\%$
3.240	0.235	1.515	1.394

结构每层的 D_j 值由该层各构件的 D_i 值加权获得,各构件加权系数为构件滞回耗能占总滞回耗能的比例。结构体系的破坏指数 D 由各层的破损指 D_j 数按相同加权方式获得,建筑物总体破坏指数 D 可表示为

$$D = \sum_{j}^{n} \lambda_j D_j \tag{7.10}$$

式中,

$$D_j = \sum_{i}^{m} \lambda_i D_i \tag{7.11}$$

$$\lambda = \frac{E_i}{\sum E_i} \tag{7.12}$$

λ_i 和 λ_j 分别为各构件和各楼层的加权系数;E_i 为各构件或各楼层的滞回耗能。

变形和能量双参数损伤模型较好地体现了地震动三要素(振幅、频谱和持时)对结构破坏的影响,被地震工程界广泛接受和应用。本章中作者采用 Park-Ang 模型对再生混凝土的抗震能力进行评估。通过试验分析,得到了模型在不同试验阶段的最大变形、累积耗能以及模型结构的极限变形、结构的屈服荷载 Q_y 和极限荷载 Q_u。表 7.13 表示结构不同抗震性能水平的量化指标限值及其对应的楼层剪力和位移延性系数,由表 7.13 中的数值可知屈服荷载 $Q_y = 64.006\text{kN}$,极限荷载 $Q_u = 56.790\text{kN}$,极限变形 $\delta_u = 37.500\text{mm}$。表 7.14 表示框架模型在不同地震试验阶段的最大层间变形 δ_m。表 7.15 表示模型在不同试验阶段的累积耗能 $\int dE$。基于式(7.7)得到了再生混凝土框架模型在不同地震试验阶段的损伤指数,见表 7.16。表 7.17 表示结构在不同地震试验阶段的总体损伤指数和相应破损状态。图 7.3 标出了不同试验阶段的地面峰值加速度和相应的结构总体损伤指数,通过对图 7.3 中的试验数据进行曲线拟合,得到如下线性关系式:

$$D(\text{PGA}) = 0.8562 \times \text{PGA} - 0.03326, \quad \text{PGA} \geqslant 0.066g \tag{7.13}$$

式中,D 为结构总体损伤指数;PGA 为地面加速度峰值,g。拟合数据和原始数据对应点之间的和方差(SSE)为 0.04948,均方根(RMSE)为 0.08407,拟合数据和原始数据平均值的相关系数(R-square)为 0.9355。公式(7.13)对再生混凝土结构的抗地震能力评估具有重要的参考价值,当已知地面加速度峰值时,可以根据该公式初步确定结构的总体损伤指数。根据结构破坏状态与总体损伤指数限值的关系,进一步确定结构的破坏程度等级,同时也为基于性能的再生混凝土结构抗震优化

设计提供了依据。

表 7.13　不同性能水平的量化指标限值及其对应的楼层剪力和位移延性系数

性能水平	层间位移限值 LS$_i$/mm	损伤指数 D	层间位移限值对应的基底剪力 Q$_i$/kN	层间位移限值对应的延性系数 μ
完全正常使用	1.6026	0.0250	25.2411	0.2393
正常使用	3.6946	0.0850	46.9789	0.5517
可立即使用	6.6964	0.1700	64.0060	1.0000
生命安全	11.5385	0.3100	73.4683	1.7231
不易修复	19.7368	0.5500	71.6415	2.9474
接近倒塌	37.5000	1.0000	56.7900	—

表 7.14　各工况的楼层层间最大位移

PGA/g		楼层层间最大位移 δ_m/mm					
		1 层	2 层	3 层	4 层	5 层	顶层
0.066	WCW	0.67	0.91	0.82	0.68	0.53	0.30
	ELW	0.41	0.57	0.54	0.49	0.43	0.27
	SHW	0.64	0.90	0.87	0.78	0.62	0.34
0.130	WCW	1.11	1.64	1.68	1.66	1.29	0.67
	ELW	1.51	2.13	2.18	2.14	1.69	0.89
	SHW	1.85	2.68	2.82	2.57	1.59	0.82
0.185	WCW	1.78	2.55	2.36	2.29	1.36	0.73
	ELW	1.63	2.29	2.49	2.53	1.54	0.58
	SHW	3.55	4.32	3.79	3.77	2.25	1.02
0.264	WCW	3.49	4.42	4.05	3.54	2.35	0.76
	ELW	2.08	2.71	2.70	2.37	1.46	0.58
0.370	WCW	6.15	7.14	6.46	5.66	4.12	1.49
	ELW	2.77	3.46	2.91	2.52	1.90	0.85
	SHW	8.44	9.99	7.52	6.50	3.84	1.65
0.415	WCW	6.04	6.91	6.04	5.10	3.71	1.50
	ELW	4.68	5.16	4.15	3.35	2.32	1.16
	SHW	11.16	12.85	9.14	7.41	3.99	1.76
0.550	WCW	8.09	10.11	7.01	5.89	4.02	1.82
	ELW	7.66	8.41	6.38	4.97	3.51	1.80
	SHW	19.96	21.77	12.93	8.48	4.58	2.50

PGA/g		楼层层间最大位移 δ_m/mm					
		1 层	2 层	3 层	4 层	5 层	顶层
0.750	WCW	15.38	19.03	11.66	8.99	6.39	1.83
	ELW	15.04	18.03	11.38	9.34	6.06	2.44
	SHW	25.59	25.95	18.46	12.49	6.61	2.56
1.170	WCW	25.66	29.85	18.19	11.41	6.39	2.45
	ELW	22.01	21.23	13.58	8.57	5.31	2.72

表 7.15　各工况的楼层层间累积耗能

PGA/g		楼层层间累积滞回耗能 E/(kN·mm)					
		1 层	2 层	3 层	4 层	5 层	顶层
0.066	WCW	8.217	5.613	2.576	4.891	2.914	4.762
	ELW	1.916	0.571	1.216	1.652	1.697	1.316
	SHW	6.035	2.354	3.739	6.042	5.986	4.029
0.130	WCW	37.566	10.017	0.464	37.314	84.586	3.132
	ELW	24.964	3.331	11.975	37.945	47.139	30.147
	SHW	3.005	41.891	41.745	34.936	8.742	2.297
0.185	WCW	100.699	13.335	9.116	34.815	155.227	169.669
	ELW	24.681	5.365	0.534	0.732	46.938	40.594
	SHW	18.954	97.773	102.429	73.280	14.733	14.829
0.264	WCW	161.780	242.951	270.003	257.934	105.158	72.011
	ELW	48.016	57.538	57.198	69.494	23.768	17.828
0.370	WCW	339.304	548.946	495.845	346.278	181.306	83.607
	ELW	46.093	69.984	67.182	53.824	9.527	26.459
	SHW	381.340	432.827	354.925	196.656	112.567	36.358
0.415	WCW	235.681	375.007	293.884	148.820	57.883	18.010
	ELW	41.189	88.705	70.869	31.853	4.166	5.060
	SHW	587.147	639.106	455.759	193.692	110.271	31.576
0.550	WCW	535.651	709.469	515.045	233.497	135.506	71.202
	ELW	221.103	303.207	248.190	138.111	65.133	43.654
	SHW	1705.600	1662.880	882.533	352.319	212.617	87.460

PGA/g		楼层层间累积滞回耗能 E/(kN·mm)					
		1 层	2 层	3 层	4 层	5 层	顶层
0.750	WCW	1580.741	1599.650	781.086	208.853	167.710	89.074
	ELW	581.475	604.717	325.684	84.881	8.426	11.921
	SHW	1652.507	1622.476	1041.355	467.506	228.206	96.731
1.170	WCW	2412.419	2394.536	974.798	101.350	16.429	35.621
	ELW	1146.373	1121.734	586.592	120.788	8.207	1.266

表 7.16　各工况的结构层间和整体损伤指数

PGA/g		结构层间和整体损伤指数						
		1 层	2 层	3 层	4 层	5 层	顶层	整体
0.066	WCW	0.019	0.025	0.022	0.019	0.014	0.008	0.018
	ELW	0.011	0.015	0.015	0.013	0.012	0.007	0.012
	SHW	0.018	0.024	0.024	0.021	0.017	0.009	0.018
0.130	WCW	0.033	0.045	0.045	0.048	0.042	0.018	0.041
	ELW	0.043	0.057	0.059	0.061	0.049	0.026	0.047
	SHW	0.050	0.075	0.079	0.072	0.043	0.022	0.072
0.185	WCW	0.057	0.069	0.064	0.064	0.050	0.035	0.048
	ELW	0.046	0.062	0.066	0.068	0.045	0.019	0.037
	SHW	0.096	0.124	0.110	0.107	0.061	0.029	0.107
0.264	WCW	0.108	0.140	0.133	0.118	0.072	0.027	0.115
	ELW	0.060	0.078	0.077	0.070	0.041	0.017	0.065
0.370	WCW	0.195	0.241	0.218	0.183	0.126	0.047	0.199
	ELW	0.078	0.099	0.084	0.072	0.052	0.025	0.078
	SHW	0.260	0.306	0.233	0.191	0.113	0.047	0.242
0.415	WCW	0.183	0.219	0.188	0.150	0.104	0.042	0.185
	ELW	0.129	0.146	0.117	0.092	0.062	0.031	0.124
	SHW	0.351	0.401	0.285	0.215	0.116	0.050	0.322
0.550	WCW	0.265	0.335	0.234	0.178	0.120	0.055	0.255
	ELW	0.225	0.252	0.193	0.145	0.100	0.052	0.199
	SHW	0.688	0.733	0.426	0.258	0.142	0.075	0.591

续表

PGA/g		结构层间和整体损伤指数						
		1层	2层	3层	4层	5层	顶层	整体
0.750	WCW	0.555	0.654	0.382	0.259	0.186	0.057	0.522
	ELW	0.454	0.536	0.333	0.257	0.162	0.066	0.446
	SHW	0.834	0.841	0.588	0.376	0.197	0.077	0.701
1.170	WCW	0.905	1.000	0.574	0.314	0.172	0.069	0.872
	ELW	0.692	0.669	0.416	0.240	0.142	0.073	0.609

表 7.17　不同地震试验阶段的结构体系损伤指数和破坏状态

PGA/g	损伤指数	破坏状态
0.066	0.018	完好
0.130	0.072	很轻微破坏
0.185	0.107	轻微破坏
0.264	0.115	轻微破坏
0.370	0.242	中等程度破坏
0.415	0.322	严重破坏
0.550	0.591	很严重破坏
0.750	0.701	很严重破坏
1.170	0.872	很严重破坏

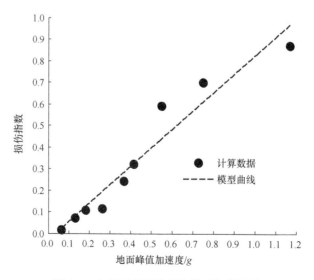

图 7.3　各试验阶段的结构体系损伤指数

　　通过对振动台试验模型的破坏形态和层间位移分析以及双参数地震损伤模型评估,可以得到如下结论:0.066g(7 度多遇)的地震试验中,模型最大层间位移角为 1/824,小于层间位移角限值 1/468,层间最大损伤指数为 0.025,发生在第 2 层,结构总体损伤指数为 0.018,小于结构"完好"极限状态的性能水平界限值 0.025,说明结构处于弹性工作状态,模型保持完好。0.130g(8 度多遇)的地震试验中,模型最大层间位移角为 1/266,小于层间位移角限值 1/203,层间最大损伤指数为 0.079,发生在第 3 层,结构总体损伤指数为 0.072,小于结构"很轻微破坏"极限状态性能水平界限值 0.085,模型发生很轻微破坏,结构进入弹塑性阶段。0.185g(7 度基本)的地震试验中,模型最大层间位移角为 1/174,小于层间位移角限值 1/112,层间最大损伤指数为 0.124,发生在第 2 层,结构总体损伤指数为 0.107,小于结构"轻微破坏"极限状态性能水平界限值 0.170,模型发生轻微破坏。0.264g(9 度多遇)的地震试验中,模型最大层间位移角为 1/170,小于层间位移角限值 1/112,层间最大损伤指数为 0.140,发生在第 2 层,结构总体损伤指数为 0.115,小于结构"轻微破坏"极限状态性能水平界限值 0.170,模型发生轻微破坏。0.370g(8 度基本)的地震试验中,模型最大位层间位移角为 1/75,小于层间位移角限值 1/65,层间最大损伤指数为 0.306,发生在第 2 层,结构总体损伤指数为 0.242,小于结构"中等程度破坏"极限状态性能水平界限值 0.310,模型发生中等破坏。0.415g(7 度罕遇)的地震试验中,模型最大层间位移角为 1/58,小于层间位移角限值 1/38,层间最大损伤指数为 0.401,发生在第 2 层,结构总体损伤指数为 0.322,小于结构"严重破坏"极限状态性能水平界限值 0.550,模型发生严重破坏。0.550g 的地震试验中,模型最大层间位移角为 1/34,小于层间位移角限值 1/20,层间最大损伤指数为 0.733,发生在第 2 层,结构总体损伤指数为 0.591,小于结构"很严重破坏"极限状态性能水平界限值 1.00,模型发生很严重破坏。0.750g(8 度罕遇)的地震试验中,模型最大层间位移角为 1/29,小于层间位移角限值 1/20,层间最大损伤指数为 0.841,发生在第 2 层,结构总体损伤指数为 0.701,小于结构"很严重破坏"极限状态性能水平界限值 1.00,模型发生很严重破坏。1.170g(9 度罕遇)的地震试验中,模型最大层间位移角为 1/25,小于层间位移角限值 1/20,层间最大损伤指数为 1.00,发生在第 2 层,说明结构 2 层的梁、柱构件破坏严重,结构总体损伤指数为 0.872,小于结构"很严重破坏"极限状态性能水平界限值 1.00,模型发生很严重破坏。经过多次的重复的地震试验后,尽管再生混凝土框架的破坏较为严重,但仍没有倒塌,这说明再生混凝土框架结构有良好的变形能力和抗地震能力。

　　按照我国《建筑抗震设计规范》(GB 50011—2010)[13],再生混凝土框架结构在 8 度多遇和 8 度罕遇地震下的最大层间位移角,均超出了规范规定的层间位移角限值,但完全满足规范规定的 7 度抗震设防烈度的要求。主要原因可归纳为以下

几点:

(1) 在再生混凝土框架模型结构抗震设计中,再生混凝土的实际强度设计值是按强度标准值取值的,没有考虑混凝土材料分项系数 γ_c,即 $\gamma_c=1$,使得结构的安全可靠度降低。

(2) 国内外学者对再生混凝土材料的基本力学性能进行了大量的试验研究,试验结果表明,再生混凝土材料的脆性要比普通混凝土高,且随着再生粗骨料取代率的增加而变大[31],这是再生混凝土框架模型在 8 度多遇地震作用下,局部过早出现细微裂缝的一个原因。但是,再生混凝土中加入钢筋,很大程度上能提高再生混凝土结构的延性。该试验中,再生混凝土模型总的位移延性系数为 4.218,1 层和 2 层层间位移延性系数分别为 4.268 和 4.631。经过多次重复的地震试验后,尽管再生混凝土框架的破坏较为严重,但在 9 度罕遇地震后仍然没有倒塌,这表明再生混凝土框架结构具有良好的延性、变形能力和抗地震能力。

(3) SHW 人工波的影响。通过第 4 章的试验分析可以看出,在地震试验中,模型在 SHW 人工波下的地震反应最为强烈。SHW 人工波对结构造成的破坏程度远高于另外两条天然地震波 WCW 和 ELW。通过对 SHW 人工波频谱特性的分析可知,SHW 为长周期波,适合于Ⅳ类场地。

7.7　本章小结

在前几章关于再生混凝土结构性能试验研究和动力非线性分析基础上,本章重点评估了再生混凝土框架结构的地震损伤性能,主要结论如下:

(1) 初步提出了再生混凝土框架结构地震破坏等级划分标准,将结构震害划分为 7 个破坏等级,分别为完好、很轻微破坏、轻微破坏、中等程度破坏、严重破坏、很严重破坏和毁坏,并对不同等级的破坏状态进行了宏观描述。

(2) 根据结构震害等级划分初步确定了再生混凝土框架结构的抗震性能水平,将结构的抗震性能水平划分为 6 级水平,分别为完全正常使用、正常使用、可立即使用、生命安全、不易修复和接近倒塌。

(3) 由再生混凝土框架结构的楼层剪力-层间位移关系曲线,初步确定了再生混凝土框架结构在不同破坏状态下的性能水平层间位移角限值。

(4) 根据再生混凝土框架模型在振动台试验中不同地震强度下的破坏程度,初步确定了结构在不同破坏状态下的性能水平损伤指数限值以及破损结构的可修复难易程度。

(5) 按照作者提出的震害等级划分标准和结构抗震性能水平,采用变形和累积耗能线性组合的双参数地震损伤模型,对再生混凝土空间框架结构模型进行评估。在 0.066g 地震试验阶段,$D<0.025$,结构处于弹性工作状态,模型保持完好;

在 0.0130g 地震试验阶段,0.025<D<0.085,结构进入弹塑性工作状态,模型发生很轻微损伤破坏;在 0.185g~0.264g 的地震试验中,0.085<D<0.170,模型发生轻微损伤破坏;在 0.370g 地震试验阶段,0.170<D<0.310,模型发生中等损伤破坏;在 0.415g 地震试验阶段,0.310<D<0.550,模型发生严重损伤破坏;在 0.550g~1.170g 的地震试验中,0.550<D<1.000,模型发生很严重损伤破坏。评估结果表明:基于变形和累积耗能线性组合的双参数地震损伤模型能有效地评估再生混凝土框架结构的损伤发展过程。

(6) 由试验数据拟合出了地面加速度峰值与结构损伤指数的关系式。根据公式(7.13)可以初步确定结构的总体损伤指数,为基于性能的再生混凝土结构抗震优化设计提供了依据。

(7) 目前国内外关于再生混凝土空间框架房屋抗震能力研究的文献还非常少。当再生混凝土框架结构房屋用在 8 度抗震设防烈度要求的地震区时,是否需要提高抗震结构的抗震设防水平,其抗震设计要求有待于进行进一步的研究。

参 考 文 献

[1] Structural Engineers Association of California(SEAOC). Performance based seismic engineering of buildings[R]. April,1995.

[2] Federal Emergency Management Agency(FEMA). Performance -based seismic design of buildings[R]. FEMA Report 283,September,1996.

[3] Federal Emergency Management Agency(FEMA). NEHRP guidelines for the seismic rehabilitation of building seismic safety council[R]. FEMA Report 273,1997.

[4] Applied Technology Council(ATC). Seismic evaluation and retrofit of existing concrete buildings[R]. ATC 40,1996.

[5] Yamanouchi H. Performance -based engineering for structural design of building[R]. Building Research Institute,Japan,2000.

[6] 王亚勇. 我国 2000 年工程抗震设计模式规范基本问题研究综述[J]. 建筑结构学报,2000,21(1):2-4.

[7] 王光远,等. 工程结构与系统抗震优化设计的实用方法[M]. 北京:中国建筑工业出版社,1999.

[8] 程耿东,李刚. 面向二十一世纪的结构抗震设计规范的一些问题的探讨[C]. 大型复杂结构的关键科学问题和设计理论研究论文集(1999),大连:大连理工大学出版社,2000,5:309-316.

[9] 谢礼立. 抗震性态设计和机遇性态的抗震设防[C]. 大型复杂结构的关键科学问题和设计理论研究论文集(1999),大连:大连理工大学出版社,2000,5:26-34.

[10] 周锡元. 基于功能的建筑抗震设计概念和实施方略[C]. 大型复杂结构的关键科学问题和设计理论研究论文集(1999),大连:大连理工大学出版社,2000,5:354-360.

[11] 李刚,程耿东. 基于性能的结构抗震设计、理论、方法与应用[M]. 北京:科学出版

社,2004.

[12] Smith K G. Innovation in earthquake resistant concrete structure design philosophies: a century of progress since hennebique's patent[J]. Engineering Structures,2001,23(1):72-81.

[13] GB 50011—2010 建筑抗震设计规范[S].

[14] Park Y J,Ang A H S,Wen Y K. Damage-limiting aseismic design of buildings[J]. Earthquake Spectra,1987,3(1):1-26.

[15] Park Y J,Reinhorn A M,Kunnath S K. IDARC: Inelastic damage analysis of reinforced concrete frame-shear wall structures[R]. Technical Report NCEER-87-0008,National Center for Earthquake Engineering Research, State University of New York, Buffalo NY. 1987,

[16] EERI. Expected Seismic Performance of Buildings[M]. Oakland CA: Earthquake Engineering Research Institute,1994.

[17] GB/T 17742—2008 中国地震烈度表[S].

[18] GB/T 24335—2009 建(构)筑物地震破坏等级划分[S].

[19] 邓小刚. 多层钢筋混凝土框架房屋的震害预测方法[J]. 工程抗震,1993,(1):28-33.

[20] Wen Y K,Kang Y J. Minimum building life-cycle cost design criteria, I: Methodology[J]. ASCE Journal of Structural Engineering,2001,127(3):330-337.

[21] Wen Y K,Kang Y J. Minimum building life-cycle cost design criteria, Ⅱ: Applications[J]. ASCE Journal of Structural Engineering,2001,127(3):338-346.

[22] 刘阳冰. 钢-混凝土组合结构体系抗震性能研究与地震易损性分析[D]. 北京:清华大学,2009.

[23] Park, Y J,Ang A H S. Mechanistic seismic damage model for reinforced concrete[J]. Journal of Structural Engineering,ASCE,1985,111(ST4):722-739.

[24] 欧近萍,牛狄涛,王光远. 多层非线性抗震钢结构的模糊动力可靠性分析与设计[J]. 地震工程与工程震动,1990,10(4):27-37.

[25] 江近仁,孙景江. 砖结构的地震破坏模型[J]. 地震工程与工程振动,1987,7(1):20-34.

[26] 胡聿贤. 地震工程学[M]. 北京:地震工程出版社,1988.

[27] 陈永祈,龚思礼. 结构在地震动时延性和累积塑性耗能的双重破坏准则[J]. 建筑结构学报,1986,(1):35-48.

[28] 秦文欣,刘季,王韵玫. 结构地震多重模糊破坏评估方法.[J]世界地震工程,1994,(1):12-20.

[29] 徐龙河,杨冬玲,李忠献. 基于应变和比能双控的钢结构损伤模型[J]. 振动与冲击,2011,30(7):218-222.

[30] Park Y J,Ang A H S,Wen Y K. Seismic damage analysis of reinforced concrete building [J]. Journal of Structural Engineering,ASCE,1985,111(ST4):740-757.

[31] 肖建庄. 再生混凝土[M]. 北京:中国建筑工业出版社,2008.

第8章 结论与展望

书中以再生混凝土空间框架结构为例,通过再生混凝土材料动态试验、再生混凝土框架结构振动台试验,以及再生混凝土框架结构动力非线性分析,对再生混凝土的动态力学性能和结构行为开展了研究,取得了五方面的成果,包括①再生混凝土动态力学性能与率型模型;②再生混凝土框架结构动力特性;③再生混凝土框架结构地震反应;④再生混凝土框架结构恢复力模型;⑤再生混凝土框架结构地震损伤模型。主要研究成果如下。

8.1 再生混凝土动态力学性能与率型模型

通过约束再生混凝土动态力学性能试验,获取了动态荷载下约束再生混凝土单轴受压应力-应变关系全曲线;分析了约束再生混凝土在高应变率下的破坏特征;研究了应变率、箍筋约束和再生粗骨料取代率对再生混凝土力学性能的影响规律。

(1)动力加载条件下约束再生混凝土单轴受压应力-应变关系曲线形状仍然符合经典单轴受压试验的基本描述。在不同应变率下,约束再生混凝土应力-应变关系曲线的上升段基本一致,而下降段差异较为明显,随着应变率的提高,下降段曲线随之变陡。不同体积配箍率下,约束再生混凝土应力-应变关系曲线的上升段基本一致,而下降段差异较为明显。对于非约束再生混凝土,达到最大荷载后,荷载急速下降,取代率越高,下降段曲线越陡,表现出再生混凝土明显的脆性。而对于箍筋约束再生混凝土,荷载下降速度显著减慢。随着配箍率的提高,下降段曲线明显随之趋于平缓。可以看出,箍筋约束在很大程度上可以改善再生混凝土的延性性能。

(2)随着加载应变率的提高,再生混凝土受压峰值应力和受压峰值应变均随之增大,但峰值应变的增大幅度低于受压峰值应力。通过试验数据回归分析,提出再生混凝土受压峰值应力和受压峰值应变动态放大系数(DIF)模型;随着加载应变速率的提高,再生混凝土初始弹性模量随之增大,但其增长幅度要比受压峰值应力和峰值应变小,分析了应变率效应对再生混凝土初始弹性模量的影响规律,提出了初始弹性模量和应变率的函数关系模型。

(3)随着箍筋约束效应的增加,受压峰值应力和受压峰值应变均随之增大;根据受压峰值应力变化规律,初步提出了约束再生混凝土受压峰值应力约束放大系数(CIF)模型。

(4) 随着再生粗骨料取代率的提高,再生混凝土受压峰值应变随之增大,而再生粗骨料取代率对受压峰值应力的影响规律不明显。初步提出了受压峰值应变的再生粗骨料取代率影响因子(RIF)模型。

(5) 基于试验结果分析,提出了考虑应变率效应的约束再生混凝土单轴受压应力-应变全曲线计算模型。通过再生混凝土框架结构动力非线性分析,验证了计算模型的合理性。

8.2　再生混凝土框架结构动力特性

建筑结构的动力特性参数反映了结构本身所固有的动力性能,主要包括结构的自振频率、阻尼比和振型等一些基本的参数,也称为模态参数。根据白噪声试验中输入的台面激励加速度时程和模型上各测点加速度传感器得到的加速度反应时程,可以得到模型的传递函数曲线。借助于传递函数曲线可以得到模型结构的自振频率、阻尼比、结构振型以及地震反应频谱特性等多项动力特性参数。

(1) 从各频率的下降率看,频率的阶数越高,则下降率越低,这说明随着结构非弹性变形的发展,高频所受的影响要小于低频所受的影响。

(2) 随着混凝土裂缝的发展,模型结构等效刚度随之下降,输入不同地震波时,结构等效刚度的变化不一样,SHW 地震波下结构等效刚度退化最明显。

(3) 在地震试验前期,模型的振型变化不大且形状比较规整,只是在模型中部出现了局部外凸情况。随着模型裂缝和非弹性变形的发展,模型振型曲线也在不断地发生变化。2 阶振型在第 1~3 层出现非常明显的外凸现象,振型幅值零点的位置也随之下移,这表明模型下部几层的层间刚度退化较快,破坏较严重。试验模型的 1 阶振型曲线基本上属于剪切型。

(4) 模型结构在不同试验阶段的振型主要是平动,沿高度方向的位移曲线和基本振型曲线形状比较接近,因此振型系数规律也反映了结构位移的变化规律,再生混凝土框架模型在不同试验阶段的地震反应都以基本振型为主。

(5) 随着输入地面峰值加速度的提高,框架模型的损伤不断积累,其自振频率不断下降,对应的结构阻尼比随着结构累积损伤的不断增加而变大。模型结构在初始状态下的阻尼比在 4%~5%,随着结构损伤的积累,模型的阻尼比逐渐增大。

(6) 在材料和结构形式均相同的情况下,与普通混凝土框架结构相比,再生混凝土框架结构的自振频率相对较高。再生混凝土框架结构与普通混凝土框架结构的振型曲线十分接近,结构的变形曲线均以 1 阶振型为主,属于剪切型。

8.3 再生混凝土框架结构地震反应

通过加速度传感器、位移传感器和应变传感器,完成了试验数据的采集,并采用有限元数值模拟方法,实施了结构动力非线性分析,得到了再生混凝土框架结构的加速度反应、位移反应和应变反应。

(1) 在同一工况中,各个测点的加速度放大系数总体上沿楼层高度方向逐渐增大,加速度放大系数不仅与层间刚度和各层强度有关,同时与非弹性变形的发展以及台面输入地震波的频谱特性等因素有关。结构的加速度放大系数可能会出现沿楼层高度方向减小的现象。随着地震强度的增加,结构出现一定程度的破坏后,模型抗侧移刚度退化、结构的阻尼比增大,加速度放大系数会逐渐降低。随着结构破坏的加剧,结构周期逐渐加大,结构受高阶振型的影响随之增大,在一定的周期范围内,结构的加速度放大系数可能会出现随着结构周期的增大而提高的现象。

(2) 随着地震强度的不断加大,各楼层相对位移也随之增大;在地震试验中输入同一条地震波时,结构位移变形曲线的形状大致相同,位移变形值随地震动幅值的增加而变大。总体上,楼层位移曲线是很光滑的,位移曲线上没有明显的弯曲点。

(3) 随着地震强度的不断增加,扭转角也随之变大。$1.170g$ 地震试验中的最大扭转角值是 $0.066g$ 地震试验中最大扭转角的 7.3 倍。在整个地震试验过程中,顶层相对扭转值都非常小,框架模型扭转不明显。

(4) 在 $0.066g$ 地震试验中,最大层间位移角为 $1/826$,小于 $1/500$,结构处于弹性工作状态,模型保持完好。在 $0.264g$ 地震试验中,最大层间位移角为 $1/168$,小于 $1/140$,模型发生轻微破坏。在 $0.370g$ 地震试验中,最大层间位移角为 $1/75$,小于 $3/200$,模型发生中等破坏。在 $1.170g$ 地震试验中,最大层间位移角为 $1/25$,小于 $1/20$,模型发生很严重破坏。经过多次重复的地震试验后,尽管再生混凝土框架的破坏较为严重,但仍没有倒塌,这说明再生混凝土框架结构有良好的变形能力和抗震能力。

(5) 随着地震加速度峰值的提高,各楼层的地震力在总的趋势上是逐渐增大的;$0.370g$ 地震试验后,随着地震加速度峰值的增加,地震力可能随之减小。结构在弹性阶段,地震力沿模型高度方向的分布基本上符合倒三角形分布形式,或者稍加修正后采用倒三角形是可以接受的,在一定程度上能够反映结构的真实地震作用力分布。弹性阶段的地震力可以忽略高阶振型的影响。随着弹塑性的发展,高阶振型影响逐渐增大,地震力分布不再适合采用倒三角形分布形式。在严重弹塑性阶段,地震作用力可能随输入地面峰值加速度的增加而降低。

(6) 在同一工况下,各楼层的最大层剪力沿楼层高度方向总体上呈递减趋势,在弹性阶段,随着地震强度的增加,各楼层的层剪力逐渐增加;整个试验过程中,在$0.066g$~$0.415g$的地震试验阶段,模型底部剪力最大值逐渐增加;在$0.415g$的地震试验中,各层的最大层剪力已达到和接近极限值,部分梁端已形成塑性铰,模型发生严重破坏,这与观察到的宏观现象是一致的;$0.550g$地震水准后,底部剪力最大值呈下降趋势,模型发生很严重的破坏。

(7) 进一步的有限元数值模拟表明:在弹性阶段,与普通混凝土框架结构相比,再生混凝土框架结构的加速度放大系数较低;在开裂阶段,与普通混凝土框架结构相比,再生混凝土框架结构的加速度放大系数较高;在屈服阶段~极限荷载阶段,普通混凝土框架结构的加速度反应与再生混凝土框架结构比较接近。$0.066g$~$0.550g$试验阶段,再生混凝土框架结构的各楼层最大层间位移均大于普通混凝土框架结构。$0.750g$和$1.170g$试验阶段,再生混凝土框架结构2层~顶层的最大层间位移反应大于普通混凝土框架结构,底层的层间位移要小于普通混凝土结构。在各试验阶段,再生混凝土框架模型与普通混凝土框架模型的楼层层间计算位移曲线的分布形式比较接近。

8.4　再生混凝土框架结构恢复力模型

通过对试验模型结构整体和各层间的剪力-位移滞回曲线、骨架曲线及特征参数的计算和分析,建议了再生混凝土框架结构四折线型恢复力模型。图4.74和图4.75中分别给出了模型曲线和相应的滞回规则,表4.27给出了恢复力模型归一化特征参数。

(1) 弹性阶段(O1段或O5段)为四折线的第1段,表示结构的线弹性阶段,点1和点5表示开裂点。此阶段的刚度为K_1,$K_1=P_c/\Delta_c$,不考虑刚度退化和残余变形,刚度退化系数$\alpha=1$。开裂至屈服阶段(12段或56段)为四折线的第2段,点2或点6表示屈服点。此阶段的加载刚度为K_2,考虑刚度退化和残余变形,刚度退化系数$\alpha=K_2/K_1$;此阶段的卸载刚度取K_1,不考虑刚度退化,刚度退化系数$\alpha=1$。屈服至最大荷载阶段(23段或67段)为四折线的第3段,点3或点7表示最大荷载点。此阶段的加载刚度为K_3,考虑刚度退化和残余变形,刚度退化系数$\alpha=K_3/K_1$;此阶段的卸载刚度取割线O2的刚度K_{12},考虑刚度退化和残余变形,刚度退化系数$\alpha=K_{12}/K_1$。最大荷载点至极限荷载点阶段(34段或78段)为四折线的第4段,点4或8表示极限荷载点。此阶段的加载刚度为K_4,考虑刚度退化和残余变形,刚度退化系数$\alpha=K_4/K_1$;此阶段的卸载刚度取割线O3的刚度K_{13},考虑刚度退化和残余变形,刚度退化系数$\alpha=K_{13}/K_1$。

(2) 恢复力模型中的屈服点采用通用屈服弯矩法(GY.M.M)确定;极限变形Δ_u取框架承载力下降到极限承载力(最大荷载P_m)85%时的变形。结构(构件)的延性由其极限变形和屈服变形共同决定,位移延性系数 u 等于极限变形与屈服变形的比值 Δ_u/Δ_y。再生混凝土框架结构的顶层位移延性系数为 4.218,底层层间位移延性系数为 4.268,2 层层间位移延性系数为 4.631。分析结果表明:模型结构的位移延性系数处在一个合理的范围内,再生混凝土框架结构和普通混凝土框架结构的延性和变形能力近似。

（3）框架模型在试验初期刚度退化较快,当混凝土出现开裂时,结构整体抗侧移刚度降到初始刚度的 71%。随着地震强度的增大,结构塑性变形不断发展,刚度退化速度变慢,整个刚度衰减比较均匀,没有明显的刚度突变。模型底层和 2 层的非线性层间位移最大,相应的模型下部几层破坏也较为严重,顶层层间位移最小,该层构件的破坏程度也最小。底层的初始层间刚度最大,随着层间位移的增大,地震波对结构造成的累积损伤也随之增加,楼层层间刚度发生退化。底层和 2 层层间刚度退化得较快。在模型的底层和第 2 层表现出了明显的屈服特征,能力曲线出现了下降段,表明模型的下面 2 层已进入了破坏状态。从整个结构来看,框架模型的第 1 层和第 2 层是结构的薄弱层。

8.5 再生混凝土框架结构地震损伤模型

书中作者在所做的试验研究和理论分析的基础上,初步提出了再生混凝土框架结构地震破坏等级的划分标准,明确了基于结构破坏极限状态的抗震性能水平,建立了结构破坏等级与量化指标的对应关系,描述了再生混凝土框架结构的损伤演化过程。

（1）初步提出了再生混凝土框架结构地震破坏等级划分标准,将结构震害划分为 7 个破坏等级,分别为完好、很轻微破坏、轻微破坏、中等程度破坏、严重破坏、很严重破坏和毁坏,并对不同等级的破坏状态进行了宏观描述。

（2）根据结构震害等级划分初步确定了再生混凝土框架结构的抗震性能水平,将结构的抗震性能水平划分为 6 级水平,分别为完全正常使用、正常使用、可立即使用、生命安全、不易修复和接近倒塌。

（3）由再生混凝土框架结构的楼层剪力-层间位移关系曲线,初步确定了再生混凝土框架结构在不同破坏状态下的性能水平层间位移角限值。

（4）根据再生混凝土框架模型在振动台试验中不同地震强度下的破坏程度,初步确定了结构在不同破坏状态下的性能水平损伤指数限值以及破损结构的可修复难易程度。

（5）在 $0.066g$ 地震试验阶段,$D<0.025$,结构处于弹性工作状态,模型保持完好;在 $0.0130g$ 地震试验阶段,$0.025<D<0.085$,结构进入弹塑性工作状态,模型发生很轻微损伤破坏;在 $0.185g\sim0.264g$ 的地震试验中,$0.085<D<0.170$,模

型发生轻微损伤破坏;在 0.370g 地震试验阶段,0.170<D<0.310,模型发生中等损伤破坏;在 0.415g 地震试验阶段,0.310<D<0.550,模型发生严重损伤破坏;在 0.550g~1.170g 的地震试验中,0.550<D<1.000,模型发生很严重损伤破坏。

8.6 研究工作展望

（1）再生混凝土是典型的率敏感性材料,当遭受地震等动态荷载作用时,材料的应变率效应会改变再生混凝土构件的承载能力、刚度、延性、变形、耗能能力和破坏模式等力学和变形性能,从而会影响整体结构的动态损伤性能,书中初步分析了应变率效应对再生混凝土强度和变形的影响规律,关于再生混凝土的率敏感性是今后研究工作中的重要课题之一。

（2）再生混凝土中掺合的再生骨料在成形前要经过多级分级破碎处理,这对再生骨料会造成一定的损伤,再生混凝土在动态荷载作用下,随着损伤的不断增长,再生混凝土材料的细微观结构发生明显变化。而细微观结构的变化会对再生混凝土结构（构件）的频率、结构阻尼、刚度、强度、变形等动力力学行为产生重要影响。本书中建议了再生混凝土框架结构震害等级划分标准和抗震性能划分依据,在今后的工作中,应对再生混凝土在动态荷载下的损伤演化机理和损伤特性展开更深入的研究。

（3）书中对箍筋约束效应进行了初步分析,研究表明,在动态约束条件下,再生混凝土的强度和变形均有明显的提高,很大程度上改善了再生混凝土的脆性性能,从而有效提升再生混凝土结构的延性、承载能力和抗倒塌能力,对指导再生混凝土结构抗震设计具有重要意义。因此,在今后的工作中,应对再生混凝土的动态约束效应问题展开更深入的研究。

（4）混凝土结构在服役期间,存在遭受各种随机或有规律的反复加卸载作用的可能性,结构中混凝土会承受相应的应力循环作用,这种应力状态与单调加载相比,更符合实际受力过程。而关于约束再生混凝土在动态反复荷载下损伤力学行为的研究还较少。研究高应变反复荷载下约束再生混凝土的破坏特征、强度和变形性能,分析动态反复荷载下约束再生混凝土的卸载（再加载）曲线变化规律、刚度退化规则、残余变形发展过程,探索不同应变率下约束再生混凝土损伤演化机理,以及发展反复荷载下统一化的约束再生混凝土动态损伤模型,是今后研究工作中的重点。

编 后 记

　　《博士后文库》(以下简称《文库》)是汇集自然科学领域博士后研究人员优秀学术成果的系列丛书。《文库》致力于打造专属于博士后学术创新的旗舰品牌,营造博士后百花齐放的学术氛围,提升博士后优秀成果的学术和社会影响力。

　　《文库》出版资助工作开展以来,得到了全国博士后管委会办公室、中国博士后科学基金会、中国科学院、科学出版社等有关单位领导的大力支持,众多热心博士后事业的专家学者给予积极的建议,工作人员做了大量艰苦细致的工作。在此,我们一并表示感谢!

《博士后文库》编委会